高等职业教育"互联网+"土建系列教材

工程造价专业

U0358498

建筑结构与识图

（依据22G101系列图集修订）

主　编　张传芹
副主编　孙园园
参　编　翟鸣元　李国蓉　苏恒宇

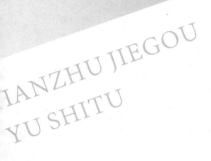

南京大学出版社

图书在版编目(CIP)数据

建筑结构与识图 / 张传芹主编. —南京:南京大
学出版社,2020.12(2025.1重印)
ISBN 978 - 7 - 305 - 23909 - 0

Ⅰ.①建…　Ⅱ.①张…　Ⅲ.①建筑结构－高等职业教
育－教材　②建筑结构－建筑制图－识图－高等职业教育－
教材　Ⅳ.①TU3　②TU204.21

中国版本图书馆 CIP 数据核字(2020)第 215691 号

出版发行　南京大学出版社
社　　址　南京市汉口路 22 号　　　　邮　编　210093
书　　名　建筑结构与识图
　　　　　JIANZHU JIEGOU YU SHITU
主　　编　张传芹
责任编辑　朱彦霖　　　　　　　　编辑热线　025 - 83597482
照　　排　南京开卷文化传媒有限公司
印　　刷　徐州绪权印刷有限公司
开　　本　787 mm×1092 mm　1/16　印张 19.25　字数 495 千
版　　次　2020 年 12 月第 1 版　2025 年 1 月第 3 次印刷
ISBN 978 - 7 - 305 - 23909 - 0
定　　价　59.00 元

网　　　址:http://www.njupco.com
官方微博:http://weibo.com/njupco
微信服务号:njuyuexue
销售咨询热线:(025)83594756

高等职业教育"互联网＋"工程造价专业系列教材

>>> **编委会** <<<

主 任 沈士德（江苏建筑职业技术学院）

副主任 郭起剑（江苏建筑职业技术学院）
曹留峰（江苏工程职业技术学院）

委 员 （按姓氏笔画排序）
刘如兵（泰州职业技术学院）
吴书安（扬州市职业大学）
张 军（扬州工业职业技术学院）
张晓东（江苏城市职业学院）
肖明和（济南工程职业技术学院）
陈 炜（无锡城市职业技术学院）
陈克森（山东水利职业学院）
胥民尧（盐城工业职业技术学院）
魏 静（江苏建筑职业技术学院）
魏建军（常州工程职业技术学院）

　　《建筑结构与识图》是高等职业院校建筑工程技术、工程造价、工程监理等建筑相关专业重要的基础课，但不同专业的侧重点稍有差异。本书以现行的有关标准、规范及全国高等职业教育工程管理类专业教学指导委员会制定的工程造价专业人才培养方案为依据，从高等职业教育的特点和培养高技能人才的实际出发，以房屋建筑中的钢筋混凝土结构为重点，介绍了建筑结构基础知识、现行国家标准图集的制图规则、相关的标准构造详图以及各种常用构件的钢筋工程量计算方法。不仅可以培养学生识读混凝土结构施工图和计算钢筋工程量的能力，为后续课程及今后工作打好基础，也可以为建筑相关专业人员的学习提供参考。

　　本教材编写思路清晰，重点突出，实践应用性强。主要特色如下：

　　1. 设计理念新

　　采用了基于二维码的学习方式，学生可扫描二维码获取丰富的电子资源，体现了互联网＋立体化教材的先进理念。

　　2. 教材内容新

　　规范及101系列图集每隔几年就会更新一次，本书中的制图规则及钢筋构造都是按照最新的图集22G101及相关图集组织教材内容。

　　3. 配套网络资源

　　《建筑结构与识图》这门课程对学习者的要求较高，需要学习者有充分的想象力。但实际情况是很多大一的学生刚接触专业知识，既没在施工现场看过，又没有足够的想象力，对构件中钢筋的节点构造理解不透，给这门课的学习带来了相当大的困难。本书配有相应的教学视频、自测题及一套完整的工程案例，通过视频学习可以更好地理解书中的重点与难点，自测题能便于随时检测学习的效果，最后通过一个完整的工程案例来检查学习内容掌握的程度，整个过程循序渐进，有助于降低学生学习的畏难情绪。

本书由江苏建筑职业技术学院张传芹任主编，孙园园任副主编，翟鸣元、李国蓉、苏恒宇等老师参编。本书在编写过程中，编者参阅和引用了一些公开出版图书和资料，在此对有关作者表示衷心的感谢。由于时间仓促，编者水平有限及经验不足，书中难免会有疏漏和不妥之处，恳请各位读者批评指正，请将您的宝贵意见发至邮箱412753996@qq.com。

编　者
2022 年 12 月

目　录

◆ 学习目标

1. 了解建筑结构的分类。
2. 熟悉建筑结构抗震基本知识。
3. 掌握建筑结构通用构造措施。
4. 掌握建筑结构平法施工图表示方法包含的内容。

建筑结构
基础知识

任务一　建筑结构基础知识

1. 建筑与建筑结构

　　建筑是建筑物和构筑物的通称。供人们在其中生产、生活或进行其他活动的房屋或场所，即直接供人们使用的建筑称为建筑物，例如住宅、办公楼、体育馆、工业厂房等；间接供人们使用的建筑称为构筑物，如水塔、蓄水池、烟囱、贮油罐等，如图 1.1.1 所示。

(a) 建筑物　　　　　　　　　　　　(b) 构筑物(水塔)

图 1.1.1　建筑

　　建筑结构是建筑物的基本受力骨架，是由板、梁、柱、墙、基础等基本构件通过一定的连接方式所组成的能够承受并传递各种作用的空间受力体系，是建筑物赖以存在的物质基础。无论是建筑物，还是构筑物，都会受到自重、外部作用(活荷载、风荷载、雪荷载、地震作用等)、变形作用(温度引起的变形、地基沉降、材料收缩等)以及环境作用(阳光、大气污染、雷电等)，只有合理地设置建筑结构，才能抵抗这些作用。如果把建筑比作一个人的身体，那建筑结构就是这个人身体的骨架(即骨骼组成的体系)。

　　古罗马的维特鲁威(Vitruvius)曾给出建筑最基本要求：坚固、适用和美观，这至今仍是指导建筑设计的最基本原则。这些原则中，又以坚固最为重要，它由结构形式和构造决定。建筑材料和建筑技术的发展决定着结构形式的发展，而结构形式对建筑的影响最直接最明显。

2. 建筑结构的分类

建筑结构形式有许多种类型，也有不同的分类方法，一般可以按建筑物主要承重结构所用的材料、承重结构类型等进行分类。

（1）按主要承重结构所用的材料主要分为：混凝土结构、砌体结构、钢结构、木结构、混合结构等。

① 混凝土结构

混凝土结构是以混凝土为主制成的结构，包括素混凝土结构、钢筋混凝土结构和预应力混凝土结构等。

素混凝土结构是指无筋或不配置受力钢筋的混凝土结构。钢筋混凝土结构是指配置受力的普通钢筋、钢筋网或钢筋骨架的混凝土结构。预应力混凝土结构是指配置受力的预应力筋，通过张拉或其它方法建立预加应力的混凝土结构。其中钢筋混凝土结构应用最为泛，其主要优点是强度高、整体性好、耐久性与耐火性好、易于就地取材、具有良好的可模性等。主要缺点是自重大、抗裂性差、施工环节多、工期长等。

② 砌体结构

砌体结构是由块体和砂浆砌筑而成的墙、柱作为建筑物主要受力构件的结构。包括砖砌体结构、石砌体结构和砌块砌体结构，广泛应用于多层民用建筑。砌体结构的主要优点是易于就地取材、耐久性与耐火性好、施工简单、造价低；主要缺点是强度（尤其是抗拉强度）低、整体性较差、结构自重大、工人劳动强度高等。

③ 钢结构

钢结构主要由型钢和钢板等制成的梁钢、钢柱、钢桁架等构件通过焊缝、螺栓或铆钉等连接方式连接组成的结构。广泛应用于大型厂房、场馆、超高层等领域。与其它结构相比其主要优点是材料强度高，自重轻，塑性和韧性好，材质均匀，具有优越的抗震性能；便于工厂生产和机械化施工，便于拆卸，施工工期短；无污染、可再生、节能、安全，符合建筑可持续发展的原则，可以说钢结构的发展是 21 世纪建筑文明的体现。缺点是工程造价高；易腐蚀，需经常油漆维护，故维护费用较高；耐火性差，当温度达到 250℃时，钢结构的材质将会发生较大变化；当温度达到 500℃时，结构会瞬间崩溃，完全丧失承载能力。

④ 木结构

木结构是指全部或大部分用木材制作的结构。其主要优点是易于就地取材、制作简单、有较强的抗震性能且施工速度快。缺点是易燃、易腐蚀、变形大，并且木材使用受到国家严格限制，目前已较少采用。

⑤ 混合结构

由钢框架（框筒）、型钢混凝土框架（框筒）、钢管混凝土框架（框筒）与钢筋混凝土核心筒体所组成的共同承受水平和竖向作用的建筑结构。

（2）按承重结构类型和受力特点的不同分为：砖混结构、框架结构、剪力墙结构、框架—剪力墙结构、筒体结构、悬索结构、壳体结构、网架结构、充气结构、膜结构等。

① 砖混结构

砖混结构是指建筑物中起承重作用的墙体、基础等竖向构件采用砌体结构，而楼盖、屋盖等水平构件采用钢筋混凝土结构,也就是说砖混结构是以小部分钢筋混凝土及大部分砖墙承重的结构,如图 1.1.2 所示。适用于开间、进深较小的多层或低层建筑,砖混结构中承重墙体不能改动,由于其整体性较差,因此使用寿命和抗震等级相对来说要低一些。

图 1.1.2　砖混结构

② 框架结构

框架结构是指由梁和柱为主要构件组成的承受竖向和水平作用的结构,如图 1.1.3 所示。

图 1.1.3　框架结构

框架结构按施工方法的不同,可分为现浇整体式框架、半现浇框架、装配式框架和装配整体式框架四种形式。

框架结构体系的特点是将承重结构和围护、分隔构件分开。即由梁和柱组成框架作为承重结构共同抵抗使用过程中出现的水平荷载和竖向荷载而房屋墙体不承重,墙体仅起到围护和分隔作用,墙体一般用预制的加气混凝土砌块、空心砖或多孔砖、浮石、蛭石、陶粒等轻质板材砌筑或装配而成。

框架结构具有布置灵活、造型活泼等优点,容易满足建筑使用功能的要求,广泛用于多层工业厂房及多高层办公楼、旅馆、教学楼、医院、住宅等。同时,经过合理设计,框架结构可以具有较好的延性和抗震性能。其缺点是框架结构构件断面尺寸较小,结构的侧向刚度较小,水平位移大,在地震作用下容易由于变形大而引起结构构件的损坏,因此其建设高度受到限制,一般在非地震区不宜超过 60 m,在地震区不宜超过 50 m。

③ 剪力墙结构

剪力墙结构是指由剪力墙组成的承受竖向和水平作用的结构,如图 1.1.4 所示。

图 1.1.4　剪力墙结构

剪力墙实际上就是固结在基础上的钢筋混凝土墙片，既承担竖向荷载，又承担水平荷载产生的剪力，故称做剪力墙。它具有侧向刚度大、整体性好、整齐美观、抗震性能好、利于承受水平荷载，并可使用滑模、结构大模板挂墙板等先进施工方法施工等众多优点，但由于剪力墙结构体系中横墙较多、间距较密，使得建筑平面的空间较小，布置也不灵活，不适合要求大空间的公共建筑，一般适用住宅、公寓和旅馆等开间较小的高层建筑。

④ 框架-剪力墙结构

所谓的框架-剪力墙结构就是在框架结构中的适当部位增设一定数量的钢筋混凝土剪力墙，形成框架和剪力墙结合在一起共同承受竖向和水平作用的结构叫作框架-剪力墙结构，简称框-剪结构，如图 1.1.5 所示。

图 1.1.5　框架-剪力墙结构

框架-剪力墙结构在结构平面布置上不仅布置了框架还增加了部分剪力墙，克服了框架结构抗侧刚度小的缺点，而且弥补了剪力墙结构开间过小的缺点，既可使建筑平面灵活布置，又能对常见的 30 层以下的高层建筑提供足够的抗侧刚度。因而在实际工程中被广泛应用于各类房屋建筑。框架-剪力墙结构布置的关键是剪力墙的数量及位置，从建筑布置角度看，减少剪力墙数量则可使建筑布置更灵活；但从结构的角度看，剪力墙往往承担了大部分的侧向力，对结构的抗侧刚度有明显的影响，因而剪力墙数量不能过少。

⑤ 筒体结构

筒体结构是指由竖向筒体为主组成的承受竖向和水平作用的建筑结构。筒体结构是由框架-剪力墙结构与全剪力墙结构综合演变和发展而来。筒体结构的筒体分剪力墙围成的薄壁筒和由密柱框架或壁式框架围成的框筒，如图 1.1.6 所示。（由于从建筑外观不太好辨认建筑结构类型是否为筒体结构，因此这部分配图采用平面示意图来表达。）

(a) 剪力墙围成的薄壁筒　　　(b) 密柱框架或壁式框
架围成的框筒

图 1.1.6　筒体结构

按筒体布置形式和数目的不同,可将筒体结构分框筒、框架-核心筒、筒中筒、多重筒、束筒结构。

框筒结构:建筑物外围为柱距较小(一般在 3 m～4.5 m)、梁截面较大(一般在 0.9 m～1.5 m)的密柱深梁框架,而其内部为普通框架柱组成的结构,如图 1.1.7 所示。框筒结构起源于美国,最早的 1965 年的芝加哥公寓大厦。

框架-核心筒结构:由核心筒与外围的稀柱框架组成的筒体结构,如图 1.1.8 所示。一般将电梯间及一些服务用房集中在核心筒内;其他需较大空间的办公用房、商业用房等布置在外框架部分。由于核心筒实际上是两个方向的剪力墙构成封闭的空间结构,具有更好的整体性与抗侧刚度。南京玄武饭店即采用这种结构。

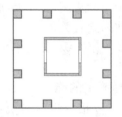

图 1.1.7　框筒结构　　　　　图 1.1.8　框架-核心筒结构

筒中筒结构:由核心筒与外围框筒组成的筒体结构,如图 1.1.9 所示。纽约世界贸易中心(110 层,高 412 米)、中国的深圳国际贸易中心(52 层,高 160 米)、北京中央彩色电视中心(24 层,高 107 米)均采用了这种结构。

束筒结构:由若干个筒体并列连接为整体的结构,如图 1.1.10 所示。当建筑高度或平面尺寸进一步加大,以至于框筒或筒中筒结构无法满足抗侧刚度要求时,可采用成束筒结构。世界上最高的芝加哥西尔斯大厦采用了 9 个 30×30 米的框筒集束而成。

多重筒结构:当建筑平面尺寸很大或当内筒较小时,内外筒之间的距离较大,使楼板加厚或楼面大梁加高,可在中间加设一圈柱子或剪力墙,形成多重筒结构,如图 1.1.11 所示。

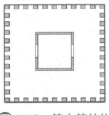

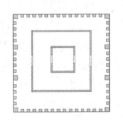

图 1.1.9　筒中筒结构　　　图 1.1.10　束筒结构　　　图 1.1.11　多重筒结构

建筑结构抗震
设防简介

任务二 建筑结构抗震设防简介

1. 地震基本知识

对于同一个地震，以震中为中心，随着离震中距离越来越远，地面受到的影响和破坏程度会越来越弱。这就是不同地区的人们对同一个地震感觉会大不相同。因此，人类在描述地震会同时出现两个概念：震级和烈度。

（1）震级

地震震级是衡量地震本身大小的尺度，由地震所释放出来的能量大小来决定。地震释放的能量大小，是通过地震仪记录的震波最大振幅来确定的，由于仪器性能和震中距离不同，记录到的振幅也不同，所以必须要以标准地震仪和标准震中距的记录为准。

目前国际上通用的是里氏震级，通常用字母 M 表示。一般来说，地震按震级大小划分大致如下：

弱震：震级小于 3 级。如果震源不是很浅，这种地震人们一般不易觉察。

有感地震：震级大于或等于 3 级、小于或等于 4.5 级。这种地震人们能够感觉到，但一般不会造成破坏。

中强震：震级大于 4.5 级、小于 6 级，属于可造成损坏或破坏的地震，但破坏轻重还与震源深度、震中距等多种因素有关。

强震：震级大于或等于 6 级，是能造成严重破坏的地震。其中震级大于或等于 8 级的又称为巨大地震。

地震震级越大，释放出的能量愈大。震级每相差 1.0 级，能量相差大约 32 倍；每相差 2.0 级，能量相差约 1 000 倍。也就是说，一个 6 级地震相当于 32 个 5 级地震，而 1 个 7 级地震则相当于 1 000 个 5 级地震。世界上最大的震级为 9.5 级。

（2）地震烈度

地震烈度是指某一地区的地面和各类建筑物遭到一次地震影响的强弱程度。对于一次地震，表示地震大小的震级只有一个，但它对不同地点的影响是不一样的。一般来说，烈度随距震中远近的不同而有差异，距震中越远，地震影响越小，烈度就越低；距震中越近，烈度越高。也就是说一次地震只有一个震级，但可有多个烈度。例如，1976 年唐山地震，震级为 7.8 级，震中烈度为 11 度；受唐山地震的影响，天津市地震烈度为 8 度，北京市烈度为 6 度，再远到石家庄、太原等就只有 4～5 度了。另外地震烈度还与地震大小、震源深度、地震传播介质、表土性质、建筑物动力特性、施工质量等许多因素有关。

评定地震烈度需要建立一个标准，这个标准被称为地震烈度表。它以描述震害宏观现象为主，即根据建筑物的损坏程度、地貌变化特征、地震时人的感觉等方面进行区分。由于对烈度影响轻重的分段不同，以及在宏观现象和定量指标确定方面有差异，加之各国建筑情况及地表条件的不同，各国所制定的地震烈度表也就不同。目前，除了日本采用从 0～7 度分成 8 等的地震烈度表、少数国家（如欧洲一些国家）采用 10 度划分的地震烈度表外，绝大多数国家包括我国都采用分成 12 度的地震烈度表。考虑到抗震设计的需要，我国颁布了具有参考物理指标的《中国地震烈度表》（GB/T 17742—2008），如表 1.2.1 所示。

表 1.2.1　中国地震烈度表(简略)

烈度	地震现象
Ⅰ度	无感,仅仪器能记录到
Ⅱ度	个别敏感的人在完全静止中有感
Ⅲ度	室内少数人在静止中有感,悬挂物轻微摆动
Ⅳ度	室内大多数人,室外少数人有感,悬挂物摆动,不稳器皿作响
Ⅴ度	室外大多数人有感,家畜不宁,门窗作响,墙壁表面出现裂纹
Ⅵ度	人站立不稳,家畜外逃,器皿翻落,简陋棚舍损坏,陡坎滑坡
Ⅶ度	房屋轻微损坏,牌坊,烟囱损坏,地表出现裂缝及喷沙冒水
Ⅷ度	房屋多有损坏,少数破坏,路基塌方,地下管道破裂
Ⅸ度	房屋大多数破坏,少数倾倒,牌坊,烟囱等崩塌,铁轨弯曲
Ⅹ度	房屋倾倒,道路毁坏,山石大量崩塌,水面大浪扑岸
Ⅺ度	房屋大量倒塌,路基堤岸大段崩毁,地表产生很大变化
Ⅻ度	一切建筑物普遍毁坏,地形剧烈变化动植物遭毁灭

2. 建筑结构的抗震设防

抗震设防简单地说,就是为达到抗震效果,在工程建设时对建筑物进行抗震设计并采取抗震措施。

（1）抗震设防依据

① 基本烈度:指一个地区在今后50年期限内,在一般场地条件下可能遇到超越概率为10%的地震烈度。如图 1.2.1 所示。

② 抗震设防烈度

按国家规定的权限批准作为一个地区抗震设防依据的地震烈度。一般情况,取 50 年内超越概率 10% 的地震烈度。即抗震设防烈度一般情况下取基本烈度。表 1.2.2 是全国部分城市抗震设防烈度。

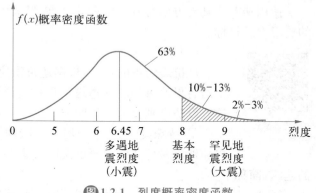

图 1.2.1　烈度概率密度函数

表 1.2.2　全国部分城市抗震设防烈度(简略)

抗震设防烈度	城市
6 度	重庆、哈尔滨、杭州、南昌、济南、武汉、长沙、南宁、贵阳、青岛
7 度	上海、石家庄、沈阳、长春、南京、合肥、福州、广州、成都、西宁、澳门、大连、深圳、珠海
8 度	北京、太原、呼和浩特、昆明、拉萨、西安、兰州、银川、乌鲁木齐、海口、台北

《建筑抗震设计规范》规定,抗震设防烈度在 6 度及以上地区的建筑,必须进行抗震设防。抗震设防烈度是建筑物设计时要满足不低于当地地震基本烈度的设计要求。如:当地的地震基本烈度为 6 度,那么建筑物的抗震设防烈度至少为 6,当然,有些建筑要求可能是 7 度或 8 度。

(2) 建筑抗震设防的目标

地震是随机的,不但发生地震的时间、地点是随机的,而且发生的强度、频度也是随机的,要求所设计的工程结构在任何可能发生的地震强度下都不损坏是不经济的,也是不科学的。

工程结构抗震设防的基本目的就是在一定的经济条件下,最大限度地限制和减轻工程结构的地震破坏,避免人员伤亡,减少经济损失,即对一般较小的地震,由于其发生的可能性大,要求遭受到这种地震时建筑结构不损坏,在技术上是可行的,在经济上是合理的;对罕遇的强烈地震,由于其发生的可能性小,当遇到这种强烈地震时,要求做到结构不损坏在经济上是不合理的。比较合理的思路是允许破坏,但结构不应倒塌。为了实现这一目标,我国采用了三水准的抗震设防要求作为建筑工程结构抗震设计的基本准则,具体如下。

第一水准:当遭受低于该地区设防烈度的多遇地震影响时,主体结构不受损害或不需修理仍可继续使用,简称小震不坏。

第二水准:当遭受相当于该地区设防烈度的设防地震影响时,可能发生损坏,但经一般性修理仍可继续使用,简称中震可修。

第三水准:当遭受高于该地区设防烈度的罕遇地震影响时,不致倒塌或发生危及生命的严重破坏,简称大震不倒。

使用功能或其他方面有专门要求的建筑,当采用抗震性能化设计时,具有更具体或更高的抗震设防目标。

《建筑工程抗震设防分类标准》

(3) 抗震设防类别

从抗震防灾的角度,根据建筑物使用功能的重要性,按其受地震破坏时产生的后果严重程度,《建筑工程抗震设防分类标准》(GB 50223—2008)将建筑抗震设防类别分为以下四类:

① 特殊设防类:指使用上有特殊设施,涉及国家公共安全的重大建筑工程和地震时可能发生严重次生灾害等特别重大灾害后果,需要进行特殊设防的建筑,简称甲类。

② 重点设防类:指地震时使用功能不能中断或需尽快恢复的生命线相关建筑,以及地震时可能导致大量人员伤亡等重大灾害后果,需要提高设防标准的建筑,简称乙类。

③ 标准设防类:指大量的除①②④以外按标准要求进行设防的建筑,简称丙类。

④ 适度设防类:指使用上人员稀少且震损不致产生次生灾害,允许在一定条件下适度降低要求的建筑,简称丁类。

(4) 抗震设防标准

《建筑工程抗震设防分类标准》(GB 50223—2008)规定,各抗震设防类别建筑的抗震设防标准,应符合下列要求:

① 特殊设防类,应按高于该地区抗震设防烈度提高 1 度的要求加强其抗震措施;但抗震设防烈度为 9 度时应按比 9 度更高的要求采取抗震措施。同时,应按批准的地震安全性

评价的结果且高于该地区抗震设防烈度的要求确定其地震作用。

②重点设防类，应按高于该地区抗震设防烈度1度的要求加强其抗震措施，但抗震设防烈度为9度时应按比9度更高的要求采取抗震措施；地基基础的抗震措施应符合有关规定。同时，应按该地区抗震设防烈度确定其地震作用。

③标准设防类，应按本地区抗震设防烈度确定其抗震措施和地震作用，达到在遭遇高于当地抗震设防烈度的预估罕遇地震影响时不致倒塌或发生危及生命安全的严重破坏的抗震设防目标。

④适度设防类，允许比本地区抗震设防烈度的要求适当降低其抗震措施，但抗震设防烈度为6度时不应降低。一般情况下，仍应按本地区抗震设防烈度确定其地震作用。

抗震措施是指除结构地震作用计算和抗力计算以外的抗震设计内容，包括建筑总体布置、结构选型、地基抗液化措施、抗震构造措施等。抗震构造措施是指根据抗震概念设计原则，一般不需计算而对结构和非结构各部分必须采取的各种细部构造。

3. 抗震等级

抗震等级是设计部门依据国家有关规定，按"建筑物重要性分类与设防标准"，根据设防类别、结构类型、烈度和房屋高度等因素，而采用不同抗震等级进行的具体设计。以钢筋混凝土框架结构为例，抗震等级划分为一级至四级，以表示其很严重、严重、较严重及一般的四个级别。抗震设计时根据不同的抗震等级，进行相应的抗震计算并采取相应的抗震构造措施。丙类建筑的抗震等级应按表1.2.3确定。

表 1.2.3　丙类建筑的抗震等级

结构体系与类型			设防烈度 6	设防烈度 7	设防烈度 8	设防烈度 9
框架结构		高度/m	≤24，>24	≤24，>24	≤24，>24	≤24
		普通框架	四，三	三，二	二，一	一
		大跨公共建筑	三	二	一	一
框架—剪力墙结构		高度/m	≤60，>60	<24，24~60，>60	<24，24~60，>60	≤24，24~50
		框架	四，三	四，三，二	三，二，一	二，一
		剪力墙	三	三，二	二	一
剪力墙结构		高度/m	≤80，>80	<24，24~80，>80	<24，24~80，>80	≤24，24~60
		剪力墙	四，三	四，三，二	三，二，一	二，一
部分框支剪力墙结构	剪力墙	高度/m	≤80，>80	<24，24~80，>80	<24，24~80，>80	—
		一般部位	四，三	四，三，二	三，二	不应采用
		加强部位	三，二	三，二，一	二，一（>80 不宜采用）	不应采用
	框支层框架		—	二	二	不应采用
筒体结构	框架核心筒	框架	三	二	一	一
		核心筒	二	二	一	一
	筒中筒	内筒	三	二	一	一
		外筒	三	二	一	一

续　表

结构体系与类型		设防烈度						
		6		7		8		9
单层厂房结构	铰接排架	四		三		二		一
板柱—剪力墙结构	高度/m	≤24	>24	≤24	>24	≤24	>24	不应采用
	板柱及周边框架	三	二	二	一	一		
	剪力墙	二	一	二	一	二	一	
板柱—框架结构	高度/m	≤24	>24	≤24	>24	不应采用		不应采用
	板柱	三	不应采用	二	不应采用			
	框架	二		一				

注：1. 建筑场地为Ⅰ类时，除6度设防烈度外，应允许按本地区设防烈度降低一度所对应的抗震构造措施，但相应的计算要求不应降低。

2. 接近或等于高度分界时，应允许结合房屋不规则程度及场地、地基条件确定抗震等级。

3. 低于60 m的框架-核心筒结构，当满足框架-剪力墙结构的有关要求时，应允许按框架-剪力墙结构确定抗震等级。

4. 甲类建筑、乙类建筑，应按现行国家标准《建筑抗震设计规范》(GB 50011—2010)的规定调整设防烈度后，再按本表确定抗震等级。

5. 部分框支剪力墙结构中，剪力墙加强部位以上的一般部位，应按剪力墙结构中的剪力墙确定其抗震等级。

任务三　建筑结构通用构造措施

建筑结构通用
构造措施

1. 钢筋与混凝土共同工作的原理

混凝土是指由胶凝材料将骨料胶结成整体的工程复合材料的统称。通常讲的混凝土是由胶凝材料水泥、砂子、石子、水、掺合材料及外加剂等按一定的比例拌合而成，凝固后坚硬如石，抗压能力好，但抗拉能力差，容易因受拉而断裂。为了解决这个矛盾，充分发挥混凝土的抗压能力，常在混凝土的受拉区域内或相应部位加入一定数量的钢筋，使两种材料粘结成一个整体，共同承受外力，这种配有钢筋的混凝土，称为钢筋混凝土。钢筋和混凝土是两种性质完全不同的材料，在钢筋混凝土结构中却能够很好地共同工作，其主要原因有三点：

一是混凝土硬化后，钢筋表面与混凝土之间产生了良好的粘结力，使两者可靠地结合在一起，在外荷载作用下，两者能共同变形，这是钢筋和混凝土能够共同工作的主要原因。

二是钢筋和混凝土之间有较接近的温度膨胀系数（混凝土为 $0.82\times10^{-5}\sim1.1\times10^{-5}$，钢筋为 1.2×10^{-5}），不会因温度变化产生变形不同步而破坏混凝土结构的整体性。

三是混凝土包裹在钢筋表面，能防止钢筋锈蚀，起保护作用。混凝土本身对钢筋无腐蚀作用，从而保证了钢筋混凝土构件的耐久性。

2. 钢筋与混凝土之间的粘结措施

在结构设计中，为使钢筋和混凝土之间具有足够的粘结力，常要在材料选用和构造方面采取一些措施。这些措施包括选择适当的混凝土强度等级、保证足够的混凝土保护层厚度和钢筋间距、保证受力钢筋有足够的锚固长度、采用表面不光滑的螺纹钢筋，如果是光圆钢筋，应在光圆钢筋端部设置弯钩等。

① 混凝土保护层厚度

混凝土保护层厚度指最外层钢筋外边缘至混凝土表面的距离，用 c 表示，如图 1.3.1 所示。

混凝土保护层有三个作用：一是防止纵向钢筋锈蚀；二是在火灾等情况下，使钢筋的温度上升缓慢；三是使纵向钢筋与混凝土有较好的粘结。

构件中受力钢筋的保护层厚度与构件所处的环境（环境类别如表 1.3.1 所示）、构件类型及设计使用年限有关。设计使用年限为 50 年的混凝土结构其保护层最小厚度如表 1.3.2 所示。

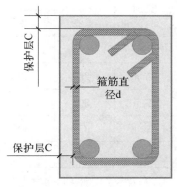

图 1.3.1　钢筋保护层示意图

表 1.3.1　混凝土结构的环境类别

环境类别	条件
一	室内干燥环境； 无侵蚀性静水浸没环境
二 a	室内潮湿环境； 非严寒和非寒冷地区的露天环境； 非严寒和非寒冷地区与无侵蚀性的水或土壤直接接触的环境； 严寒和寒冷地区的冰冻线以下与无侵蚀性的水或土壤直接接触的环境
二 b	干湿交替环境； 水位频繁变动环境； 严寒和寒冷地区的露天环境； 严寒和寒冷地区冰冻线以上与无侵蚀性的水或土壤直接接触的环境
三 a	严寒和寒冷地区冬季水位变动区环境； 受除冰盐影响环境； 海风环境
三 b	盐渍土环境； 受除冰盐作用环境； 海岸环境
四	海水环境
五	受人为或自然的侵蚀性物质影响的环境

注：1. 室内潮湿环境是指构件表面经常处于结露或湿润状态的环境。
　　2. 严寒和寒冷地区的划分应符合现行国家标准《民用建筑热工设计规范》GB 50176 的有关规定。
　　3. 海岸环境和海风环境宜根据当地情况，考虑主导风向及结构所处迎风、背风部位等因素的影响，由调查研究和工程经验确定。
　　4. 受除冰盐影响环境是指受到除冰盐盐雾影响的环境；受除冰盐作用环境是指被除冰盐溶液溅射的环境以及使用除冰盐地区的洗车房、停车楼等建筑。
　　5. 暴露的环境是指混凝土结构表面所处的环境。

表 1.3.2　混凝土保护层的最小厚度　　　　　　　　　（单位：mm）

环境类别	板、墙		梁、柱		基础梁（顶面和侧面）		独立基础、条形基础、筏形基础（顶面和侧面）	
	≤25	≥30	≤25	≥30	≤25	≥30	≤25	≥30
一	20	15	25	20	25	20	—	—
二 a	25	20	30	25	30	25	25	20
二 b	30	25	40	35	40	35	30	25
三 a	35	30	45	40	45	40	35	30
三 b	45	40	55	50	55	50	45	40

注：1. 表中数据适用于设计工作年限为 50 年的混凝土结构。
2. 构件中受力钢筋的保护层厚度不应小于钢筋的公称直径。
3. 一类环境中，设计使用年限为 100 年的结构最外层钢筋的保护层厚度不应小于表中数值的 1.4 倍；二、三类环境中，设计使用年限为 100 年的结构应采取专门的有效措施。四类和五类环境类别的混凝土结构，其耐久性要求应符合国家现行有关标准的规定。
4. 混凝土强度等级不大于 C25 时，表中保护层厚度数值应增加 5 mm。
5. 基础底面钢筋的保护层厚度，有混凝土垫层时应从垫层顶面算起，且不应小于 40 mm。

② 钢筋的锚固长度

钢筋混凝土构件中，纵向受力钢筋必须伸过其受力截面一定长度，以借助该长度上的粘结力把钢筋锚固在混凝土中，这个长度称为锚固长度，如图 1.3.2 所示。受拉钢筋锚固长度的下限值为最小锚固长度，用 l_a 表示，有抗震要求时用 l_{aE} 表示。钢筋的最小锚固长度 l_a 与钢筋种类、混凝土强度等级、钢筋直径等因素有关，其取值详见表 1.3.3 所示。受拉钢筋最小抗震锚固长度 l_{aE} 除了与钢筋种类、混凝土强度等级、钢筋直径等因素有关外，还与抗震等级有关，其取值详见表 1.3.4 所示。

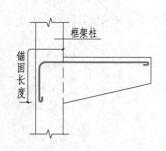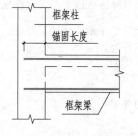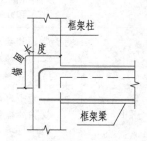

图 1.3.2　钢筋的锚固长度示意图

③ 钢筋的弯钩

钢筋混凝土的粘结力中机械咬合作用最大，特别是带肋钢筋，机械咬合作用占粘结力的一半以上。而光圆钢筋和混凝土之间粘结力相对较小，为了增加光圆钢筋与混凝土之间的这种粘结力，常在端部做成半圆弯钩，如图 1.3.3 所示。

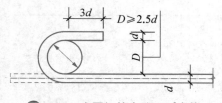

图 1.3.3　光圆钢筋末端 180°弯钩

表 1.3.3　受拉钢筋锚固长度 l_a

钢筋种类	混凝土强度等级															
	C25		C30		C35		C40		C45		C50		C55		≥C60	
	$d{\leq}25$	$d{>}25$	$d{\leq}25$	$d{>}25$	$d{\leq}25$	$d{>}25$	$d{\leq}25$	$d{>}25$	$d{\leq}25$	$d{>}25$	$d{\leq}25$	$d{>}25$	$d{\leq}25$	$d{>}25$	$d{\leq}25$	$d{>}25$
HPB300	$34d$	—	$30d$	—	$28d$	—	$25d$	—	$24d$	—	$23d$	—	$22d$	—	$21d$	—
HRB400 HRBF400 RRB400	$40d$	$44d$	$35d$	$39d$	$32d$	$35d$	$29d$	$32d$	$28d$	$31d$	$27d$	$30d$	$26d$	$29d$	$25d$	$28d$
HRB500 HRBF500	$48d$	$53d$	$43d$	$47d$	$39d$	$43d$	$36d$	$40d$	$34d$	$37d$	$32d$	$35d$	$31d$	$34d$	$30d$	$33d$

注：1. 当为环氧树脂涂层带肋钢筋时，表中数据尚应乘以 1.25。
2. 当纵向受拉钢筋在施工过程中易受扰动时，表中数据尚应乘以 1.1。
3. 当纵向受拉钢筋的锚固长度范围内纵向受力钢筋的保护层厚度为 3d、5d（d 为锚固钢筋的直径）时，表中数据可分别乘以 0.8、0.7；中间时按内插值。
4. 受拉钢筋的锚固长度 l_a 按上述修正系数（说明 1～说明 3）多于一项时，可按连乘计算。
5. 四级抗震时，$l_{aE}=l_a$。
6. 受拉钢筋锚固长度 l_a、l_{aE} 计算值不应小于 200 mm。
7. 当锚固钢筋的保护层厚度不大于 5d 时，锚固长度范围内应设置横向构造钢筋，其直径不应小于 d/4（d 为锚固钢筋的最大直径）；对梁、柱等构件间距不应大于 5d，对板、墙等构件间距不应大于 10d，且均不应大于 100 mm（d 为锚固钢筋的最小直径）。
8. HPB300 级钢筋末端应做 180°弯钩，做法详见图 1.3.3。
9. 混凝土强度等级应取锚固区的混凝土强度等级。

表 1.3.4　受拉钢筋抗震锚固长度 l_{aE}

钢筋种类及抗震等级		混凝土强度等级															
		C25		C30		C35		C40		C45		C50		C55		≥C60	
		d≤25	d>25	d≤25	d>25	d≤25	d>25	d≤25	d>25	d≤25	d>25	d≤25	d>25	d≤25	d>25	d≤25	d>25
HPB300	一、二级	39d	—	35d	—	32d	—	29d	—	28d	—	26d	—	25d	—	24d	—
	三级	36d	—	32d	—	29d	—	26d	—	25d	—	24d	—	23d	—	22d	—
HRB400 HRBF400	一、二级	46d	51d	40d	44d	37d	40d	33d	37d	32d	36d	31d	35d	30d	33d	29d	32d
	三级	42d	46d	37d	41d	34d	37d	30d	34d	29d	33d	28d	32d	27d	30d	26d	29d
HRB500 HRBF500	一、二级	55d	61d	49d	54d	45d	49d	41d	46d	39d	43d	37d	40d	36d	39d	35d	38d
	三级	50d	56d	45d	50d	41d	45d	38d	42d	36d	39d	34d	37d	33d	36d	32d	35d

注：1. 当为环氧树脂涂层带肋钢筋时，表中数据尚应乘以 1.25。

2. 当纵向受拉钢筋在施工过程中易受扰动时，表中数据尚应乘以 1.1。

3. 当锚固长度范围内纵向受力钢筋周边保护层厚度为 3d、5d（d 为锚固钢筋的直径）时，表中数据可分别乘以 0.8、0.7；中间时按内插值。

4. 当纵向受拉普通钢筋锚固长度修正系数（说明 1～说明 3）多于一项时，可按连乘计算。

5. 受拉钢筋的锚固长度 l_a、l_{aE} 计算值不应小于 200 mm。

6. 四级抗震时，$l_{aE} = l_a$。

7. 当锚固钢筋的保护层厚度不大于 5d 时，锚固长度范围内应设置横向构造钢筋，其直径不应小于 d/4（d 为锚固钢筋的最大直径）；对梁、柱等构件间距不应大于 5d，对板、墙等构件间距不应大于 10d，且均不应大于 100 mm（d 为锚固钢筋的最小直径）。

8. HPB300 级钢筋末端应做 180° 弯钩，做法详见图 1.3.3。

9. 混凝土强度等级应取锚固区的混凝土强度等级。

3. 钢筋的连接

（1）钢筋的连接方式

在施工中，常常会出现因钢筋长度超过钢筋定尺长度而需要连接的情况，钢筋的连接方式主要有绑扎连接、焊接、机械连接三种。

① 绑扎连接

钢筋绑扎连接是指两根钢筋相互有一定的重叠长度，用扎丝绑扎的连接方法。适用于较小直径的钢筋连接。不用焊接，只需扎丝固定，如图1.3.4所示。

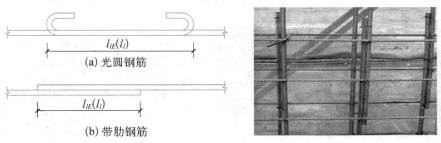

(a) 光圆钢筋

(b) 带肋钢筋

图1.3.4　钢筋的绑扎连接

② 焊接

钢筋焊接是用电焊设备将钢筋沿轴向接长或交叉联接。常用的钢筋焊接方法有：闪光对焊、电弧焊、电渣压力焊、电阻点焊、气压焊，如图1.3.5所示。

(a) 闪光对焊　　　　　　　　　　　(b) 气压焊

(c) 电渣压力焊　　　　　　　　　　(d) 电弧焊

图1.3.5　钢筋焊接

③ 机械连接

钢筋机械连接是一项新型钢筋连接工艺,被称为继绑扎、电焊之后的"第三代钢筋接头",具有接头强度高于钢筋母材、速度比电焊快 5 倍、无污染、节省钢材 20% 等优点。常用的钢筋机械连接接头类型有:套筒挤压连接接头、锥螺纹连接接头、直螺纹连接接头,如图 1.3.6 所示。

套筒挤压连接接头:通过挤压力使连接件钢套筒塑性变形与带肋钢筋紧密咬合形成的接头。

锥螺纹连接接头:通过钢筋端头特制的锥形螺纹和连接件锥形螺纹咬合形成的接头。

直螺纹连接接头:直螺纹连接接头主要有镦粗直螺纹连接接头和滚压直螺纹连接接头。这两种工艺采用不同的加工方式,增强钢筋端头螺纹的承载能力,达到接头与钢筋母材等强的目的。

(a) 套筒挤压连接　　　　(b) 锥螺纹钢筋连接　　　　(c) 直螺纹钢筋连接

图 1.3.6　钢筋机械连接

(2) 钢筋在连接时应遵守的原则

① 接头应尽量设置在受力较小处,应避开结构受力较大的关键部位。抗震设计时避开梁端、柱端箍筋加密范围,如必须在该区域连接,则应采用机械连接或焊接。

② 在同一跨度或同一层高内的同一受力钢筋上宜少设连接接头,不宜设置 2 个或 2 个以上接头。

③ 接头位置宜互相错开,在连接范围内,接头钢筋面积百分率应限制在一定范围内。如图 1.3.7 所示。

(a) 绑扎搭接接头　　　　　　　　(b) 机械连接、焊接接头

图 1.3.7　同一连接区段内纵向受拉钢筋接头

注:1. d 为相互连接两根钢筋中较小直径,当同一构件内不同连接钢筋计算连接区段长度不同时取大值。
　　2. 凡接头中点位于连接区段长度内,连接接头均属同一连接区段。
　　3. 同一连接区段内纵向钢筋搭接接头面积百分率,为该区段内有连接接头的纵向受力钢筋截面面积与全部纵向钢筋截面面积的比值(当直径相同时,图示钢筋连接接头面积百分率为 50%)。
　　4. 当受拉钢筋直径大于 25 mm 及受压钢筋直径大于 28 mm 时,不宜采用绑扎搭接。
　　5. 轴心受拉及小偏心受拉杆件中的纵向受力钢筋不应采用绑扎搭接。
　　6. 纵向受力钢筋连接位置宜避开梁端、柱端箍筋加密区。如必须在此连接时,应采用机械连接或焊接。
　　7. 机械连接和焊接接头的类型及质量应符合国家现行有关标准的规定。

④ 在钢筋连接区域应采取必要的构造措施,在纵向受力钢筋搭接长度范围内应配置横向构造钢筋或箍筋,如图 1.3.8 所示。

图 1.3.8　梁、柱类构件纵向受力钢筋搭接区钢筋构造

注:1. 搭接区内箍筋直径不小于 $d/4$(d 为搭接钢筋最大直径),且不小于构件所配箍筋直径;箍筋间距不应大于 100 mm 及 $5d$(d 为搭接钢筋最小直径)。

2. 当受压钢筋直径大于 25 mm 时,尚应在搭接接头两个端面外 100 mm 的范围内各设置两道箍筋。

（3）钢筋连接时搭接长度

钢筋连接方式不同,其搭接长度也不一样。常见的搭接长度如表 1.3.5 所示:

表 1.3.5　钢筋搭接长度

序号	搭接方式		搭接长度
1	焊接	对焊	0
		电渣压力焊	0
		单面焊	$10d$
		双面焊	$5d$
2	机械连接		0
3	绑扎搭接	抗震	l_{lE}
		非抗震	l_l

表中 l_l 为纵向受拉钢筋搭接长度,l_{lE} 为纵向受拉钢筋抗震搭接长度,其具体取值见表 1.3.6 与表 1.3.7 所示。

4. 箍筋

框架柱、框架梁等受力构件中除了要配置纵向受力筋外,还会根据需要配置箍筋,箍筋根据外形可分单肢箍筋、开口矩形箍筋、封闭矩形箍筋、菱形箍筋、多边形箍筋、井字形箍筋和圆形箍筋等,如图 1.3.9 所示。

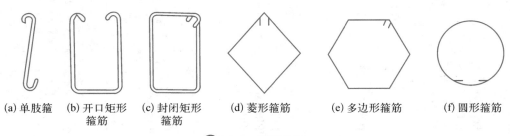

(a) 单肢箍　　(b) 开口矩形箍筋　　(c) 封闭矩形箍筋　　(d) 菱形箍筋　　(e) 多边形箍筋　　(f) 圆形箍筋

图 1.3.9　箍筋类型

表 1.3.6　纵向受拉钢筋搭接长度 l_l

钢筋种类及同一区段内搭接钢筋面积百分率		混凝土强度等级															
		C25		C30		C35		C40		C45		C50		C55		C60	
		$d \leq 25$	$d > 25$	$d \leq 25$	$d > 25$	$d \leq 25$	$d > 25$	$d \leq 25$	$d > 25$	$d \leq 25$	$d > 25$	$d \leq 25$	$d > 25$	$d \leq 25$	$d > 25$	$d \leq 25$	$d > 25$
HPB300	≤25%	41d	—	36d	—	34d	—	30d	—	29d	—	28d	—	26d	—	25d	—
	50%	48d	—	42d	—	39d	—	35d	—	34d	—	32d	—	31d	—	29d	—
	100%	54d	—	48d	—	45d	—	40d	—	38d	—	37d	—	35d	—	34d	—
HRB400 HRBF400 RRB400	≤25%	48d	53d	42d	47d	38d	42d	35d	38d	34d	37d	32d	36d	31d	35d	30d	34d
	50%	56d	62d	49d	55d	45d	49d	41d	45d	39d	43d	38d	42d	36d	41d	35d	39d
	100%	64d	70d	56d	62d	51d	56d	46d	51d	45d	50d	43d	48d	42d	46d	40d	45d
HRB500 HRBF500	≤25%	58d	64d	52d	56d	47d	52d	43d	48d	41d	44d	38d	42d	37d	41d	36d	40d
	50%	67d	74d	60d	66d	55d	60d	50d	56d	48d	52d	45d	49d	43d	48d	42d	46d
	100%	77d	85d	69d	75d	62d	69d	58d	64d	54d	59d	51d	56d	50d	54d	48d	53d

注：1. 表中数值为纵向受拉钢筋绑扎搭接接头的搭接长度。

2. 两根不同直径钢筋搭接时，表中 d 取较小钢筋直径。

3. 当为环氧树脂涂层带肋钢筋时，表中数据尚应乘以 1.25。

4. 当纵向受拉钢筋在施工过程中易受扰动时，表中数据尚应乘以 1.1。

5. 当搭接长度范围内纵向受力钢筋周边保护层厚度为 3d、5d（d 为搭接钢筋的直径）时，表中数据可分别乘以 0.8、0.7；中间时按内插值。

6. 当上述修正系数（注 3～注 5）多于一项时，可按连乘计算。

7. 任何情况下，搭接长度不应小于 300 mm。

8. 当位于同一连接区段内的钢筋搭接接头面积百分率为表中数据中间值时，搭接长度可按内插取值。

9. HPB300 级钢筋末端应做 180°弯钩，做法详见图 1.3.3。

表 1.3.7　纵向受拉钢筋搭接长度 l_{lE}

钢筋种类及同一区段内搭接钢筋面积百分率		混凝土强度等级														
		C25		C30		C35		C40		C45		C50		C55		C60	
		d≤25	d>25	d≤25	d>25	d≤25	d>25	d≤25	d>25	d≤25	d>25	d≤25	d>25	d≤25	d>25	d≤25	d>25
一、二级抗震等级 HPB300	≤25%	47d	—	42d	—	38d	—	35d	—	34d	—	31d	—	30d	—	29d	—
	50%	55d	—	49d	—	45d	—	41d	—	39d	—	36d	—	35d	—	34d	—
一、二级抗震等级 HRB400 HRBF400	≤25%	55d	61d	48d	54d	44d	48d	40d	44d	38d	43d	37d	42d	36d	40d	35d	38d
	50%	64d	71d	56d	63d	52d	56d	46d	52d	45d	50d	43d	49d	42d	46d	41d	45d
一、二级抗震等级 HRB500 HRBF500	≤25%	66d	73d	59d	65d	54d	59d	49d	55d	47d	52d	44d	48d	43d	47d	42d	46d
	50%	77d	85d	69d	76d	63d	69d	57d	64d	55d	60d	52d	56d	50d	55d	49d	53d
三级抗震等级 HPB300	≤25%	43d	—	38d	—	35d	—	31d	—	30d	—	29d	—	28d	—	26d	—
	50%	50d	—	45d	—	41d	—	36d	—	35d	—	34d	—	32d	—	31d	—
三级抗震等级 HRB400 HRBF400	≤25%	50d	55d	44d	49d	41d	44d	36d	41d	35d	40d	34d	38d	32d	36d	31d	35d
	50%	59d	64d	52d	57d	48d	52d	42d	48d	41d	46d	39d	45d	38d	42d	36d	41d
三级抗震等级 HRB500 HRBF500	≤25%	60d	67d	54d	59d	49d	54d	46d	50d	43d	47d	41d	44d	40d	43d	38d	42d
	50%	70d	78d	63d	69d	57d	63d	53d	59d	50d	55d	48d	52d	46d	50d	45d	49d

注：1. 表中数值为纵向受拉钢筋绑扎搭接接头的搭接长度。
2. 两根不同直径钢筋搭接时，表中 d 取较小钢筋直径。
3. 当为环氧树脂涂层带肋钢筋时，表中数据尚应乘以 1.25。
4. 当纵向受拉钢筋在施工过程中易受扰动时，表中数据尚应乘以 1.1。
5. 当搭接长度范围内纵向受力钢筋周边保护层厚度为 3d、5d（d 为搭接钢筋的直径）时，表中数据可分别乘以 0.8、0.7；中间时按内插值。
6. 当上述修正系数（注 3～注 5）多于一项时，可按连乘计算。
7. 任何情况下，搭接长度不应小于 300 mm。
8. 位于同一连接区段内的钢筋搭接接头面积百分率为表中数据中间值时，搭接长度可按内插取值。
9. 当位于同一连接区段内的钢筋搭接接头面积百分率为 100% 时。
10. HPB300 级钢筋末端应做 180° 弯钩，详见表 1.3.6。
11. 四级抗震等级时，$l_{lE}=l_l$，详见表 1.3.3。

混凝土梁与柱构件中最常用的箍筋类型是封闭矩形箍筋,如图 1.3.10 所示。箍筋不仅可以限制混凝土内部裂缝的发展,而且还可以限制到达构件表面的裂缝宽度,从而提高粘结强度。

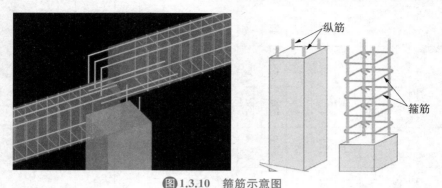

图 1.3.10　箍筋示意图

（1）箍筋的构造要求

《混凝土结构工程施工质量验收规范》对箍筋做了如下规定:

除焊接封闭环式箍筋(如图 1.3.11 所示)外,箍筋的末端应作弯钩,弯钩形式应符合设计要求;当设计无具体要求时,应符合下列规定:

① 箍筋弯钩的弯折角度:对一般结构,不应小于 90°;对有抗震等要求的结构,应为 135°,如图 1.3.12 所示。

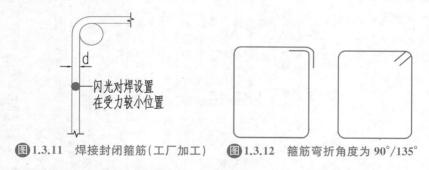

图 1.3.11　焊接封闭箍筋(工厂加工)　　**图 1.3.12　箍筋弯折角度为 90°/135°**

② 箍筋弯后平直部分长度:对一般结构,不宜小于箍筋直径的 5 倍;对有抗震等要求的结构,不应小于箍筋直径的 10 倍(如图 1.3.13 所示)。

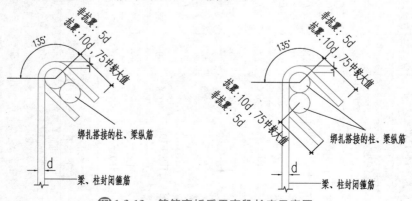

图 1.3.13　箍筋弯折后平直段长度示意图

（2）箍筋的直径

箍筋的最小直径与梁高 h 有关,当 $h \leqslant 800$ mm 时,不宜小于 6 mm;当 $h > 800$ mm 时,不宜小于 8 mm。

5. 构造筋

构造筋即为钢筋混凝土构件内考虑各种难以计量的因素而设置的钢筋,按国家建筑结构设计规范的强制要求布设,不需要设计人员重新计算的配筋。构造筋不承受主要的作用力,只起拉结、维护、分布作用。

在混凝土构件中常见的构造筋有:分布筋、架立钢筋、梁侧面的构造筋、板角的附加钢筋等,如图 1.3.14 所示。

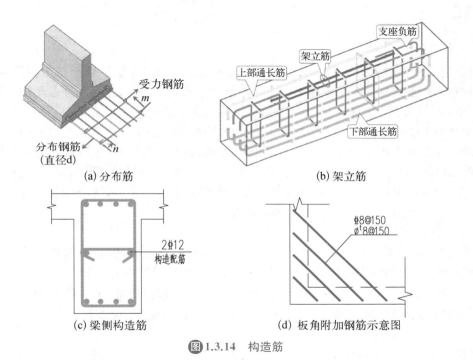

(a) 分布筋　　　　　　　　(b) 架立筋

(c) 梁侧构造筋　　　　　(d) 板角附加钢筋示意图

图 1.3.14　构造筋

任务四　混凝土结构施工图平面整体表示方法

混凝土结构
施工图平面
整体表示方法

1. 建筑工程施工图

建筑工程施工图是以投影原理为基础,按国家制图标准,把建筑工程的形状、大小、内部布置、构造等信息准确地表达在平面上的图样,并同时表明建筑工程所用材料以及生产、安装等的要求。建筑工程施工图是设计人员的最终成果,它不仅是项目审批、施工、质量检查和验收的依据,而且也是编制工程概算、预算和决算及审核工程造价的依据。

建筑工程施工图按其内容和作用不同,通常包括建筑施工图、结构施工图、设备施工图（包含给排水施工图、暖通施工图和电气施工图等）,具体如图 1.4.1 所示。建筑工程施工图一般的编排顺序是:图纸目录、设计总说明、建筑总平面图、建筑施工图、结构施工图、给排水施工图暖通施工图和电气施工图等。

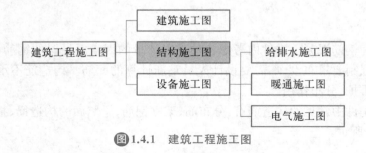

图 1.4.1　建筑工程施工图

2. 混凝土结构施工图平面整体表示方法

(1) 平法概念

目前建筑结构施工图普遍采用平面整体表示方法,简称"平法",即把结构构件的尺寸、标高、构造和配筋等按照平面整体表示方法的制图规则,整体直接地表示在各类构件的结构平面图上,再与标准构造详图配合,结合成一套完整的结构设计表示方法。

"平法"于 1995 年由山东大学陈青来教授提出和创编,由中国建筑标准设计研究院编制的《混凝土结构施工图平面整体表示方法制图规则和构造详图》(G101)系列图集是国家建设标准设计图集,自 2003 年开始,平法在全国推广应用于结构设计、施工、监理等各个领域。平法改变了传统的那种将构件从结构平面设计图中所索引出来,再逐个绘制配筋详图的繁琐办法。是建筑结构施工图设计方法的重大改革。

(2) 平法的优缺点

"平法"采用标准化的设计制图规则,用数学化,符号化来表达结构,避免了传统的将各个构件逐个绘制配筋详图的繁琐方法,大大地减少了传统设计中大量的重复表达内容,图面简明清晰,易修改,易校审,改图可不牵涉其他构件,易控制设计质量,这是平法的优点,但缺点是需要掌握平法知识才能读懂施工图,钢筋的锚固、搭接等构造,需要查看平法图集才能得知。

(3) 平法的适用范围

平法适用于建筑工程中的现浇混凝土框架、框架—剪力墙、剪力墙等结构类型的建筑结构施工图。

(4) 结构施工图

结构施工图是表示房屋结构的类型,基础、柱(墙)、梁、板等结构构件的布置,截面形状与尺寸、配筋、构件材料、构件间的连接、构造要求及相互关系的图样。结构施工图主要包括图纸目录、结构设计总说明、基础平面图、基础详图、各层结构平面图及构件详图、结构节点构造详图、楼梯详图等。

结构设计说明:在结构设计总说明中主要说明抗震设计与防火要求,其次是有关结构的一些参数,地基与基础,地下室,钢筋混凝土各种构件,砖砌体,后浇带与施工缝等部分选用的材料类型、规格、强度等级,钢筋保护层厚度,施工注意事项等。

各层结构平面图是表示房屋中各承重构件总体平面布置的图样,它包括基础平面图、各层梁结构布置平面图、板结构布置平面图、柱结构布置图和屋面结构平面布置图等。

构件详图主要有楼梯结构详图及其他特殊构件详图,如支撑详图等。

自测题

答案扫一扫

一、单项选择题

1. 下列结构中不是按主要承重结构所用材料命名的有(　　)。

　A. 混凝土结构 　　　　　　　　　B. 砌体结构

　C. 网架结构 　　　　　　　　　　D. 混合结构等

2. 下列有关混凝土保护层的说法正确的是(　　)。

　A. 混凝土保护层厚度指最外层纵筋中心至混凝土表面的距离

　B. 混凝土保护层厚度指最外层钢筋中心至混凝土表面的距离

　C. 混凝土保护层厚度指最外层纵筋外边缘至混凝土表面的距离

　D. 混凝土保护层厚度指最外层钢筋外边缘至混凝土表面的距离

3. 基础下面有混凝土垫层时,其底面钢筋的保护层厚度的最小厚度为(　　)mm。

　A. 25 　　　　　　B. 40 　　　　　　C. 50 　　　　　　D. 30

4. 混凝土保护层的最小厚度主要根据环境类别、构件类型、混凝土强度等因素来综合确定,但一般情况下,构件中受力钢筋的保护层厚度不应小于(　　)。

　A. 20 　　　　　　　　　　　　　　B. 15

　C. 40 　　　　　　　　　　　　　　D. 钢筋的公称直径

5. 若某框架结构,设计抗震等级为二级,某构件的混凝土强度等级为C35,内配Φ25 mm的受拉钢钢筋,则构件内受拉钢筋的抗震锚固长度为(　　)。

　A. $31d$ 　　　　　　B. $37d$ 　　　　　　C. $40d$ 　　　　　　D. $34d$

6. 下列连接属于机械连接的是(　　)。

　A. 绑扎搭接 　　　　　　　　　　B. 电弧焊

　C. 直螺纹连接 　　　　　　　　　D. 电渣压力焊

7. 某钢筋工程中,有一部分三级钢筋采用双面焊进行连接,双面焊的搭接长度不小于(　　)。

　A. $4d$ 　　　　　　B. $5d$ 　　　　　　C. $10d$ 　　　　　　D. $8d$

8. 混凝土等级为C25,抗震等级为三级,直径为20 mm的HRB 400级受拉钢筋的锚固长度 l_{aE} 为(　　)mm。

　A. 560 　　　　　　B. 840 　　　　　　C. 880 　　　　　　D. 650

9. 对有抗震要求的结构箍筋弯后平直部分长度必须符合规范要求,某框架柱的箍筋为Φ10,则平直段的长度为(　　)mm。

　A. 75 　　　　　　B. 100 　　　　　　C. 50 　　　　　　D. 30

10. 对有抗震要求的结构箍筋弯后平直部分长度必须符合规范要求,某框架柱的箍筋为ϕ6,则平直段的长度为(　　)mm。

　A. 75 　　　　　　B. 100 　　　　　　C. 60 　　　　　　D. 30

11. 下列属于砖混结构的是(　　　)。

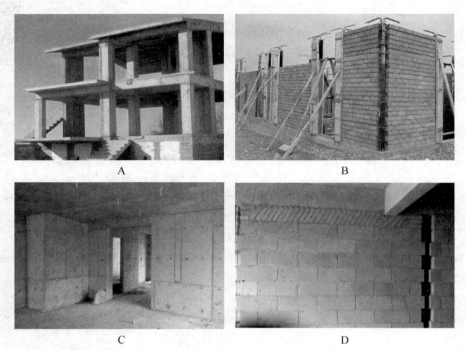

A　　　　　　　　　　　　　B

C　　　　　　　　　　　　　D

二、多项选择题

1. 根据 22G101 图集及相关规范可知,受拉钢筋的抗震锚固长度与下列哪些因素有关(　　　)。

A. 钢筋种类　　　　　　　　B. 抗震等级　　　　　　　　C. 混凝土强度等级

D. 钢筋直径　　　　　　　　E. 钢筋所在环境

2. 下列有关钢筋接头的位置,说法正确的有(　　　)。

A. 接头应尽量设置在受力较小处

B. 在同一钢筋上宜少设连接接头

C. 同一构件相邻纵向受力钢筋的接头宜相互错开

D. 在钢筋连接区域应采取必要构造措施

E. 对焊连接接头能产生较牢固的连接力,所以应优先采用对焊

3. 建筑结构施工图包括(　　　)。

A. 结构平面布置图　　　　　B. 建筑平面图　　　　　　　C. 构件详图

D. 结构设计总说明　　　　　E. 建筑立面图

项目二　现浇钢筋混凝土框架梁

学习目标

1. 熟悉梁的类型。
2. 掌握现浇钢筋混凝土梁平法制图规则。
3. 掌握楼层框架梁、屋面框架梁、悬挑梁、非框架梁的钢筋构造与计算。

任务一　梁的类型

梁的类型

在现浇混凝土框架结构中,梁构件以柱为支座,同时梁构件又是板构件的支座。常见的梁构件有以下几种类型:

一、楼层框架梁(KL)

框架梁是指两端与框架柱(KZ)相连的梁,或者两端与剪力墙相连但跨高比不小于 5 的梁。如图 2.1.1 所示。

楼层框架梁

楼层框架梁

图 2.1.1　框架梁示意图

二、楼层框架扁梁(KBL)

框架扁梁是框架梁的一种,普通矩形截面梁的高宽比 h/b 一般取 $2.0 \sim 3.5$;当梁宽大于梁高时,梁就称为扁梁(或称宽扁梁、扁平梁、框架扁梁)。如图 2.1.2 所示。

为减小楼层框架梁的高度对室内净高的影响,设计会考虑设置截面宽度大于截面高度的扁梁。框架扁梁的外形特点是扁梁的宽度通常超过柱子横截面宽度,一般是因建筑净空的要求,在结构上来说并不经济。

图 2.1.2　框架扁梁示意图

三、屋面框架梁（WKL）

屋面框架梁是指位于整个结构顶面，主要承受屋架的自重和屋面活荷载的框架梁，如图 2.1.3 所示。

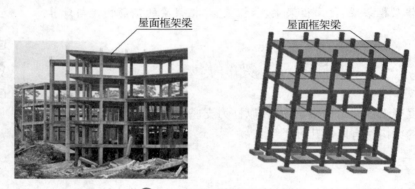

图 2.1.3　屋面框架梁示意图

四、框支梁（KZL）

承托剪力墙的梁称为框支梁。如图 2.1.4 所示。

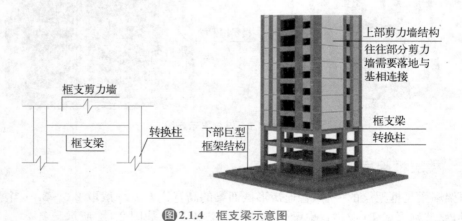

图 2.1.4　框支梁示意图

五、托柱转换梁（TZL）

承托框架柱的梁称为托柱转换梁，如图 2.1.5 所示。

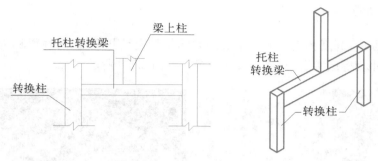

图 2.1.5 托柱转换梁示意图

六、非框架梁(L)

在框架结构中,两端支承在框架梁上并将楼板的重量传给框架梁的混凝土梁称为非框架梁,也称为次梁,如图 2.1.6 所示。

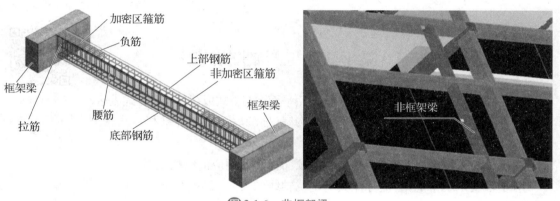

图 2.1.6 非框架梁

七、悬挑梁(XL)

只有一端有支撑,另一端悬挑的梁称为悬挑梁,如图 2.1.7 所示。

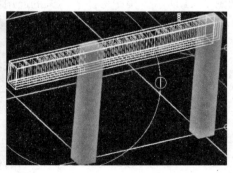

图 2.1.7 悬挑梁

八、井字梁(JZL)

在同一平面内,高度相当的不分主次的梁同位相交呈井字型,这些梁称为井字梁,井字梁的特点是跨距相等或接近,其截面尺寸相等。如图 2.1.8 所示

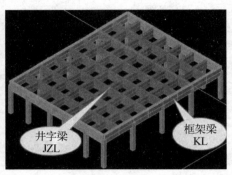

图2.1.8 井字梁

任务二 梁平法施工图制图规则

梁平法施工图
制图规则

梁平法施工图系在梁平面布置图上,采用平面注写方式或截面注写方式表达。

梁平面布置图,应分别按梁的不同结构层(标准层),将全部梁和与其相关的柱、墙、板一起采用适当比例绘制。

梁平法施工图中,应注明各结构层的顶面标高及相应的结构层号。

对于轴线未居中的梁,应标注其与定位轴线的尺寸(贴柱边的梁可不注)。

一、平面注写方式

梁的平面注写方式,系在梁平面布置图上,分别在不同编号的梁中各选一根梁,在其上注写梁的截面尺寸和配筋的具体数值的方式来表达梁平法施工。平面注写包括集中标注和原位标注,如图 2.2.1 所示。集中标注表达梁的通用数值,原位标注表达梁的特殊数值。当集中标注中的某项数值不适用于梁的某部位时,则将该项数值用原位标注。使用时,原位标注取值优先。

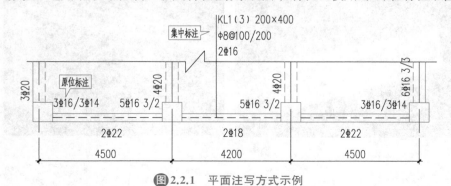

图2.2.1 平面注写方式示例

1. 集中标注

集中标注可以从梁的任意一跨引出，标注的内容有五项必注值及一项选注值。

五项必注值：梁编号、梁截面尺寸、梁箍筋、梁上部通长筋或架立筋、梁侧面纵向构造钢筋或受扭钢筋。

一项选注值：梁顶面标高高差。

（1）梁编号

由梁类型代号、序号、跨数及有无悬挑代号几项组成，见表 2.2.1 所示。

表 2.2.1 梁编号

梁类型	代号	序号	跨数及是否带有悬挑
楼层框架梁	KL	xx	(xx)、(xxA)或(xxB)
楼层框架扁梁	KBL	xx	(xx)、(xxA)或(xxB)
屋面框架梁	WKL	xx	(xx)、(xxA)或(xxB)
框支梁	KZL	xx	(xx)、(xxA)或(xxB)
托柱转换梁	TZL	xx	(xx)、(xxA)或(xxB)
非框架梁	L	xx	(xx)、(xxA)或(xxB)
悬挑梁	XL	xx	(xx)、(xxA)或(xxB)
井字梁	JZL	xx	(xx)、(xxA)或(xxB)

注：1. (xxA)为一端有悬挑，(xxB)为两端有悬挑，悬挑不计入跨数。
【例】 KL7(5A)表示第 7 号框架梁，5 跨，一端有悬挑；
L9(7B)表示第 9 号非框架梁，7 跨，两端有悬挑。
2. 楼层框架扁梁节点核心区代号 KBH。
3. 非框架梁 L、井字梁 JZL 表示端支座为铰接；当非框架梁 L、井字梁 JZL 端支座上部纵筋为充分利用钢筋的抗拉强度时，在梁代号后加"g"。
【例】 Lg7(5)表示第 7 号非框架梁，5 跨，端支座上部纵筋为充分利用钢筋的抗拉强度。
4. 当非框架梁 L 按受扭设计时，在梁代号后面加"N"。
【例】 LN5(3)表示第 5 号受扭非框架梁，3 跨。

（2）梁截面尺寸

梁的截面形状不同，其表示方法也不相同，具体如表 2.2.2 所示。

表 2.2.2 梁截面尺寸表示方法

序号	表示方法		示意图
1	等截面梁	用 $b \times h$ 表示	
2	竖向加腋梁	用 $b \times h$　$Yc_1 \times c_2$ 表示，其中 c_1 为腋长，c_2 为腋高	300×750 Y500×250 竖向加腋截面注写示意

序号	表示方法	示意图
3	水平加腋梁	一侧加腋时，用 $b×h$ $PYc_1×c_2$ 表示，其中 c_1 为腋长，c_2 为腋宽。	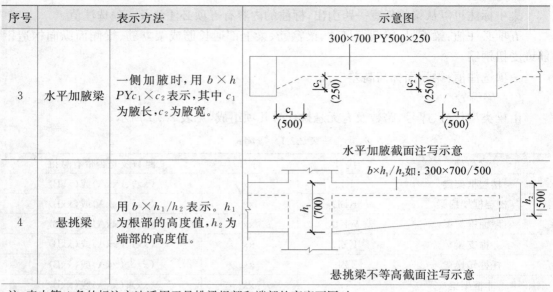
4	悬挑梁	用 $b×h_1/h_2$ 表示。h_1 为根部的高度值，h_2 为端部的高度值。	

注：表中第 4 条的标注方法适用于悬挑梁根部和端部的高度不同时。

（3）梁箍筋

在标注梁箍筋时，必须标注出箍筋的钢筋种类、直径、加密区与非加密区间距及肢数。箍筋加密区与非加密区的不同间距及肢数需用斜线"/"分隔，当梁箍筋为同一种间距及肢数时，则不需要斜线；当加密区与非加密区的箍筋肢数相同时，则将肢数注写一次；箍筋肢数应写在括号内，具体表示方法如表 2.2.3 所示。

表 2.2.3　梁箍筋配置表示方法

序号	箍筋配置情况	表示方法示例	示例表达的含义
1	梁箍筋的间距及肢数都相同	$\phi8@100(2)$	表示箍筋为直径 8 mm，间距为 100 mm，两肢箍。
2	箍筋加密区与非加密区的间距不同，肢数相同	$\phi8@100/200(2)$	表示箍筋为 HPB 300 钢筋（Ⅰ级钢），直径为 8 mm，加密区间距为 100 mm，非加密区间距为 200 mm，均为两肢箍。
3	箍筋加密区与非加密区的间距，肢数都不相同	$\phi10@100(4)/200(2)$	表示箍筋为 HPB 300 钢筋（Ⅰ级钢），直径为 10 mm，加密区间距为 100 mm，四肢箍；非加密区间距为 200 mm，两肢箍。
4	非框架梁、悬挑梁、井字梁采用不同的箍筋间距及肢数时	$13\phi10@150/200(4)$	表示箍筋为 HPB 300 钢筋（Ⅰ级钢），直径为 10，梁的两端各有 13 个四肢箍，间距为 150；梁跨中部分间距为 200，四肢箍。

注：1. 上述第 4 条在注写时先注写梁支座端部的箍筋（包括箍筋的箍数、钢筋级别、直径、间距与肢数），在斜线后注写梁跨中部分的箍筋间距及肢数。
　　2. 加密区范围见相应抗震等级的标准构造详图。

（4）梁上部通长筋或架立筋

梁上部通长筋或架立筋配置（通长筋可为相同或不同直径采用搭接连接、机械连接或焊接的钢筋），该项为必注值。所注规格与根数应根据结构受力要求及箍筋肢数等构造要求而定。其具体表示方法如表 2.2.4 所示。

表 2.2.4　梁通长筋及架立筋配置表示方法

序号	通长筋及架立筋配置情况	表示方法示例	示例表达的意思
1	上部纵筋仅有上部通长筋	2 Φ 22	2 Φ 22 为通长筋。
2	上部纵筋仅有架立筋	(4φ12)	4φ12 为架立筋。
3	同排纵筋中既有通长筋又有架立筋	2 Φ 22＋(4φ12)	2 Φ 22 为通长筋，4φ12 为架立筋。
4	既有上部通长筋又有下部通长筋，且配筋全跨相同	3 Φ 22;4 Φ 20	表示梁的上部配置 3 Φ 22 的通长筋，梁的下部配置 4 Φ 20 的通长筋。

注：1. 表中第 3 条表示同排纵筋中既有通长筋又有架立筋，注写时应将角部纵筋写在加号的前面，架立筋写在加号后面的括号内，以示不同直径及与通长筋的区别。

　　2. 表中第 4 条表示的是梁的上部纵筋和下部纵筋为全跨相同的情况，当多数跨配筋相同少数跨不同者，则在配筋不同的少数跨处进行原位标注，按原位标注取值优先的原则处理。

（5）梁侧面纵向构造钢筋或受扭钢筋配置

当梁腹板高度 h_w≥450 mm 时，在梁的两个侧面对称配置纵向构造钢筋，纵向构造钢筋间距≤200 mm。注写时以大写字母 G 打头，接续注写梁两侧的总配筋值。

当梁侧面需要配置受扭钢筋时，注写时以 N 打头，接续注写梁两侧的总配筋值。当梁侧面配有直径不小于构造纵筋的受扭纵筋时，受扭钢筋可以代替构造钢筋。若梁侧面配置了纵向构造钢筋或受扭钢筋，则必须把该项内容注写在图纸上。

具体表示方法如表 2.2.5 所示。

表 2.2.5　梁侧面纵向钢筋配置表示方法

序号	梁侧面钢筋配置情况	表示方法示例	示例表达的意思
1	配置构造筋	G4φ12	表示梁的两个侧面共配置 4φ12 的纵向构造钢筋，每侧各配置 2φ12。
2	配置受扭纵向钢筋	N4 Φ 22	表示梁的两个侧面共配置 4 Φ 22 的受扭纵向钢筋，每侧各配置 2 Φ 22。

（6）梁顶面标高高差

梁顶面标高高差，该项为选注值。

梁顶面标高高差，系指相对于结构层楼面标高的高差值，对于位于结构夹层的梁，则指相对于结构夹层楼面标高的高差。有高差时，需将其写入括号内，无高差时不注。当某梁的顶面高于所在结构层的楼面标高时，其标高高差为正值，反之为负值。

例如：某结构标准层的楼面标高为 7.150 m，当某梁的梁顶面标高高差注写为（−0.050 m）时，即表明该梁顶面标高相对于 7.150 m 低 0.050 m。

2. 原位标注

原位标注的内容包括梁支座上部纵筋、梁下部纵筋、对集中标注的修正内容、附加箍筋或吊筋。

（1）梁支座上部纵筋

梁支座上部纵筋是包含通长筋在内的所有纵筋，其具体表示方法如表 2.2.6 所示。

表 2.2.6　梁支座上部纵筋配置表示方法

序号	支座上部配筋情况	表示方法	示例
1	支座上部纵筋多于一排	当支座上部纵筋多于一排时，用斜线"/"将各排纵筋自上而下分开。	图 2.2.2(a)中④支座左侧：8Φ25　4/4，表示支座上部纵筋有两排，第一排纵筋为 4Φ25，第二排纵筋 4Φ25。
2	同排纵筋有两种直径	当同排纵筋有两种直径时，用加号"+"将两种直径的纵筋相联，注写时将角部纵筋写在前面。	图 2.2.2(b)中①支座右侧：2Φ25+2Φ22，表示上部纵筋一共有 4 根且一排放置，其中 2Φ25 放在角部，2Φ22 放在中部。
3	梁中间支座两边的上部纵筋相同	当梁中间支座两边的上部纵筋相同时，可仅在支座的一边标注配筋值，另一边省去不注。	图 2.2.2(a)中③支座右侧：8Φ25　4/4，表示③支座左、右两侧上部配置的钢筋相同，即左侧为 8Φ25，右侧也为 8Φ25，左右两侧都是上排 4 根，下排 4 根。
4	梁中间支座两边的上部纵筋不同	当梁中间支座两边的上部纵筋不同时，须在支座两边分别标注。	图 2.2.2(b)中②支座左侧：6Φ25　4/2，表示②支座左边配置 6Φ25，上排 4 根，下排 2 根；②支座右侧：8Φ25　4/4，表示②支座右边配置 8Φ25，上排 4 根，下排 4 根。
5	对于端部带悬挑的梁，其上部纵筋注写在悬挑梁根部支座部位。当支座两边的上部纵筋相同时，可仅在支座的一边标注配筋值。		

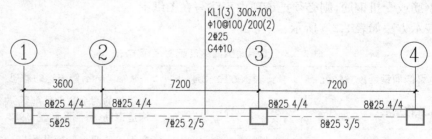

(a) 梁支座两边的上部纵筋相同

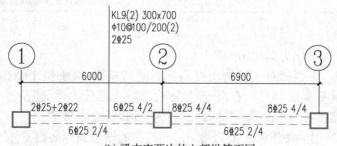

(b) 梁支座两边的上部纵筋不同

图 2.2.2　梁支座上部纵筋配置情况示意图

（2）梁下部纵筋

梁下部纵筋原位标注在梁的跨中下部，具体注写方式及表达意思如表 2.2.7 所示。

表 2.2.7　梁支座下部纵筋配置表示方法

序号	支座下部配筋情况	表示方法	示例
1	下部纵筋多于一排	当下部纵筋多于一排时,用斜线"/"将各排纵筋自上而下分开。	图 2.2.2(a),中间跨下部纵筋:7Φ25　2/5,表示上一排纵筋为 2Φ25,下一排纵筋 5Φ25,全部伸入支座。
2	同排纵筋有两种直径	当同排纵筋有两种直径时,用加号"+"将两种直径的纵筋相联,注写时将角部纵筋写在前面。	图 2.2.6 中Ⓑ轴 KL10 第 1 跨下部纵筋:2Φ25+2Φ20,表示梁下部纵筋一共有 4根且一排放置,其中 2Φ25 放在角部,2Φ20 放在中部。
3	梁下部纵筋不全部伸入支座	当梁下部纵筋不全部伸入支座时,将梁支座下部纵筋减少的数量写在括号内。	6Φ22 2(-2)/4;表示梁下部配置 2 排纵筋,上排纵筋为 2Φ22 且不伸入支座;下一排纵筋为 4Φ22,全部伸入支座。
4	当梁设置竖向加腋时	当梁设置竖向加腋时,加腋部位下部斜纵筋应在支座下部以 Y 打头注写在括号内。	图 2.2.3 中(Y4Φ25),表示加腋部位下面斜纵筋为 4Φ25。
5	当梁设置水平加腋时	当梁设置水平加腋时,水平加腋内上、下部斜纵筋应在加腋支座上部以 Y 打头注写在括号内,上下部斜纵筋之间用"/"分隔。	图 2.2.4 中第一跨支座处:上部(Y2Φ25/2Φ25),表示配置的上部斜纵筋为 2Φ25,下部斜纵筋为 2Φ25。

注:当梁的集中标注中已按规定分别注写了梁上部和下部均为通长的纵筋值时,则不需在梁下部重复做原位标注。

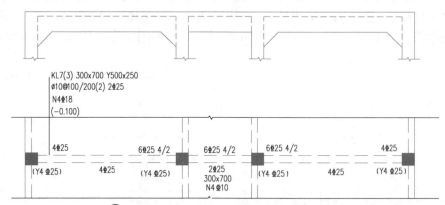

图 2.2.3　梁竖向加腋平面注写方式表达示例

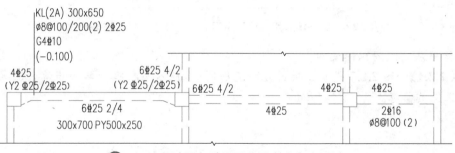

图 2.2.4　梁水平加腋平面注写方式表达示例

（3）对集中标注的修正内容

当在梁上集中标注的内容（即梁截面尺寸、箍筋、上部通长筋或架立筋，梁侧面纵向构造钢筋或受扭纵向钢筋，以及梁顶面标高高差中的某一项或几项数值）不适用于某跨或某悬挑部分时，则将其不同数值原位标注在该跨或该悬挑部位，施工时应按原位标注数值取用。当在多跨梁的集中标注中已注明加腋，而该梁某跨的根部却不需要加腋时，则应在该跨原位标注等截面的 $b×h$，以修正集中标注中的加腋信息，如图 2.2.3 所示。中间跨下部注写 $300×700$ 表示该跨不加腋，N4ϕ10 表示此跨梁侧面共配置 4ϕ10 的抗扭筋。

（4）附加箍筋或吊筋

附加箍筋或吊筋，将其直接画在平面图中的主梁上，用线引注总配筋值（附加箍筋的肢数注在括号内），如图 2.2.5 所示：当多数附加箍筋或吊筋相同时，可在梁平法施工图上统一注明，少数与统一注明值不同时，再原位引注。

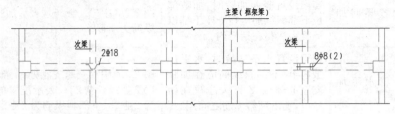

图2.2.5 附加箍筋和吊筋的画法示例

在图 2.2.5 中，配置的吊筋为 2 Φ 18，附加箍筋为 8ϕ8，双肢箍。

（5）代号为 L 的非框架梁，当某一端支座上部纵筋为充分利用钢筋抗拉强度时，对于一端与框架柱相连，另一端与梁相连的梁（代号为 KL），当其与梁相连的支座上部纵筋为充分利用钢筋的抗拉强度时，在梁平面布置图上原位标注，以符号"g"表示，如图 2.2.6 所示。

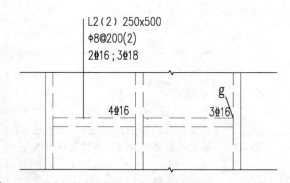

图2.2.6 梁一端采用充分利用钢筋抗拉强度方式的注写示意

3. 梁平法施工图识读案例

【例 2.2.1】 图 2.2.7 是某二层梁楼面配筋图的局部，请根据所学知识读出②轴上 KL2 平法施工图的信息。

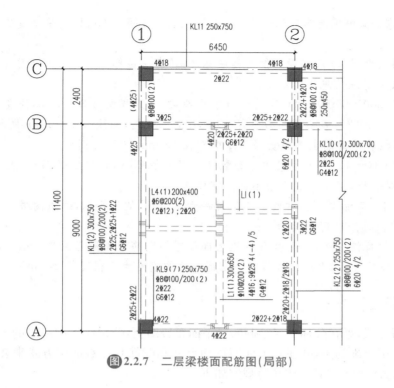

图2.2.7 二层梁楼面配筋图(局部)

解：

1. 梁的集中标注信息识读如下：

(1) KL2(2)：该梁为楼层框架梁，序号为2，即KL2，括号内数字2表示跨数为2跨。

(2) 250×750：表示梁的截面尺寸，即梁的宽度为250 mm，梁的高度为750 mm，750 mm包含板厚在内。

(3) Φ8@100/200(2)：表示箍筋为三级钢筋，直径为8 mm，加密区间距为100 mm，非加密区间距为200 mm，双肢箍。

(4) 6Φ20　4/2：表示上部通长筋是直径为20 mm的三级钢筋，根数共为6根，上排为4根，下排为2根。

2. 梁的原位标注信息识读

从下至上依次为第1跨、第2跨。三个柱所在位置分别为A支座、B支座、C支座。

(1) 支座上部配筋信息识读如下：

梁上方支座处没有标注信息表示梁上部配置的钢筋除了通长筋，支座处没有配置其它钢筋。

(2) 梁下部跨中配筋信息识读如下：

第1跨下部跨中注写3Φ22，表示第1跨下部配3根直径为22 mm的三级钢，且该三根钢筋伸入支座内。注写的G6Φ12表示第一跨梁的侧面配置6根直径12 mm的构造筋，每侧3根。

第2跨下部跨中注写信息有三个：

2Φ22+1Φ20：表示梁的第二跨下部配置2根22 mm和1根20 mm的三级钢。

Φ8@100(2)：表示该跨梁的箍筋直径为8 mm，间距为100 mm，三级钢，两肢箍。

250×450：表示该跨梁的宽度为250 mm，梁的高度为450 mm。

【例 2.2.2】 请根据所学知识读出图 2.2.7 中①②轴间上 L1(1) 的平法施工图的信息。

解：

从施工图上看，该非框架梁不仅有集中标注，还有原位标注。

1. 梁的集中标注信息识读如下：

(1) L1(1)300×650：表示该梁为 1 号非框架梁，梁的宽度为 300 mm，高度为 650 mm。

(2) Φ10@200(2)：表示箍筋为直径 10 mm 的三级钢，间距为 200 mm，两肢箍。

(3) 4Φ16：表示梁的上部通长筋为 4 根直径 16 mm 的三级钢。

(4) 9Φ25 4(—4)/5：表示梁的下部配置 9 根直径 25 mm 的三级钢，分上下两排布置，上排 4 根，下排 5 根，但上排的 4 根不伸入支座。

(5) G4Φ12：表示梁侧面共配置 4 根直径为 12 mm 的三级钢，每边两根。

2. 梁的原位标注信息识读如下：

A 支座右侧标注 4Φ20，表示 A 支座上部配置的钢筋为 4 根直径 20 mm 的三级钢。

B 支座左侧标注 4Φ20，表示 B 支座上部配置的钢筋为 4 根直径 20 mm 的三级钢。

二、截面注写方式

截面注写方式，系在分标准层绘制的梁平面布置图上，分别在不同编号的梁中各选一根梁用剖面号引出配筋图，并在其上注写截面尺寸和配筋具体数值的方式来表达梁平法施工图。如图 2.2.8 所示。其具体注写规定如下：

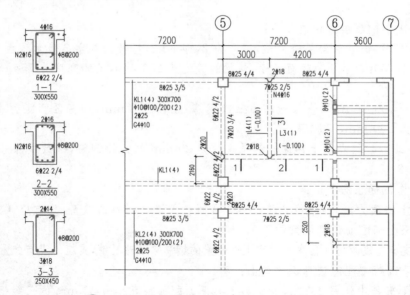

图 2.2.8   15.870～26.670 梁平法施工图(局部)

1. 对所有梁按表 2.2.1 的规定进行编号，从相同编号的梁中选择一根梁，先将"单边截面号"画在该梁上，再将截面配筋详图画在本图或其他图上。当某梁的顶面标高与结构层的楼面标高不同时，尚应继其梁编号后注写梁顶面标高高差(注写规定与平面注写方式相同)。

2. 在截面配筋详图上注写截面尺寸 $b×h$、上部筋、下部筋、侧面构造筋或受扭筋以及箍筋的具体数值时，其表达形式与平面注写方式相同。

3. 截面注写方式既可以单独使用,也可与平面注写方式结合使用。

【例 2.2.2】 某框架梁 KL2 的平法施工图如图 2.2.9 所示,请根据所学知识读出该梁平法施工图的信息。

解:

1. 梁的集中标注信息识读如下:

(1) KL2(2A):该梁为楼层框架梁,序号为 2,即 KL2,跨数为 2 跨。A 表示该梁一端悬挑。

(2) 300×650:表示梁的截面尺寸,即梁的宽度为 300 mm,梁的高度为 650 mm,650 mm 包含板厚在内。

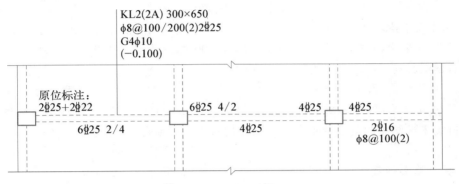

图 2.2.9 KL2 平法施工图

(3) φ8@100/200(2):表示箍筋为一级钢筋,直径为 8 mm,加密区间距为 100 mm,非加密区间距为 200 mm,两肢箍。

(4) 2⣊25:表示上部通长筋为三级钢,根数为 2 根,直径为 25 mm,这两根钢筋一直通长到悬挑端端部位置。

(5) G4φ10:表示梁侧面的构造筋为一级钢,直径为 10 mm,共有 4 根,每边各 2 根。

(6) (−0.100):表示梁顶标高比该结构层楼面标高低 0.100 m。

2. 梁的原位标注信息识读

从左至右依次为第 1 跨、第 2 跨、悬挑端。三个柱所在位置分别为第 1 支座、第 2 支座、第 3 支座。

(1) 支座上部配筋信息识读如下:

第 1 支座上部配筋共有 4 根,直径为 25 mm(2⣊25 为通长筋)和 22 mm 的三级钢各 2 根,直径为 25 mm 的钢筋放在角部,直径为 22 mm 的钢筋放在中部。

第 2 支座上部配置 6 根直径为 25 mm 的三级钢,上排为 4 根,下排为 2 根。(注意:支座左侧上部没注明配筋情况,是因为和支座右侧上部配筋相同,此处省略了)。

第 3 支座上部配置 4 根直径为 25 mm 的三级钢。

(2) 梁下部跨中配筋信息识读如下:

第 1 跨下部跨中注写为 6⣊25 2/4,表示第 1 跨下部配 6 根直径为 25 mm 的三级钢,分 2 排放置,上排为 2 根,下排为 4 根。

第 2 跨下部跨中注写为 4⣊25,表示第 2 跨下部配 4 根直径为 25 mm 的三级钢。

悬挑端下部配置 2 根直径为 16 mm 的三级钢。

悬挑端配置的箍筋为直径 8 mm 的一级钢,间距为 100 mm,两肢箍。

自 测 题

答案扫一扫

一、单项选择题

1. 当图纸标有:KL5(3)300×700 Y500×250 表示(   )

A. 5 号框架梁,3 跨,截面尺寸为宽 300、高 700,框架梁水平加腋,腋长 500、腋高 250

B. 3 号框架梁,5 跨,截面尺寸为宽 700、高 300,框架梁竖向加腋,腋长 500、腋高 250

C. 5 号框架梁,3 跨,截面尺寸为宽 300、高 700,框架梁水平加腋,腋长 250、腋高 500

D. 5 号框架梁,3 跨,截面尺寸为宽 300、高 700,框架梁竖向加腋,腋长 500、腋高 250

2. 当图纸标有:JZL1(2A)表示(   )

A. 1 号井字梁,两跨一端带悬挑   B. 1 号井字梁,两跨两端带悬挑

C. 1 号简支梁,两跨一端带悬挑   D. 1 号简支梁,两跨两端带悬挑

3. 当集中标注中的某项数值和原位标注的数值不一致时,(   )取值优先。

A. 集中标注   B. 原位标注

C. 根据需要确定   D. 以上说法都不对

4. KL7(4)300×700 PY500×250 表示(   )

A. 7 号框架梁,4 跨,截面尺寸为宽 300、高 700,框架梁竖向加腋,腋长 500、腋高 250

B. 7 号框架梁,4 跨,截面尺寸为宽 300、高 700,框架梁水平加腋,腋长 500、腋高 250

C. 7 号框架梁,4 跨,截面尺寸为宽 300、高 700,框架梁竖向加腋,腋长 250、腋高 500

D. 7 号框架梁,4 跨,截面尺寸为宽 300、高 700,框架梁水平加腋,腋长 250、腋高 500

5. 某框架梁的箍筋信息为 $\phi10@100/200(4)$,表示(   )

A. 表示箍筋为 HPB 300 钢筋,直径为 10,加密区间距为 100,非加密区间距为 200,加密区和非加密区均为两肢箍。

B. 表示箍筋为 HPB 300 钢筋,直径为 10,加密区间距为 100,非加密区间距为 200,均为四肢箍。

C. 表示箍筋为 HPB 300 钢筋,直径为 10,加密区间距为 200,非加密区间距为 100,均为两肢箍。

D. 表示箍筋为 HPB 300 钢筋,直径为 10,加密区间距为 200,非加密区间距为 100,均为四肢箍。

6. 某框架梁的箍筋信息为 $13\phi10@150/200(4)$,表示(   )

A. 表示箍筋为 HPB 300 钢筋(Ⅰ级钢),直径为 10,梁的每跨都有 13 个四肢箍,间距为 150、200 两种距离交错布置。

B. 表示箍筋为 HPB 300 钢筋(Ⅰ级钢),直径为 10,梁的每一跨中间有 13 个四肢箍,间距 150;其余部分间距为 200,四肢箍。

C. 表示箍筋为 HPB 300 钢筋(Ⅰ级钢),直径为 10,梁的一端有 13 个四肢箍,间距为 150;其余部分间距为 200,四肢箍。

D. 表示箍筋为 HPB 300 钢筋（Ⅰ级钢），直径为 10，梁的两端各有 13 个四肢箍，间距为 150；梁跨中部分间距为 200，四肢箍。

7. 某框架梁的标注信息如图 2.2.10 所示：其中虚线框 1 中表达（　　）

A. 该跨梁下部纵筋为 4⏀20，全部伸入支座

B. 该跨梁下部纵筋为 4⏀20，全部不伸入支座

C. 该跨梁下部纵筋为 4⏀20，2 根伸入支座，2 根不伸入支座

D. 该跨梁下部通长筋为 2⏀20，非通长筋也为 2⏀20

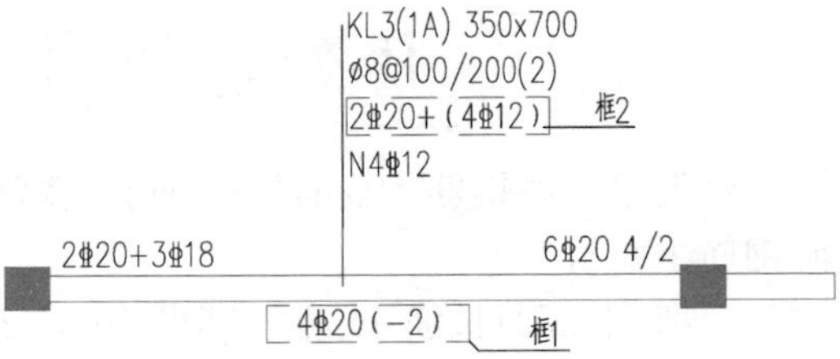

KL3(1A) 350x700
⏀8@100/200(2)
2⏀20+（4⏀12）　框2
N4⏀12

2⏀20+3⏀18　　　　　　6⏀20 4/2

4⏀20(−2)　框1

图 2.2.10

8. 某框架梁的标注信息图 2.2.10 所示：其中虚线框 2 中表达（　　）

A. 该框架梁通长筋为 2⏀20 和 4⏀12

B. 该框架梁通长筋为 2⏀20、架立筋为 4⏀12

C. 该框架梁通长筋为 2⏀20、支座钢筋为 4⏀12

D. 该框架梁上部通长筋为 2⏀20，下部通长筋为 4⏀12

二、读图题

1. 某框架梁的平法施工图如图 2.2.11 所示，请根据所学知识读出该梁平法施工图的信息。

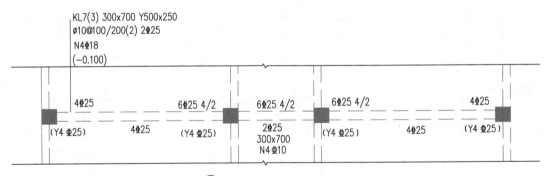

KL7(3) 300x700 Y500x250
⏀10@100/200(2) 2⏀25
N4⏀18
(−0.100)

4⏀25　　　　6⏀25 4/2　　　6⏀25 4/2　　　6⏀25 4/2　　　　4⏀25

(Y4 ⏀25)　　　4⏀25　　　(Y4 ⏀25)　　2⏀25　　(Y4 ⏀25)　　4⏀25　　(Y4 ⏀25)
300x700
N4⏀10

图 2.2.11　KL7 平法施工图

2. 图 2.2.12 是某层楼面梁的局部平法施工图，请根据所学知识读出该非框架梁 L1(1) 平法施工图的信息。

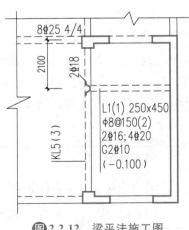

8⏀25 4/4

2100

2⏀18

KL5(3)

L1(1) 250x450
⏀8@150(2)
2⏀16；4⏀20
G2⏀10
(−0.100)

图 2.2.12　梁平法施工图

任务三　楼层框架梁钢筋构造与计算

框架梁中的钢筋主要有纵向钢筋、箍筋、拉筋,在主次梁交接处常配有吊筋等。其中纵向钢筋主要有:

上部:上部通长筋,支座上部纵筋(端支座负筋、中间支座负筋)、架立筋。

下部:下部通长筋、下部非通长筋(伸入支座的非通长筋、不伸入支座的非通长筋)。

侧面:抗扭筋、构造筋。

一、楼层框架梁内钢筋构造

楼层框架梁
钢筋构造

1. 楼层框架梁纵向钢筋构造

楼层框架梁纵向钢筋的具体构造如图 2.3.1 所示。

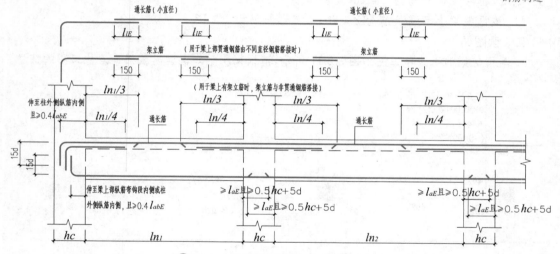

图 2.3.1　楼层框架梁 KL 纵向钢筋构造

(1)上部纵筋构造要求

① 梁支座负筋伸出长度规定

框架梁所有支座负筋的伸出长度自柱边算起,其长度统一取值为:第一排支座负筋伸出长度取 $l_n/3$,第二排支座负筋伸出长度取 $l_n/4$。若有多于三排的支座负筋设计,则依据设计确定其具体截断位置。跨度值 l_n 取值如表 2.3.1 所示。

表 2.3.1　l_n 取值

支座位置	跨度值 l_n 取值
端支座处	本跨净跨值
中间支座处	左右两跨梁净跨值的较大值,即 $\max(l_{ni}, l_{ni+1})$,其中 $i=1,2,3\cdots$

② 上部通长筋的构造要求

当框架梁上部通长筋直径小于梁支座负筋时,通长筋分别与梁两端支座负筋搭接,且按 100％接头面积百分率计算搭接长度。若采用绑扎搭接,搭接长度为 l_{lE},在具体工程中,采用何种连接方式按设计要求。

当框架梁上部通长筋直径与梁支座负筋直径相同时,纵筋连接位置宜位于跨中 $l_{ni}/3$ 范围内。且在同一连接区段内连接钢筋接头面积百分率不宜太于 50％。

③ 架立筋的构造要求

当框架梁设置箍筋的肢数多于 2 根,且当跨中通长钢筋仅为 2 根时,需设架立钢筋,架立钢筋与非贯通钢筋的搭接长度为 150 mm。

（2）楼层框架梁纵筋在端支座构造

梁两端支座可以是框架柱、剪力墙,也可以是梁,支座不同,其构造也不相同。

① 梁端部支座为柱

梁端部支座为柱时,其具体构造如图 2.3.2 所示。

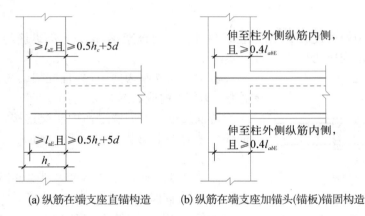

(a) 纵筋在端支座直锚构造　　(b) 纵筋在端支座加锚头(锚板)锚固构造

图 2.3.2　纵筋在端支座锚固构造（支座为柱）

从构造图 2.3.2(a)可知:当柱截面沿框架方向的宽度 h_c 比较大,此时能满足钢筋最小锚固长度要求,即 $h_c-c_柱 \geqslant l_{aE}$ 时,梁纵筋在端支座采用直锚形式。直锚长度为 $\max(0.5+5d, l_{aE})$。

当柱截面沿框架方向的宽度比较小,此时支座不能满足钢筋最小锚固长度要求,即 $h_c-c_柱 < l_{aE}$ 时,梁纵筋在端支座应采用弯锚形式,此时梁纵筋伸至柱外侧纵筋内侧并下弯 15d,也可采用加锚头或锚板的形式进行锚固,如图 2.3.2(b)所示。

若梁两端支座不一致时,支承于框架柱的梁端纵向钢筋锚固方式和构造做法如图 2.3.1 所示,支承于梁的梁端纵向钢筋锚固方式和构造做法同非框架梁。

② 梁端部支座为剪力墙

若梁的端支座为剪力墙,且框架梁与剪力墙平面外连接,其具体构造如图 2.3.3 所示。

从构造图可知:当梁端部剪力墙厚度较小时,楼层框架梁(KL)上部纵筋伸至墙外侧纵筋内侧后下弯 15d,并且水平段长度要 $\geqslant 0.4l_{ab}$;楼层框架梁(KL)下部纵筋伸入墙内 12d。

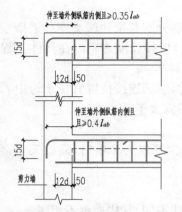 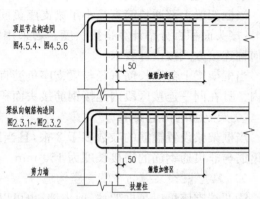

(a) 框架梁(KL、WKL)与剪力墙平面外构造(一)
（用于墙厚较小时）

(b) 框架梁(KL、WKL)与剪力墙平面外构造(二)
（用于墙厚较大或设有扶壁柱时）

图2.3.3 框架梁(KL、WKL)与剪力墙平面外构造

注:框架梁与剪力墙平面外连接构造(一)、(二)的选用,由设计指定。

当梁端部剪力墙厚度较大或设有扶壁柱时,楼层框架梁(KL)上部纵筋与下部纵筋的锚固长度可参照端部支座为框架柱的情况。

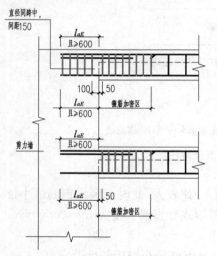

图2.3.4 框架梁(KL、WKL)与剪力墙平面内相交构造

若梁的端支座为剪力墙,且框架梁与剪力墙平面内连接,其具体构造如图2.3.4所示。

若框架梁与剪力墙平面内相交连接,框架梁纵向钢筋伸入剪力墙中长度为 $\max(600, l_{aE})$。

特别说明:

框架梁纵筋的上部、下部的各排纵筋锚入柱内均应满足构造要求,同时施工时为了保证混凝土与钢筋更好的握裹,不在同一排的纵筋弯折长度 $15d$ 之间应有不小于 25 mm 的净距要求。若梁纵筋的钢筋直径为 d,则各排框架梁纵筋锚入柱内的水平段长度差值可取为 $(25+d)$ mm,但在预算时本教材中没有考虑这个差值,在此特作说明。

（3）楼层框架梁纵筋在中间支座构造

当楼层框架梁下部纵筋在中间支座锚固时,纵筋伸入中间支座的锚固长度为 $\max(l_{aE}, 0.5h_c+5d)$,如图2.3.1所示。

若支座两侧框架梁 KL 的宽度、顶面标高发生变化,此时框架梁 KL 下部纵筋在中间支座锚固构造如图2.3.5所示。

（4）连接构造要求

当梁下部纵筋不在柱内锚固时,可在节点外连接,若采用绑扎搭接,搭接长度为 l_{lE}。相邻跨钢筋直径不同时,搭接位置位于较小直径一跨,连接位置宜位于支座 $l_{ni}/3$ 范围内,且距离支座边缘不应小于 $1.5h_0$,如图2.3.6所示。若不采绑扎连接,也可根据图纸要求采用其它的连接方式。

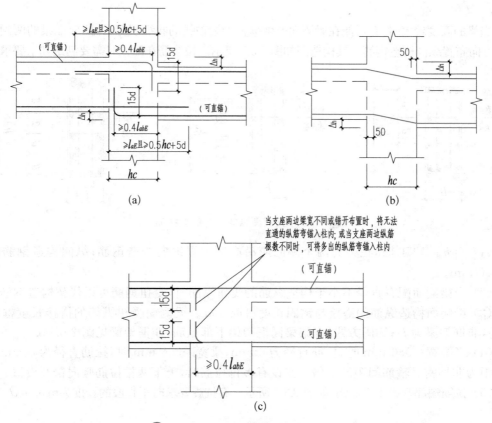

图2.3.5　KL中间支座纵向钢筋构造

特别说明:

　　框架纵向受力钢筋连接位置宜避开梁端箍筋加密区。如必须在此连接应采用机械连接或焊接。在连接范围内相邻纵向钢筋连接接头应相互错开,且位于同一连接区段内纵向钢筋接头面积百分率不宜大于50%。

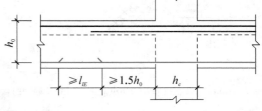

图2.3.6　中间层中间节点梁下部筋在节点外搭接

　　2. 不伸入支座内的梁下部纵向钢筋构造

　　不伸入支座内的框架梁下部纵向钢筋在距离支座$0.1l_n$处断开,其构造如图2.3.7所示:

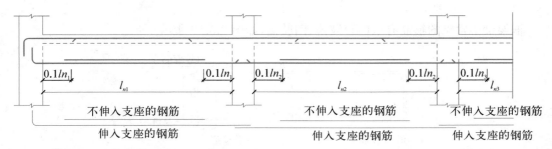

图2.3.7　不伸入支座的梁下部纵向钢筋断点位置(本构造图不适用于框支梁、框架扁梁)

3. 梁侧面构造筋和拉筋

当梁的高度较大时,有可能在梁侧面产生垂直于梁轴线的收缩裂缝,为此应在梁的两侧沿梁长度方向布置纵向构造钢筋。其构造图如图 2.3.8 所示。构造筋在配置时需要满足如下要求:

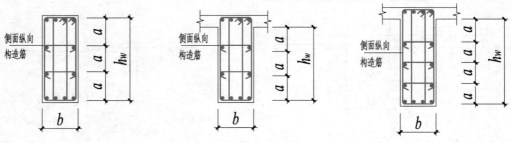

图 2.3.8　梁侧面纵向构造筋与拉筋

（1）当 $h_w \geq 450$ 时,在梁的两个侧面应沿高度配置纵向构造钢筋;纵向构造钢筋间距 $a \leq 200$ mm。

（2）当梁侧面配有直径不小于构造纵筋的受扭纵筋时,受扭钢筋可以代替构造钢筋。

（3）梁侧面构造纵筋的搭接与锚固长度可取 $15d$。梁侧面受扭纵筋的搭接长度框架梁为 l_{lE},非框架梁为 l_l;锚固方式:框架梁同框架梁下部纵筋,非框架梁见图 2.6.1(c)。

（4）当梁宽 ≤ 350 mm 时,拉筋直径为 6 mm;梁宽 > 350 mm 时,拉筋直径为 8 mm。拉筋间距为非加密区箍筋间距的 2 倍。当设有多排拉筋时,上下两排拉筋竖向错开设置。

（5）拉筋端部弯成 135° 弯钩,如图 2.3.9 所示。有抗震要求时平直段的长度为max(10d,75)。

(a) 拉筋紧靠箍筋并钩住纵筋　　(b) 拉筋同时钩住纵筋和箍筋　　(c) 拉筋紧靠纵向钢筋并钩住箍筋

图 2.3.9　拉筋端部构造图

注:非框架梁以及不考虑地震作用的悬挑梁,拉筋弯钩平直段长度可为 $5d$;当其受扭时,应为 $10d$。

4. 箍筋

（1）箍筋的构造形式

框架梁中常见的箍筋有双(两)肢箍、四肢箍,如图 2.3.10 所示。

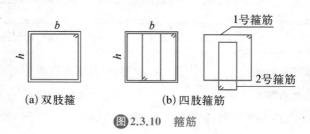

(a) 双肢箍　　　　(b) 四肢箍筋

图 2.3.10　箍筋

（2）箍筋的排布

框架梁的每一跨既有加密区又有非加密区，其构造如图 2.3.11 所示。其构造要求如下：

① 梁端头第一根箍筋距离支座的距离为 50 mm。

② 加密区与非加密区的分界处必须有一个分界箍筋。

③ 弧形梁沿梁中心线展开，箍筋间距沿凸面线量度，h_b 为梁截面高度。

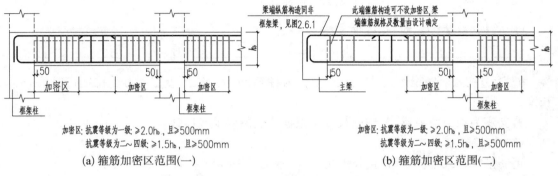

图 2.3.11 框架梁（KL，WKL）箍筋加密区范围

5. 吊筋

吊筋是将作用于混凝土梁式构件底部的集中力传递至顶部，是提高梁承受集中荷载抗剪能力的一种钢筋，形状如元宝，又称为元宝筋，如图 2.3.12 所示。

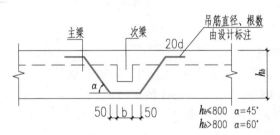

图 2.3.12 附加吊筋构造

吊筋倾斜部分的角度与主梁高度有关，若主梁的高度大于 800 mm，倾斜角度为 60°，若主梁的高度小于等于 800 mm，倾斜角度为 45°。

二、楼层框架梁内钢筋长度计算

楼层框架梁内钢筋长度计算

1. 上部通长筋

上部通长筋大多数情况下是由同一种直径的钢筋连接而成，极少数情况下由不同种直径的钢筋连接而成。若是不同种直径的钢筋连接而成，则要分别计算。在此我们按通长筋是由同一种直径的钢筋连接而成的情况来讲解。另外需要说明的是这里没有考虑不同排钢筋之间的应保留的净距。

由图 2.3.1 可知：

$$通长筋长度＝端支座之间的净长＋\sum 端支座内的锚固长度＋搭接长度×接头个数$$

$$(2.3.1)$$

(1) 端支座之间的净长——是指该楼层框架梁的两个端支座内侧之间的距离。

(2) 端支座内锚固长度根据支座的具体情况而有所不同,若支座为柱,具体如下:

① 当 $hc-c_柱 \geqslant l_{aE}$ 时是直锚

$$锚固长度＝\max(0.5h_c＋5d, l_{aE});$$

$$(2.3.2)$$

② 当 $h_c-c_柱 < l_{aE}$ 时,是弯锚

$$锚固长度＝h_c-c_柱＋15d$$

$$(2.3.3)$$

h_c 为边柱截面顺梁跨度方向长度;$c_柱$ 为柱箍筋保护层厚度;l_{aE} 为受拉钢筋抗震锚固长度;

若支座为剪力墙或梁,其锚固长度应根据构造图要求具体计算。

(3) 搭接长度

钢筋搭接方式不同,其搭接长度也不同,常见的搭接长度如表 1.3.5 所示。

(4) 接头个数

接头个数与通长筋总长、每根钢筋的定尺长度、钢筋的连接方式、钢筋的连接构造等因素有关,在此以机械连接为例来计算钢筋的接头个数。

$$n＝\left[\frac{钢筋总长度}{钢筋定尺}\right]$$

2. 端支座负筋

由图 2.3.1、图 2.3.2 可知:

端支座负筋单根长度等于端支座内的锚固长度加上钢筋从端支座内侧边缘起伸入跨内的净长,其中端支座内的锚固长度根据具体情况按公式(2.3.2)、(2.3.3)计算;钢筋从端支座内侧边缘起伸入跨内的净长为:第一排取 $l_{n1}/3$,第二排取 $l_{n1}/4$,l_{n1} 为该边跨的净跨长,因此端支座钢筋的长度的计算公式为:

$$第一排端支座负筋长度＝端支座内锚固长度＋\frac{l_{n1}}{3}$$

$$(2.3.4)$$

$$第二排端支座负筋长度＝端支座内锚固长度＋\frac{l_{n1}}{4}$$

$$(2.3.5)$$

3. 中间支座负筋

根据构造图 2.3.1 可知:

$$中间支座上排负筋单根长度＝2l_n/3＋h_c$$

$$(2.3.6)$$

$$中间支座下排负筋单根长度＝l_n/2＋h_c$$

$$(2.3.7)$$

4. 架立筋

根据构造图 2.3.1 可知:架立筋与支座负筋的搭接长度为 150 mm。因此架立筋的单根长度等于本跨的净跨长减去两边与之相连的支座负筋伸入跨内的净长后再加 300 mm,即

$$l=l_{ni}-\frac{\max(l_{ni-1},l_{ni})}{3}(左)-\frac{\max(l_{ni},l_{ni+1})}{3}(右)+150\times2 \qquad (2.3.8)$$

5. 下部通长筋

单根长度计算方法同上部通长筋。

6. 梁下部非通长筋

梁下部非通长筋有的伸入支座,有的不伸入支座。计算时要分别计算。

（1）伸入支座内的非通长筋

$$伸入支座内的下部非通长筋长度=本跨净跨长+\sum 支座内锚固长度 \qquad (2.3.9)$$

在计算支座内锚固长度时要区分支座是端支座还是中间支座,若支座两边梁截面及顶标高不变时,下部纵筋在中间支座的锚固长度$=\max(0.5h_c+5d,l_{aE})$,在端支座内的锚固长度见公式(2.3.2)、公式(2.3.3)。若支座两边梁截面及顶标高发生变化时,要根据变化的具体情况计算其在支座内的锚固长度。

（2）不伸入支座内的梁下部纵向钢筋

由图 2.3.7 可知:

$$不伸入支座内的非通长筋单根长度=净跨长-0.1净跨长\times2=0.8l_n \qquad (2.3.10)$$

7. 梁侧面钢筋

$$构造筋单根长度=本跨净跨长+\sum 两端锚固长度=l_n+15d\times2 \qquad (2.3.11)$$

$$抗扭筋单根长度=本跨净跨长+\sum 两端锚固长度 \qquad (2.3.12)$$

对于式(2.3.11)、(2.3.12)有两点需要说明如下:

（1）如果构造筋、抗扭筋采用的是 HPB 300 级别的钢筋,则每个端头要另加 $6.25d$。

（2）公式(2.3.12)中,如果抗扭筋在端支座内不能直锚,抗扭筋在端支座内的锚固长度为 $h_c-c+15d$。如果能直锚,抗扭筋在端支座内的锚固长度为 $\max(0.5h_c+5d,l_{aE})$。

8. 箍筋

（1）箍筋长度计算

根据图 2.3.10 可知矩形封闭(非焊接)箍筋长度计算公式如下:

$$箍筋长度=(水平长度+竖向长度)\times2+[增加长度+\max(10d,75\ mm)]\times2 \qquad (2.3.13)$$

当钢筋为光圆钢筋时,增加长度取 $1.9d$,当钢筋为 400 MPa 级带肋钢筋时,增加长度取 $2.89d$。

如果是复合箍筋,需要把箍筋拆开分别进行计算,但只要是封闭矩形(非焊接)箍筋,其长度的计算思路是一致的,以图 2.3.10(b)为例。

根据(2.3.13)式,我们可以算出 1 号和 2 号箍筋的长度如下:

1 号箍筋的单根长度$=[(b-2c)+(h-2c)]\times2+[增加长度+\max(10d,75\ mm)]\times2$

2 号箍筋的单根长度与 1 号箍筋不同的地方就是箍筋外包水平长度不同,只要把水平长度重新计算即可。

2 号箍筋的外包水平长度 $= \dfrac{b-2c-2d-\dfrac{D}{2}\times 2}{3}+\dfrac{D}{2}\times 2+2d$

$$= \frac{b-2c-2d-D}{3}+D+2d$$

2 号箍筋的单根长度

$$= \left[\left(\frac{b-2c-2d-D}{3}+D+2d\right)+(h-2c)\right]\times 2+[增加长度+\max(10d,75\ \text{mm})]\times 2$$

其中 D 为梁外侧纵筋的直径,d 为箍筋直径,c 为梁的钢筋保护层。

(2)箍筋根数计算

根据图 2.3.11,可知箍筋的根数计算公式如下:

$$一个加密区的箍筋根数 = \frac{加密区长度-50}{加密区箍筋间距}+1 \tag{2.3.14}$$

$$非加密区的箍筋根数 = \frac{非加密区长度}{非加密区箍筋间距}-1 \tag{2.3.15}$$

特别说明:箍筋根数在计算时出现小数的时候,往上取整,即如果算出是 5.8 根,取 6 根。

9.拉筋

(1)拉筋的长度计算

$$拉筋长度 = (b-2c)+1.9(或 2.89)d_1\times 2+\max(10d_1,75\ \text{mm})\times 2 \tag{2.3.16}$$

其中:b 为梁的宽度,c 为梁的钢筋保护层,d_1 为拉筋直径。

(2)拉筋的根数

$$每一跨的拉筋根数 = \frac{每跨净长-50\times 2}{拉筋间距}+1 \tag{2.3.17}$$

10.吊筋

根据构造图 2.3.12 得知:

$$单根吊筋长度 = 次梁宽 b+50\times 2+\frac{梁高-梁保护层厚度\times 2}{\sin\alpha}\times 2+20d\times 2 \tag{2.3.18}$$

三、钢筋计算案例

【例 2.3.1】 某二层楼面梁配筋图中⑧轴上 KL8 如图 2.3.13。已知条件如下:柱子截面尺寸为 600 mm×600 mm,板厚为 120 mm,混凝土强度等级为 C30,抗震等级为三级,混凝土保护层厚度为 20 mm。钢筋连接按机械连接考虑。请根据已知条件计算 KL8 中各种钢筋的重量。

钢筋计算案例

图 2.3.13 KL8

解:

1. 上部通长筋长度计算

第一步:判断上部通长筋在端支座内是直锚还是弯锚

根据已知条件查表 1.3.4 得: $l_{aE}=37d=37\times20=740$ mm

左、右端支座 $h_c-c=600-20=580$ mm<740 mm

即 $h_c-c<l_{aE}$,因此钢筋在左、右端支座内是弯锚

注:熟练以后其计算过程可以不必写出来。

第二步:计算上部通长筋的单根长度

单根长度=端支座之间的净长+$\sum$ 端支座内的锚固长度+搭接长度×接头个数

$\qquad=(9\ 000+2\ 400-500\times2)+(600-20+15\times20)\times2+0$

$\qquad=12\ 160$ mm

2. A 支座上部支座负筋长度计算

单根长度=端支座内的锚固长度+$l_{n1}/3=600-20+15\times20+(9\ 000-1\ 000)/3$

$\qquad\qquad\qquad\qquad\qquad=3\ 547$ mm

3. B、C 支座上部纵筋长度计算

单根长度=$l_{n1}/3+h_c+l_{n2}+$右支座锚固长度$=8\ 000/3+600+1\ 800+(600-20+15\times20)$

$\qquad=5\ 947$ mm

4. 下部纵筋长度计算

第一跨下部纵筋单根长度=$l_{n1}+(h_c-c$ 柱$+15d)+\max(0.5h_c+5d,l_{aE})$

$\qquad\qquad\qquad=(9\ 000-500-500)+(600-20+15\times22)+\max(410,814)$

$\qquad\qquad\qquad=9\ 724$ mm

第二跨下部纵筋单根长度=$l_{n2}+\max(0.5h_c+5d,l_{aE})+(h_c-c$ 柱$+15d)$

$\qquad\qquad\qquad=(2\ 400-100-500)+\max(300+5\times25,925)+(600-20+15\times25)$

$\qquad\qquad\qquad=3\ 680$ mm

5. 侧面钢筋长度计算

第一跨构造筋单根长度=$l_{n1}+15d\times2=(9\ 000-500-500)+15\times12\times2=8\ 360$ mm

第二跨构造筋单根长度=$l_{n2}+15d\times2=(2\ 400-100-500)+15\times12\times2=2\ 160$ mm

6. 箍筋长度计算

单根长度=$2\times[(250-2\times20)+(750-2\times20)]+2\times(11.9\times d)=2\ 030.4$ mm

$$加密区根数 = \frac{1.5 \times 750 - 50}{100} + 1 = 12$$

$$第一跨非加密区根数 = \frac{8\,000 - 1.5 \times 750 \times 2}{200} - 1 = 28$$

$$第二跨箍筋根数 = \frac{1\,800 - 50 \times 2}{100} + 1 = 18$$

$$箍筋总根数 = 12 \times 2 + 28 + 18 = 70$$

7. 拉筋

$$拉筋单根长度 = (250 - 2 \times 20) + 2 \times (75 + 1.9 \times d) = 383 \text{ mm}$$

$$第一跨拉筋根数 = \left(\frac{8\,000 - 50 \times 2}{400} + 1\right) \times 3 = 63 \text{ 根}$$

$$第二跨拉筋根数 = \left(\frac{1\,800 - 50 \times 2}{400} + 1\right) \times 3 = 18 \text{ 根}$$

钢筋重量计算见表 2.3.2。

表 2.3.2 钢筋重量计算表

序号	钢筋名称	直径	单根长度(m)	根数	总长度(m)	总重量(kg)
1	通长筋	Φ20	12.16	2	24.320	60.07
2	A 支座上部支座钢筋	Φ20	3.547	2	7.094	17.522
3	B、C 支座上部纵筋	Φ20	5.947	2	11.894	29.331
4	第一跨下部纵筋	Φ22	9.724	2	19.448	57.956
5	第二跨下部纵筋	Φ25	3.68	2	7.36	28.336
6	第一跨构造筋	Φ12	8.360	6	50.16	11.136
7	第二跨构造筋	Φ12	2.160	6	12.96	2.877
6	箍筋	Φ8	2.030 4	70	142.128	56.141
7	拉筋	Φ6	0.383	81	31.023	6.887

【例 2.3.2】 某框架梁 KL3 如图 2.3.14 所示,砼强度等级为 C25,三级抗震设计,钢筋定尺为 9 m,采用机械连接,柱的断面均为 400 mm×400 mm,梁、柱的保护层为 25 mm。请计算 KL3 中的钢筋的重量(钢筋理论重量 Φ20 = 2.465 kg/m,Φ22 = 2.984 kg/m,Φ8 = 0.395 kg/m)

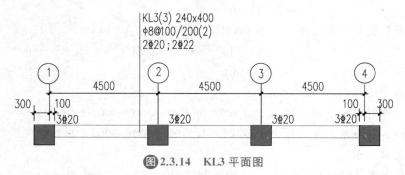

图 2.3.14 KL3 平面图

解:

根据图中的标注信息,KL3 中主要有上部通长筋、下部通长筋、支座负筋、箍筋等。计算过程如下:

1. 上部通长筋

(1) 计算端支座锚固长度

首先要判断钢筋在端支座是直锚还是弯锚,并计算钢筋在端支座的锚固长度。

$h_c - c_{柱} = 400 - 25 = 375$ mm

根据砼强度为 C25、三级抗震、三级钢,钢筋直径为 20 查得 $l_{aE} = 42d$。

$l_{aE} = 42d = 42 \times 20 = 840$ mm

$h_c - c_{柱} < l_{aE}$,因此钢筋在端支座是弯锚。

弯锚的锚固长度 $= h_c - c_{柱} + 15d = 400 - 25 + 15 \times 20 = 675$ mm

因为左右两边端支座的尺寸是一样的,因此钢筋在左右两个端支座内的锚固长度都是 675 mm

(2) 计算两个端支座之间的净长

$l_n = 4\,500 \times 3 - 100 - 100 = 13\,300$ mm

(3) 搭接长度

钢筋采用机械连接,因此单个接头的搭接长度为 0。

(4) 计算通长筋单根长度

单根长度 = 端支座之间的净长 + $\sum$ 端支座内锚固长度 + 搭接长度 × 接头个数

$\qquad = 13\,300 + 675 \times 2 = 14\,650$ mm $= 14.65$ m

2. 支座负筋

(1) ①支座的支座负筋(1 根)

该 KL3 在①支座处的原位标注为 3Φ20,表明梁上部在该处配筋为 3Φ20,其中 2 根为通长筋,1 根为支座负筋。根据公式

$$单根长度 = 端支座内的锚固长度 + \frac{1}{3}l_{n1}$$

$$= 675 + \frac{1}{3} \times (4\,500 - 100 - 200)$$

$$= 2\,075 \text{ mm} = 2.075 \text{ m}$$

(2) ②支座的支座负筋(1 根)

$$上排支座负筋单根长度 = \frac{2}{3}l_n + h_c = \frac{2}{3}\max(l_{n1}, l_{n2}) + h_c$$

$$= \frac{2}{3} \times (4\,500 - 100 - 200) + 400$$

$$= 3\,200 \text{ mm} = 3.2 \text{ m}$$

(3) ③支座的支座负筋(1 根)

$$上排支座负筋单根长度 = \frac{2}{3}l_n + h_c = \frac{2}{3}\max(l_{n2}, l_{n3}) + h_c$$

$$= \frac{2}{3} \times (4\,500 - 100 - 200) + 400$$

$$= 3\,200 \text{ mm} = 3.2 \text{ m}$$

(4) ④支座的支座负筋(1根)

④支座的支座负筋计算过程同①支座的支座负筋。即单根长度＝2.075 m

3. 下部通长筋(2根)

(1) 计算端支座锚固长度

首先要判断钢筋在端支座是直锚还是弯锚,并计算钢筋在端支座的锚固长度。

$h_c - c_柱 = 400 - 25 = 375$ mm

根据砼强度为 C25、三级抗震、三级钢,钢筋直径为 22 查得 $l_{aE} = 42d$。

$l_{aE} = 42d = 42 \times 22 = 924$ mm

$h_c - c_柱 < l_{aE}$,因此钢筋在端支座是弯锚。

弯锚的锚固长度 $= h_c - c_柱 + 15d = 400 - 25 + 15 \times 22 = 705$ mm

因为左右两边端支座的尺寸是一样的,因此钢筋在左右两个端支座内的锚固长度都是 705 mm。

(2) 计算两个端支座之间的净长

$l_n = 4\ 500 \times 3 - 100 - 100 = 13\ 300$ mm

(3) 搭接长度

钢筋采用机械连接,因此单个接头的搭接长度为 0。

(4) 计算通长筋单根长度

单根长度＝端支座之间的净长＋$\sum$端支座内锚固长度＋搭接长度×接头个数

$\qquad = 13\ 300 + 705 \times 2 = 14\ 710$ mm $= 14.71$ m

4. 箍筋

(1) 箍筋单根长度计算

单根长度＝(外包水平长度＋外包竖向长度)×2＋1.9d×2＋max(10d,75 mm)×2

$\qquad = [(0.24 - 0.025 \times 2) + (0.4 - 0.025 \times 2)] \times 2 + 11.9 \times 0.008 \times 2 = 1.27$ m

(2) 箍筋根数计算

一个加密区长度 $= 1.5h_b = 1.5 \times 400 = 600$ mm

第 1 跨非加密区长度 $= 4\ 500 - 100 - 200 - 600 \times 2 = 3\ 000$ mm

第 2 跨非加密区长度 $= 4\ 500 - 200 - 200 - 600 \times 2 = 2\ 900$ mm

第 3 跨非加密区长度 $= 4\ 500 - 200 - 100 - 600 \times 2 = 3\ 000$ mm

一个加密区的箍筋根数 $= \dfrac{加密区长度 - 50}{加密区箍筋间距} + 1 = \dfrac{600 - 50}{100} + 1 = 7$ 根

该 KL3 一共有 3 跨,每跨有 2 个加密区,总共有 6 个加密区。

6 个加密区的箍筋总根数 $= 7 \times 6 = 42$ 根

因为非加密区的箍筋根数 $= \dfrac{非加密区长度}{非加密区箍筋间距} - 1$

所以第 1 跨非加密区的箍筋根数 $= \dfrac{第 1 跨非加密区长度}{非加密区箍筋间距} - 1 = \dfrac{3\ 000}{200} - 1 = 14$ 根

第 2 跨非加密区的箍筋根数 $= \dfrac{第 2 跨非加密区长度}{非加密区箍筋间距} - 1 = \dfrac{2\ 900}{200} - 1 = 14$ 根

第 3 跨非加密区的箍筋根数同第 1 跨非加密区的箍筋根数,14 根。

综上所述,箍筋总根数 $= 42 + 14 \times 3 = 84$ 根

钢筋的单根长度算出来以后,我们就可以根据钢筋的根数和单根长度算出每种直径的钢筋总长度,然后乘以各自的线重,就可以计算出其总重量。具体计算见表 2.3.3 所示。

表 2.3.3 钢筋工程量计算表

序号	钢筋直径与级别	钢筋名称	单根长度(m)	根数	总长度(m)
1	Φ20	2.465×(29.3+2.075×2+3.2×2)=98.23 kg			
		上部通长筋	14.65	2	29.3
		①支座的支座负筋	2.075	1	2.075
		②支座的支座负筋	3.2	1	3.2
		③支座的支座负筋	3.2	1	3.2
		④支座的支座负筋	2.075	1	2.075
2	Φ22	2.984×29.42=87.79 kg			
		下部通长筋	14.71	2	29.42
3	Φ8	0.395×106.68=42.14 kg			
		箍筋	1.27	84	106.68

自 测 题

答案扫一扫

一、单项选择题

1. KL1 的已知条件如表 2.3.4 所示,根据条件及图 2.3.15 中梁的标注信息回答下列问题:

表 2.3.4 已知条件

KL1 的环境描述	梁类型	抗震等级	混凝土等级	保护层(mm)
	楼层框架梁	2 级	C25	25

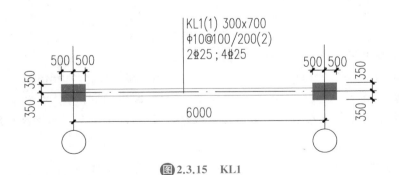

图 2.3.15 KL1

(1) 上部通长筋在两端是直锚还是弯锚?( )。

A. 直锚 　　　　　　　　　　　　　　B. 弯锚

(2) 下列关于上部通长筋的单根长度计算表达式正确的是( ),计量单位:m。

A. 6−0.5×2+(1−0.025+15×0.025)×2

B. 6+(0.4×38×0.025+15×0.025)×2

C. $6-0.5\times2+(0.4\times38\times0.025+15\times0.025)\times2$

D. $6-0.5\times2+38\times0.025\times2$

(3) 下部通长筋的单根长度计算表达式为（　　　）。

A. $6-0.5\times2+(1-0.025+15\times0.025)\times2$

B. $6+(0.4\times38\times0.025+15\times0.025)\times2$

C. $6-0.5\times2+(0.4\times38\times0.025+15\times0.025)\times2$

D. $6-0.5\times2+38\times0.025\times2$

(4) 该框架梁箍筋单根长度的计算公式为（　　　）。

A. $(300-25+700-25)\times2+11.9d\times2$

B. $(300+700)\times2+75\times2$

C. $(300-25\times2+700-25\times2)\times2+75\times2$

D. $(300-25\times2+700-25\times2)\times2+11.9d\times2$

2. 图 2.3.16 中的集中标注 2⌀20(+2⌀12)，其中钢筋 2⌀12 的单根长度为（　　　）mm。

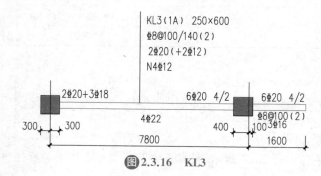

图 2.3.16　KL3

A. 2 900 mm

B. 2 666.67 mm

C. 2 600 mm

D. 2 366.67 mm

3. 架立钢筋同支座负筋的搭接长度为（　　　）。

A. $15d$

B. $12d$

C. 150

D. 250

4. 三级抗震框架梁箍筋加密区长度是（　　　）。

A. $\max(1.5h_b、500\ \text{mm})$

B. $\max(2h_b、500\ \text{mm})$

C. 1 500 mm

D. 2 000 mm

5. 某框架梁的上部钢筋第一排全部为 4 根通长筋，第二排有 2 根端支座负筋，端支座负筋长度为（　　　）。

A. 锚固长度$+\dfrac{1}{3}l_{n1}$

B. 锚固长度$+\dfrac{1}{4}l_{n2}$

C. 锚固长度$+\dfrac{1}{5}l_{n1}$

D. 锚固长度$+\dfrac{1}{4}l_{n1}$

6. 梁有侧面钢筋时需要设置拉筋，当设计没有给出拉筋直径时如何判断（　　　）。

A. 当梁高＜350 时为 6 mm，梁高≥350 mm 时为 8 mm

B. 当梁高＜450 时为 6 mm，梁高≥450 mm 时为 8 mm

C. 当梁高≤350 时为 6 mm，梁高＞350 mm 时为 8 mm

D. 当梁宽≤450 时为 6 mm，梁高＞450 mm 时为 8 mm

二、计算题

1. 某框架梁 KL1 的已知条件如表 2.3.5 所示，其配筋图如图 2.3.17 所示，②～⑤轴线上柱尺寸为 600×600，请根据条件计算 KL1 中的钢筋工程量。

表 2.3.5 已知条件

柱砼强度	梁砼强度	保护层厚度	抗震等级	钢筋定尺长度	连接方式
C30	C25	25	一级	9 000 mm	机械连接

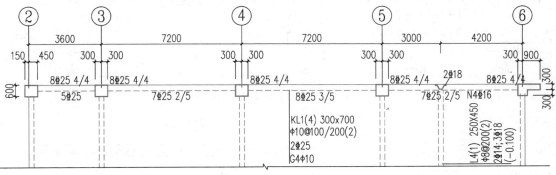

图 2.3.17 KL1 平面图

2. 请计算图 2.3.18 中 KL5 内钢筋的重量。已知柱混凝土强度等级为 C30，梁混凝土强度等级为 C25，梁与柱的混凝土保护层厚度均为 25 mm，抗震等级为三级，钢筋定尺为 8 m/根，钢筋连接采用机械连接。

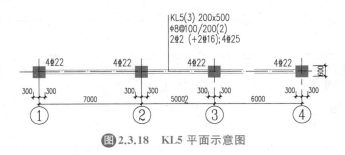

图 2.3.18 KL5 平面示意图

任务四 屋面框架梁钢筋构造与计算

屋面框架梁纵向钢筋构造图如图 2.4.1 所示，从构造图 2.4.1 中可知屋面框架梁中钢筋构造大多数与楼层框架梁中钢筋构造相同，只有上部纵筋在端头支座处的锚固构造不同。因此在这一任务中只讲屋面框架梁上部纵筋在端支座的锚固构造，其余部分参见楼层框架梁的相应部分。

屋面框架梁
钢筋构造

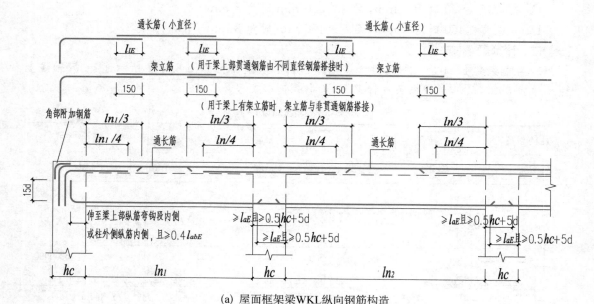

(a) 屋面框架梁WKL纵向钢筋构造

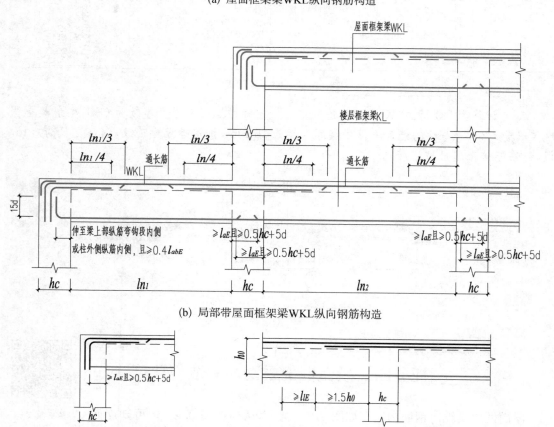

(b) 局部带屋面框架梁WKL纵向钢筋构造

(c) 顶层端支座梁下部钢筋直锚

(d) 顶层中间节点梁下部筋在节点外搭接

图 2.4.1 屋面框架梁 WKL 纵向钢筋构造

一、屋面框架梁上部纵筋在端支座构造

同框架梁一样,屋面框架梁在端支座的构造与支座的具体情况有关。

1. 当端部支座为柱时

根据 22G101-1 图集上相关内容可知,这种"顶梁边(角)柱"的节点构造共有四种构造形式。

(1) 框架边柱、角柱柱顶等截面伸出屋面板时

当框架边柱、角柱柱顶等截面伸出时,此时屋面框架梁内上部纵筋在端支座内是弯锚,梁内上部纵筋伸至柱外侧纵筋内侧下弯 $15d$,且伸入柱内的水平段长度$\geqslant 0.6l_{abE}$。具体构造如图 2.4.2 所示。需要说明的是屋面框架梁下部纵筋在端支座内的锚固构造与楼层框架一样,具体构造做法可参照楼层框架梁下部纵筋。

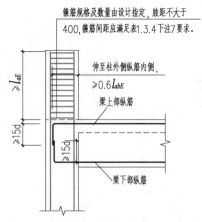 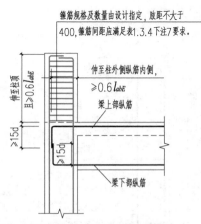

(a) 伸出长度自梁顶算起满足直锚长度l_{aE}时　　　(b) 伸出长度自梁顶算起满足直锚长度l_{aE}时

图 2.4.2 框架边柱、角柱柱顶等截面伸出时,屋面框架梁纵筋端部构造

(2) 框架边柱、角柱没有伸出屋面板,顶梁边柱节点的"柱插梁"构造

"柱插梁"这种构造形式是我们在施工中见到的比较多的一种构造形式,如图 2.4.3 所示。这种构造形式的优点是施工方便,缺点是会造成梁端上部水平钢筋密度增大,不利于混凝土浇筑。为了保证该部位混凝土的浇筑质量,必须要保证梁上部纵筋之间达到规定的水平净距,即上部纵筋的净距为不小于 30 mm 和 1.5 倍的钢筋直径。

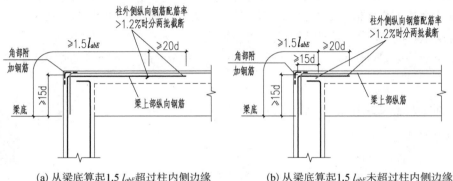

(a) 从梁底算起1.5 l_{abE}超过柱内侧边缘　　　(b) 从梁底算起1.5 l_{abE}未超过柱内侧边缘

图 2.4.3 梁柱节点构造(柱插梁)

从图 2.4.3 可知,无论是图(a)还是图(b),只要是柱的钢筋伸入梁的上部锚固,梁的上部纵筋都是伸至梁底,并且下弯的长度≥15d。

(3)框架边柱、角柱没有伸出屋面板,顶梁边柱节点的"梁插柱"构造

当梁的截面高度较大,梁、柱纵向钢筋相对较小,从梁底算起的直线搭接长度未延伸至柱顶即已满足 1.5l_{abE} 的要求时,应将搭接长度延伸至柱顶并满足搭接长度 1.7 l_{abE} 的要求。这也就是说当发生这种情况的时候,不应该采用"柱插梁"的做法,而应该采用"梁插柱"的做法,即梁、柱纵向钢筋接头应沿节点柱顶外侧直线布置,其具体构造见图 2.4.4 所示。

如果屋面框架梁上部纵向钢筋配筋率≤1.2%,梁内所有上部纵筋与柱外侧纵筋搭接长度为 1.7l_{abE};当屋面框架梁上部纵向钢筋配筋率>1.2%时,梁内所有上部纵筋在柱外侧分两批截断,一批纵筋与柱外侧纵筋搭接长度为 1.7l_{abE},另一批纵筋与柱外侧纵筋搭接长度为 1.7l_{abE}+20d。

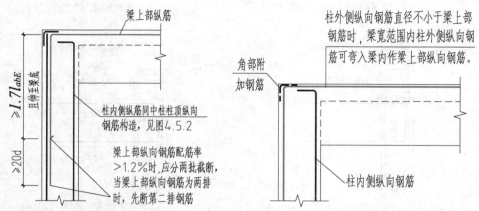

图 2.4.4　梁柱纵向钢筋搭接接头沿节点外侧直线布置　图 2.4.5　柱筋作为梁上部钢筋使用

(4)柱外侧纵筋作为梁上部纵筋使用构造

根据图 2.4.5 可知,在柱外侧纵向钢筋直径不小于梁上部钢筋时,梁宽范围内柱外侧纵向钢筋可弯入梁内作为梁上部纵向钢筋。

2. 当梁端部支座为剪力墙时

当梁端部支座为剪力墙时,其构造如图 2.3.3、图 2.3.4 所示。

当屋面框架梁(WKL)与剪力墙平面外连接时,若墙厚度较小,梁内上部纵向钢筋伸至墙外侧纵筋内侧下弯 15d,水平段长度不小于 0.35l_{ab},下部纵筋伸入墙内 12d;若墙厚度较大或设有扶壁柱时,梁内纵筋伸入墙内的长度同支座为框架柱的情况。

当屋面框架梁(WKL)与剪力墙平面内连接时,梁内上部与下部纵筋伸入墙内的长度为 max(600,l_{aE})。

二、屋面框架梁钢筋长度计算

1. 端支座内锚固长度计算

(1)框架边柱、角柱柱顶等截面伸出屋面板时

从构造图 2.4.2 中可知,此时屋面框架梁上部纵向钢筋在端支座中的锚固长度也只能弯锚,其在端支座的锚固长度为:

屋面框架梁
钢筋长度计算

$$\text{锚固长度}=h_c-c_{柱}+15d \tag{2.4.1}$$

（2）顶梁边柱节点的"柱插梁"时

从构造图 2.4.3 中可知，此时屋面框架梁纵向钢筋在端支座中的锚固长度也只能弯锚，其在端支座的锚固长度为：

$$\text{端支座锚固长度}=h_c-c_{柱}+h_b-c_{梁} \tag{2.4.2}$$

其中：h_b 为梁高。

（3）顶梁边柱节点的"梁插柱"时

从图 2.4.4 得知：由于配筋率的不同，"梁插柱"时梁上部纵向钢筋在柱内的截断做法有两种。

① 当屋面框架梁上部纵向钢筋配筋率≤1.2％时

$$\text{端支座内锚固长度}=h_c-c_{柱}+\max(1.7l_{abE},h_b-c_{梁}) \tag{2.4.3}$$

② 当屋面框架梁上部纵向钢筋配筋率＞1.2％时

$$\text{短的一批端支座内锚固长度}=h_c-c_{柱}+\max(1.7l_{abE},h_b-c_{梁})$$

$$\text{长的一批端支座内锚固长度}=h_c-c_{柱}+\max(1.7l_{abE},h_b-c_{梁})+20d \tag{2.4.4}$$

从以上讲解可知，要计算屋面框架梁上部纵筋在端支座内的锚固长度要考虑以下 2 个因素：

一是与之相连的柱子是否伸出屋面；二是"柱插梁"还是"梁插柱"，如果是"梁插柱"还要考虑配筋率的问题。

2. 上部通长筋

由图 2.4.1 可知：

$$\text{通长筋长度}=\text{端支座之间的净长}+\sum\text{端支座内的锚固长度}+\text{搭接长度}\times\text{接头个数} \tag{2.4.5}$$

（1）端支座之间的净长——是指该屋面框架梁的两个端支座内侧之间的距离。

（2）端支座内锚固长度按公式（2.4.1）～（2.4.4）几种情况来确定。

（3）搭接长度、接头个数见楼层框架梁相应部分。

3. 端支座负筋

由图 2.4.1 可知：

端支座负筋单根长度等于端支座内的锚固长度加上钢筋从端支座内侧边缘起伸入跨内的净长，其中端支座内的锚固长度见公式（2.4.1）～（2.4.4）；钢筋从端支座内侧边缘起伸入跨内的净长为第一排取 $l_{n1}/3$，第二排取 $l_{n1}/4$，l_{n1} 为该边跨的净跨长，因此端支座钢筋的长度的计算公式为：

$$\text{第一排端支座负筋长度}=\text{端支座内锚固长度}+\frac{l_{n1}}{3} \tag{2.4.6}$$

$$\text{第二排端支座负筋长度}=\text{端支座内锚固长度}+\frac{l_{n1}}{4} \tag{2.4.7}$$

4. 屋面框架梁内其它钢筋

屋面框架梁内中间支座负筋、架立筋、下部纵筋、箍筋、吊筋等其它钢筋的计算方法见楼层框架梁内相应钢筋计算部分。

三、屋面框架梁钢筋计算案例

案例

【例 2.4.1】 某屋面框架梁如图 2.4.6 所示,已知梁混凝土为 C25,柱混凝土为 C30,梁保护层为 20,柱保护层为 25,三级抗震,采用双面焊接连接,钢筋定尺为 9 m。试计算该屋面框架中钢筋的重量。(Φ14 钢筋的理论重量为 1.208 kg/m,Φ8 钢筋的理论重量为 0.395 kg/m)结果保留两位小数。

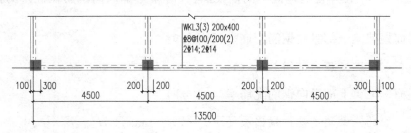

图 2.4.6 WKL3 平面图

根据图中的标注信息,WKL3 中主要有上部通长筋、下部通长筋和箍筋。计算过程如下:

解:

1. 上部通长筋(2 根)

(1) 计算端支座锚固长度

端支座内锚固长度 $= h_c - c_{柱} + h_b - C_{梁} = 400 - 25 + 400 - 20 = 755$ mm

因为左右两边端支座的尺寸是一样的,因此钢筋在左右两头端支座内的锚固长度都是 755 mm

(2) 计算两个端支座之间的净长

$l_n = 4\ 500 \times 3 - 300 - 300 = 12\ 900$ mm

(3) 搭接长度

根据表 1.3.5 得:搭接长度 $= 5d = 5 \times 14 = 70$ mm。

(4) 接头个数

先算一下如果没有接头时通长筋的总长是多少,然后根据算出的总长的数值和钢筋定尺长度再计算接头个数,算完要验算一下。

不考虑接头时钢筋总长 = 端支座之间的净长 + $\sum$ 端支座内锚固长度

$= 12\ 900 + 755 \times 2 = 14\ 410$ mm $= 14.41$ m

钢筋根数 $= 14.41/9 = 1.6$ 根 因此接头为 1 个

(5) 计算通长筋单根长度

单根长度 = 端支座之间的净长 + $\sum$ 端支座内锚固长度 + 搭接长度 × 接头个数

$= 12\ 900 + 755 \times 2 + 70 \times 1 = 14\ 480$ mm $= 14.480$ m

2. 下部通长筋(2根)

(1)计算端支座锚固长度

首先要判断下部通长筋在端支座是直锚还是弯锚,并计算钢筋在端支座的锚固长度。

$$h_c - c_柱 = 400 - 25 = 375 \text{ mm}$$

根据柱砼强度为 C30、三级抗震、三级钢,钢筋直径为 14,查得 $l_{aE} = 37d$。

$$l_{aE} = 37d = 37 \times 14 = 518 \text{ mm}$$

由于 375<518,即 $h_c - c_柱 < l_{aE}$,因此钢筋在端支座是弯锚。

弯锚的锚固长度 $= h_c - c_柱 + 15d = 400 - 25 + 15 \times 14 = 585$ mm

因为左右两边端支座的尺寸是一样的,因此钢筋在左右两个端支座内的锚固长度都是 585 mm

(2)计算通长筋单根长度

单根长度 = 端支座之间的净长 $+ \sum$ 端支座内的锚固长度 + 搭接长度×接头个数

$\qquad = 12\,900 + 585 \times 2 + 70 \times 1 = 14\,140$ mm = 14.140 m

3. 箍筋

(1)箍筋单根长度计算

单根长度 = (外包水平长度+外包竖向长度)$\times 2 + 2.89d \times 2 + \max(10d, 75 \text{ mm}) \times 2$

$\qquad = [(0.20 - 0.020 \times 2) + (0.4 - 0.020 \times 2)] \times 2 + 12.89 \times 0.008 \times 2 = 1.246$ m

(2)箍筋根数计算

一个加密区长度 $= \max(1.5h_b, 500) = 1.5 \times 400 = 600$ mm

第 1 跨非加密区长度 $= 4\,500 - 300 - 200 - 600 \times 2 = 2\,800$ mm

第 2 跨非加密区长度 $= 4\,500 - 200 - 200 - 600 \times 2 = 2\,900$ mm

第 3 跨非加密区长度 $= 4\,500 - 200 - 300 - 600 \times 2 = 2\,800$ mm

一个加密区的箍筋根数 $= \dfrac{加密区长度 - 50}{加密区箍筋间距} + 1 = \dfrac{600 - 50}{100} + 1 = 7$ 根

该 KL3 一共有 3 跨,每跨有 2 个加密区,总共有 6 个加密区。

6 个加密区的箍筋总根数 $= 7 \times 6 = 42$ 根

因为非加密区的箍筋根数 $= \dfrac{非加密区长度}{非加密区箍筋间距} - 1$

所以第 1 跨非加密区的箍筋根数 $= \dfrac{第 1 跨非加密区长度}{非加密区箍筋间距} - 1 = \dfrac{2\,800}{200} - 1 = 13$ 根

第 2 跨非加密区的箍筋根数 $= \dfrac{第 2 跨非加密区长度}{非加密区箍筋间距} - 1 = \dfrac{2\,900}{200} - 1 = 14$ 根

第 3 跨非加密区的箍筋根数同第 1 跨非加密区的箍筋根数,13 根。

综上所述,箍筋总根数 $= 42 + 13 \times 2 + 14 = 82$ 根

箍筋总长 $= 1.246 \times 82 = 102.17$ m

钢筋的单根长度算出来以后,我们就可以根据钢筋的根数和单根长度算出每种直径的钢筋总长度,然后乘以各自的线重,就可以得出其总重量。具体计算见表 2.4.1。

表 2.4.1　钢筋重量计算表

序号	钢筋直径与级别	钢筋名称	单根长度(m)	根数	总长度(m)
1	Φ14	1.208×(28.96+28.28)=69.15 kg			
		上部通长筋	14.480	2	28.96
		下部通长筋	14.140	2	28.28
3	Φ8	0.395×102.17=40.36 kg			
		箍筋	1.246	82	102.17

【例 2.4.2】 若上例中的 WKL3 与柱节点构造采用"梁插柱"法,请计算 WKL3 中的钢筋重量。

根据图中的标注信息,WKL3 中主要有上部通长筋、下部通长筋和箍筋。计算过程如下:

[**分析**] 首先我们先计算一下屋面框架梁上部纵向钢筋配筋率,根据配筋率的大小确定屋面框架梁纵向钢筋在柱外侧是一批截断还是分二批截断。然后可以算出上纵向钢筋在端支座内的锚固长度。

$$配筋率 = \frac{钢筋面积}{梁有效面积} \times 100\% = \frac{\pi \times 7^2 \times 2}{200 \times (400-35)} \times 100\% = 0.424\%$$

$0.424\% \leqslant 1.2\%$ 因此屋面框架梁纵向钢筋伸入柱外侧的直段长度为 $\max(1.7l_{abE}, h_b - c_梁)$ 截断即可。

1. 上部通长筋(2 根)

(1)计算端支座锚固长度

根据条件查得 $l_{abE} = 37d = 37 \times 14 = 518$ mm

端支座内锚固长度 = $400 - 25 + \max(880.6, 380) = 1\ 255.6$ mm

因为左右两边端支座的尺寸是一样的,因此钢筋在左右两头端支座内的锚固长度都是 1 255.6 mm。

该 WKL3 除了伸入端支座内的长度与上例中的不一样外,其它的都和上例中一样。因此我们只计算一下上部通长筋的长度,其它钢筋的长度参见上题即可。

上部通长筋长度 = 端支座之间的净长 + $\sum$ 端支座内锚固长度

$\qquad$ + 搭接长度 × 接头个数

$\qquad = 12\ 900 + 1\ 255.6 \times 2 + 70 \times 1 = 15\ 481.2$ mm = 15.481 m

其钢筋重量计算见下表

表 2.4.2　钢筋重量计算表

序号	钢筋直径与级别	钢筋名称	单根长度(m)	根数	总长度(m)
1	Φ14	1.208×(30.962+28.28)=71.56 kg			
		上部通长筋	15.841	2	30.962
		下部通长筋	14.14	2	28.28
3	Φ8	0.395×102.17=40.36 kg			
		箍筋	1.246	82	102.17

答案扫一扫

自 测 题

一、单项选择题

1. 抗震屋面框架梁纵向钢筋构造中端支座处钢筋构造是伸至柱纵筋内侧下弯,其下弯长度是(　　)。

　　A. 梁高一保护层×2　　　　　B. 15d　　　　C. 12d　　　　D. 梁高一保护层

二、计算题

1. 请根据所学知识计算图 2.4.7 中屋面梁配筋图上②轴上屋面框架梁内所有纵筋的重量。已知柱、梁的砼强度等级为 C30,梁、柱保护层厚度为 20 mm,三级抗震,Φ14、Φ12 采用对焊连接,Φ25、Φ22 钢筋采用机械连接。

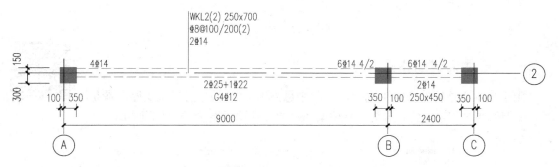

图 2.4.7　WKL2 平面图

2. 请根据所学知识计算图 2.4.8 屋面框架梁 WKL3 所有钢筋的重量。已知柱、梁的砼强度等级为 C30,梁、柱保护层厚度为 20 mm,柱截面尺寸为 450×450 三级抗震,Φ14 采用对焊连接。

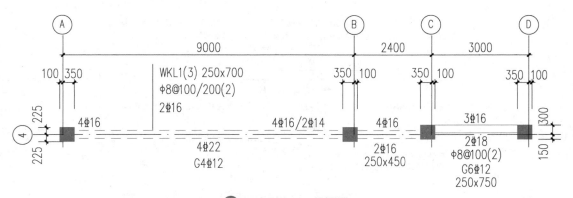

图2.4.8　WKL1 平面图

任务五 悬挑梁钢筋构造与计算

在实际工程中我们经常遇到挑出的阳台、雨篷等悬挑构件,常见的做法就是用悬挑梁来支撑阳台板或雨篷板,形成阳台与雨篷,如图 2.5.1 所示。

(a) 悬挑雨篷　　　　　　　　(b) 悬挑阳台

图 2.5.1　悬挑构件

悬挑梁
钢筋构造

一、悬挑梁钢筋构造

由于悬挑梁是从支撑构件(柱、墙或梁)中悬挑出来的,根据悬挑梁支座后端是否有框架梁与之相连可将其分为纯悬挑梁和延伸悬挑梁两类,如图 2.5.2 所示。

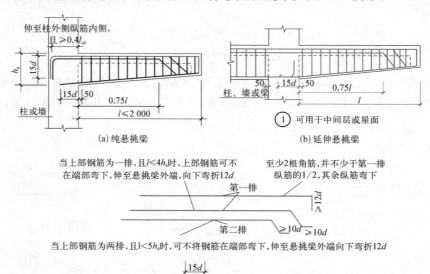

图 2.5.2　悬挑梁配筋构造

注:1. 当悬挑梁考虑竖向地震作用时(由设计明确),图中悬挑梁下部钢筋伸入支座长度需要将 $15d$ 改为 l_{aE}。
　　2. ①节点,当屋面框架梁与悬挑端根部底平,且下部纵筋通长设置时,框架柱中纵向钢筋锚固要求可按中柱柱顶节点(见图 4.5.2)。
　　3. 当梁上部设有第三排钢筋时,其伸出的长度应由设计者注明。

从图 2.5.2 可知,悬挑梁的配筋构造要求如下:

1. 悬挑梁根部锚固

(1)悬挑梁上部钢筋锚固

① 纯悬挑梁上部纵向钢筋应伸至支座(墙、柱)外侧纵筋内侧并下弯 15d。

② 延伸悬挑梁的锚固要根据延伸悬挑梁的具体配筋情况来确定。

(2)悬挑梁下部钢筋锚固

悬挑端下部钢筋在支座内的锚固长度为 15d。当悬挑梁根部与框架梁梁底齐平时,底部相同直径的纵筋可拉通设置。

2. 悬挑端上部钢筋构造

(1)当悬挑端的上部钢筋为一排时

① 当悬挑端的上部钢筋为一排且 $l<4h_b$ 时,上部钢筋可直接伸至悬挑梁外端,向下弯折,弯折长度≥12d。

② 当悬挑端的上部钢筋为一排且 $l\geqslant4h_b$ 时,"至少两根角筋,并且不少于第一排纵筋的 1/2"的上部纵筋一直伸到悬挑梁端部(留保护层),向下弯折,弯折长度≥12d,"其余纵筋弯下"(即钢筋在端部附近下弯 45°的斜坡,端部的平直段长度≥10d)。

例:某悬挑梁上部配置一排钢筋共 4 根,则第 1、4 根一直伸到悬挑梁端部,向下弯折,弯折长度≥12d;第 2、3 根在梁端部附近弯下 45°的斜弯,端部的平直段长度≥10d。

例:某悬挑梁上部配置一排钢筋共 5 根,则第 1、3、5 根一直伸到悬挑梁端部后向下弯折,弯折长度≥12d;第 2、4 根在端部附近弯下 45°的斜弯。端部的平直段长度≥10d。

(2)当悬挑端的上部钢筋为两排时

① 当悬挑端的上部钢筋为两排且 $l<5h_b$ 时,第二排钢筋可直接伸至悬挑梁外端,向下弯折 12d;

② 当悬挑端的上部钢筋为两排且 $l\geqslant5h_b$ 时,第二排钢筋伸到悬挑端长度的 0.75 倍处下弯 45°的斜坡,端部的平直段长度 10d。

3. 悬挑端下部钢筋构造

悬挑端下部钢筋伸至梁端,留保护层的厚度。

4. 其它说明

图 2.5.2 表示的各类框架梁与悬挑端根部的上表面、下表面平齐,若不平齐其构造可参见 22G101-1 图集的 2-43。

5. 箍筋构造

悬挑梁部位的箍筋除了按标注的信息配置箍筋外,还有附加箍筋,其构造如图 2.5.3 所示。从构造图 2.5.3 可知:附加箍筋为 4 根。

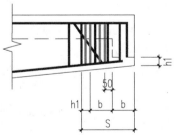

图 2.5.3　悬挑梁端加箍筋范围

二、悬挑梁钢筋长度计算

悬挑梁内的纵向钢筋有:上部第一排钢筋、上部第一排下弯钢筋、上部第二排钢、下部纵筋。

1. 纯悬挑梁

从图 2.5.2(a)中可知:

悬挑梁钢筋
长度计算

上部第一排钢筋长度计算公式：

$$长度＝15d＋支座宽度－c_{支座}＋悬挑梁净长－c_{梁}＋12d \qquad (2.5.1)$$

上部第一排下弯钢筋长度计算公式（按图纸要求需要向下弯折时）：

$$长度＝15d＋支柱宽度－c_{支座}＋悬挑梁净长－c_{梁}＋斜段长度增加值 \qquad (2.5.2)$$

$$斜段长度增加值＝（梁高－2c_{梁}）×（\sqrt{2}－1） \qquad (2.5.3)$$

上部第二排钢筋长度计算公式：

$$长度＝15d＋支座宽度－c_{支座}＋0.75×悬挑梁净长＋斜段长度＋10d \qquad (2.5.4)$$

或当 $l＜5h_b$ 时，也可用公式(2.5.1)计算。

下部钢筋长度计算公式：

$$长度＝15d（l_{aE}）＋悬挑梁净长－c_{支座} \qquad (2.5.5)$$

2. 延伸悬挑梁

从图 2.5.2(b)中可知：延伸悬挑梁在悬挑部分中的钢筋长度计算方法同纯悬挑梁，但在悬挑梁的支座内及支座外的钢筋长度如何计算还与与之相连的框架梁配筋有关，在此无法统一给出具体的计算公式，将在案例题中结合具体的配筋标注进行计算。

三、悬挑梁钢筋计算案例

悬挑梁钢筋
长度计算案例

【例 2.5.1】 某框架梁 KL3，尺寸及配筋如图 2.5.4 所示，已知 KL3 的混凝土强度为 C30，二级抗震，柱保护层厚度为 25 mm，梁保护层为 20 mm，钢筋定尺长度为 9 m，采用机械连接。试计算 KL3 中的所有钢筋的长度。（保留两位小数）

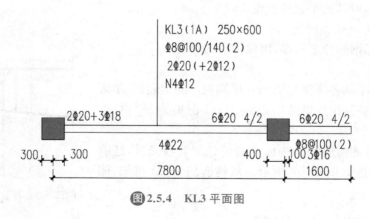

KL3(1A) 250×600
Φ8@100/140(2)
2Φ20(+2Φ12)
N4Φ12

2Φ20+3Φ18   6Φ20 4/2   6Φ20 4/2
4Φ22   Φ8@100(2)
300 300   400   100 3Φ16
7800   1600

图 2.5.4 KL3 平面图

解：

1) 上部通长筋(2 Φ 20)

① 首先判断钢筋在左支座中是直锚还是弯锚，判断结束后计算钢筋在左支座中的锚固长度。

判断：从已知条件混凝土强度为 C30，二级抗震，三级钢，直径为 20，可查得 l_{aE}。

$l_{aE} = 40d = 40 \times 20 = 800$ mm

$h_c - c_柱 = 600 - 25 = 575$ mm

$l_{aE} > h_c - c_柱$，因此钢筋在左支座中是弯锚。

锚固长度 $= h_c - c_柱 + 15d = 600 - 25 + 15 \times 20 = 875$ mm

② 从集中标注及悬挑端梁的上部钢筋信息我们可知，通长筋为 $2\Phi20$，该两根通长筋伸至悬挑端的端部后 $90°$ 下弯，下弯长度 $\geq 12d$。

通长筋长度 $=$ 锚固长度 $+$ 左支座右侧至悬挑梁端部长度 $- c_梁 + 12d$

$\qquad\qquad + $ 单个接头长度 $\times$ 接头个数

$\qquad = 875 + (7\,800 - 300 + 1\,600 - 20) + 12 \times 20 + 0$

$\qquad = 10\,195$ mm $= 10.195$ m

2）左支座的端支座负筋（$3\Phi18$）

左支座的支座负筋长度 $=$ 左支座中的锚固长度 $+ l_n/3 = h_c - c_柱 + 15d + l_n/3$

$\qquad\qquad = 600 - 25 + 15 \times 18 + (7\,800 - 400 - 300)/3$

$\qquad\qquad = 3\,211.67$ mm

$\qquad\qquad = 3.21$ m

3）右支座及悬挑端上部钢筋

第 1 排中的 $2\Phi20$ 的长度计算过程：

单根长度 $= l_n/3 +$ 右支座宽度 $+$ 悬挑净长 $- c_梁 + 12d$

$\qquad = (7\,800 - 300 - 400)/3 + 500 + (1\,600 - 100) - 20 + 12 \times 20$

$\qquad = 4\,586.67$ mm ≈ 4.587 m

第 2 排中的 $2\Phi20$ 的长度计算过程：

当上部钢筋为两排，且 $l < 5h_b$ 时，上部钢筋可不在端部弯下，直接伸至悬挑梁外端向下弯折，弯折长度 $\geq 12d$ 即可。

判断：$l = 1\,600 - 100 = 1\,500$

$\qquad 5h_b = 5 \times 600 = 3\,000$

因为 $l < 5h_b$，所以第 2 排中的 $2\Phi20$ 直接伸至悬挑梁外端向下弯折 $12d$

单根长度 $= l_n/4 +$ 右支座宽度 $+$ 悬挑净长 $- c_梁 + 12d$

$\qquad = (7\,800 - 300 - 400)/4 + 500 + (1\,600 - 100) - 20 + 12 \times 20$

$\qquad = 1\,775 + 500 + 1\,480 + 240$

$\qquad = 3\,995$ mm $= 3.995$ m

4）梁的下部通长筋（4 根）

单根长度 $=$ 左支座内锚固长度 $+$ 净长 $+$ 右支座内锚固长度 $+$ 单个接头长度 $\times$ 接头个数

$\qquad = (600 - 25 + 15 \times 22) + (7\,800 - 300 - 400) + (500 - 25 + 15 \times 22) + 0$

$\qquad = 8\,810$ mm $= 8.81$ m

5）悬挑端的下部钢筋（$3\Phi16$）

单根长度 $=$ 支座内锚固长度 $+$ 伸出支座右侧的净长

$\qquad = 15 \times 16 + (1\,600 - 100 - 20) = 1\,720$ mm $= 1.72$ m

6）抗扭筋（$4\Phi12$）

左边跨的抗扭筋单根长度 $=$ 左支座内锚固长度 $+$ 净长 $+$ 右支座内锚固长度 $+$ 搭接长度

$$=l_{aE}+净长+l_{aE}=40\times12\times2+(7\,800-300-400)$$
$$=8\,060\,mm=8.06\,m$$

悬挑端的抗扭筋单根长度=左支座内锚固长度+净长

$$=l_{aE}+(1\,600-100-20)=40\times12+1\,480\,mm$$
$$=1\,960\,mm=1.96\,m$$

7) 箍筋计算

(1) 箍筋单根长度计算

单根长度=(水平长度+竖向长度)$\times2+2.89d\times2+\max(10d,75)\times2$
$$=[(0.25-0.02\times2)+(0.6-0.02\times2)]\times2+12.89\times0.008\times2=1.75\,m$$

(2) 箍筋根数计算

左跨一个加密区长度=$1.5\,h_b=1.5\times600=900\,mm$

左跨非加密区长度=$7\,800-300-400-900\times2=5\,300\,mm$

一个加密区的箍筋根数=$\dfrac{加密区长度-50}{加密区箍筋间距}+1=\dfrac{900-50}{100}+1=10$ 根

非加密区的箍筋根数=$\dfrac{非加密区长度}{非加密区箍筋间距}-1$

$$=\dfrac{5\,300}{140}-1=37\,根$$

悬挑端的箍筋根数=$\dfrac{悬挑的净长-50-c_梁}{箍筋间距}+1=\dfrac{1\,500-50-20}{100}+1=16$ 根

附加箍筋根数为 4 根。

综上所述,箍筋总根数=$10\times2+37+16+4=77$ 根

钢筋长度计算如表 2.5.1 所示。

表 2.5.1 钢筋长度计算表

序号	钢筋直径与级别	钢筋名称	单根长度(m)	根数	总长度(m)
1	Φ20				37.554
		上部通长筋	10.195	2	
		右支座及悬挑端上部第一排钢筋	4.587	2	
		右支座及悬挑端上部第二排钢筋	3.995	2	
2	Φ18	左支座的端支座负筋	3.21	3	9.63
3	Φ22	下部通长筋	8.91	4	35.64
4	Φ16	悬挑端的下部钢筋	1.72	3	5.16
5	Φ12				40.08
		左跨 抗扭筋	8.06	4	
		悬挑端 抗扭筋	1.96	4	
6	Φ8	箍筋	1.75	77	134.75

答案扫一扫

自 测 题

一、单项选择题

1. 悬挑梁下部带肋钢筋伸入支座长度为(   )。

A. 12d　　　　　　　　　　　B. 15d

C. l_{ae}　　　　　　　　　　　D. 支座宽

二、计算题

1. 请计算图 2.5.5 中④轴上 KL4 内所有钢筋的长度。已知混凝土强度为 C30,二级抗震,柱保护层厚度为 25 mm,梁保护层为 20 mm,钢筋定尺长度为 9 m,采用机械连接。柱截面尺寸为 750×700(保留两位小数)。

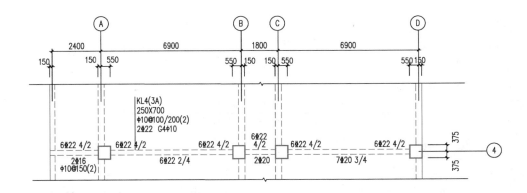

图 2.5.5　15.870 梁平法施工图(局部)

任务六　非框架梁配筋构造与计算

在框架结构中,常遇到以框架梁为支座的非框架梁,非框架梁中的钢筋有纵向钢筋、侧面构造筋或抗扭筋、箍筋等。

一、非框架梁 L、Lg、LN 配筋构造

非框架梁 L、Lg、LN 配筋构造如图 2.6.1 所示。

非框架梁
钢筋构造

1. 非框架梁上部纵筋的延伸长度

(1) 设计按铰接时:端支座上部纵筋向跨内的延伸长度为$l_{n1}/5$,此时非框架梁标注为"L"。充分利用钢筋的抗拉强度时,端支座上部纵筋向跨内的延伸长度为$l_{n1}/3$,此时非框架梁代号为"Lg"或在梁端原位标注"g"。

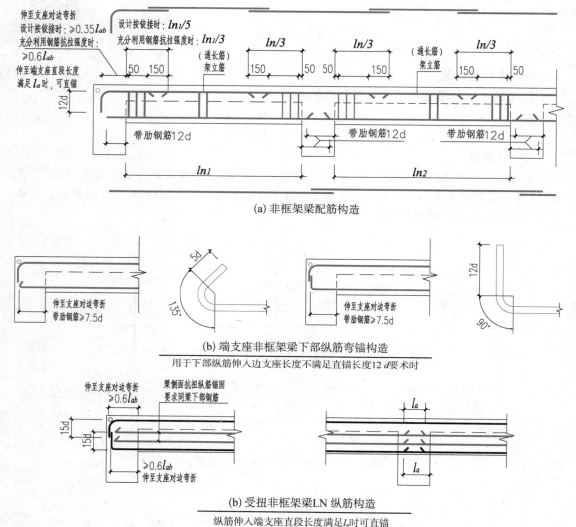

(a) 非框架梁配筋构造

(b) 端支座非框架梁下部纵筋弯锚构造

用于下部纵筋伸入边支座长度不满足直锚长度12*d*要求时

(b) 受扭非框架梁LN 纵筋构造

纵筋伸入端支座直段长度满足l_a时可直锚

图 2.6.1 非框架梁 L、Lg、LN 配筋构造

注:当端支座为中间层剪力墙时,图中 $0.35l_{ab}$、$0.6l_{ab}$ 调整为 $0.4l_{ab}$。

（2）非框架梁中间支座上部纵筋的延伸长度

非框架梁中间支座上部纵筋向两边跨内延伸长度为 $l_n/3$，l_n 为相邻左右两跨中跨度较大一跨的净跨长。

若非框架梁中间支座出现两排上部纵筋，根据 22G101-1 可知第二排上部纵筋向两边跨内延伸长度为 $l_n/4$。

2. 非框架梁纵向钢筋锚固

（1）非框架梁上部纵筋在端支座的锚固

构造图 2.6.1 指出，非框架梁端支座上部纵筋伸至端支座对边弯折，弯折段长度为 $12d$。弯锚水平段的长度要求是：设计按铰接时水平段长度 $\geqslant 0.35l_{ab}$，充分利用钢筋的抗拉强度时水平段长度≥$0.6l_{ab}$,伸入端支座直段长度满足l_a时可直锚。至于执行"设计按铰接"还是"充分利用钢筋的抗拉强度",则由设计决定。

（2）下部纵筋在端支座的锚固

当非框架梁支座宽度能满足下部纵筋直锚时,带肋钢筋锚固长度为$12d$。

当非框架梁支座宽度不能满足下部纵筋直锚时,下部纵筋伸至支座对边弯折,弯折角度135°时,弯钩平直段长度为$5d$,弯折角度90°时,弯钩平直段长度为$12d$,同时要保证带肋钢筋伸入支座中的水平段长度≥$7.5d$,如图2.6.1(b)所示。

（3）下部纵筋在中间支座的锚固

由构造图可知,非框架梁下部带肋纵筋在中间支座的锚固长度为$12d$。

当梁纵筋兼做温度应力筋时,梁下部钢筋锚入支座长度由设计确定。

（4）非框架梁侧面构造钢筋要求

梁侧面构造钢筋的搭接与锚固长度可取$15d$。

（5）受扭非框架梁纵筋构造

从图2.6.1(c)中可知,受扭非框架梁上部纵筋与下部纵筋在端支座内都伸至支座对边向下弯折$15d$且水平段长度≥$0.6l_{ab}$,但上、下部纵筋伸入端支座直段长度满足l_a时可直锚。中间支座内下部纵筋锚固长度为l_a。

梁侧面抗扭纵筋锚固要求同梁下部纵筋。

3. 非框架梁纵向钢筋的连接

（1）从图2.6.1(a)中可知:架立筋与支座上部纵筋（非贯通纵筋）搭接,搭接长度为150 mm。

（2）当梁上部有通长钢筋时,连接位置宜位于跨中$l_{ni}/3$范围内,梁下部钢筋连接位置宜位于支座$l_{ni}/4$范围内;且在同一连接区段内钢筋接头面积百分率不宜大于50%。

4. 非框架梁箍筋

（1）第一根箍筋在距支座边缘50 mm处开始。

（2）没有"抗震构造要求"的箍筋加密区。

（3）弧形非框架梁的箍筋间距沿梁凸面线度量。

（4）当箍筋采用多肢复合箍时,应采用大箍套小箍的形式。

（5）当梁纵筋（不包括侧面G打头的构造筋及架立筋）采用绑扎搭接接长时,搭接区内箍筋直径不小于$d/4$,间距不应大于100且不大于$5d$（d为搭接钢筋最小直径）。

二、非框架梁钢筋计算

非框架梁内钢筋有上部非贯通筋、通长筋、架立筋、下部纵筋、构造筋、抗扭筋、箍筋等。

非框架梁
钢筋计算

1. 上部非贯通筋

上部非贯通筋分端支座上部非贯通筋、中间支座上部非贯通筋两种。

（1）端支座上部非贯通筋

$$端支座上部非贯通筋长度＝端支座内锚固长度＋延伸长度 \tag{2.6.1}$$

根据图2.6.1(a)可知,上部非贯通筋在端支座内可能是直锚,也可能是弯锚,具体锚固形式及锚固长度见表 2.6.1。延伸长度见表 2.6.2。

表 2.6.1　上部非贯通筋端支座内锚固长度

序号	锚固形式	适用条件		锚固长度
1	直锚	当支座宽－保护层$\geqslant l_a$ 时		l_a
2	弯锚	当支座宽－保护层$< l_a$ 时	设计按铰接时（水平段$\geqslant 0.35 l_{ab}$）	支座宽－保护层$+15d$
			充分利用钢筋抗拉强度时（水平段$\geqslant 0.6 l_{ab}$）	

根据图 2.6.1(a)可知,上部非贯通筋的在端支座处的延伸长度见表 2.6.2。

表 2.6.2　上部非贯通筋端支座延伸长度

序号	适用条件	延伸长度
1	设计按铰接时	$l_{n1}/5$
2	充分利用钢筋抗拉强度时	$l_{n1}/3$

（2）中间支座上部非贯通筋

同楼层框架梁中间支座负筋长度计算方法。

2. 上部通长筋

通长筋的直径可能与支座上部非贯通筋直径相同,也可能不同。

（1）通长筋与上部非贯通筋直径相同时

此时计算其长度时把非贯通筋与通长筋一起计算,此时上部纵筋长度计算如下:

$$长度 = \sum 端支座内锚固长度 + 两端支座之间净长 + 搭接长度 \times 接头个数 \quad (2.6.2)$$

其中:端支座内锚固长度根据具体条件按表 2.6.1 选择计算即可。

（2）通长筋与上部非贯通筋直径不同时

$$通长筋长度 = 本跨的净跨长 - \sum 两边非贯通筋延伸长度 + 150 \times 2 \quad (2.6.3)$$

3. 架立筋

从图 2.6.1(a)上可知,架立筋与通长筋的构造相同,因此架立筋的长度计算方式见公式(2.6.3)。

4. 下部纵筋

$$下部纵筋长度 = 支座之间的净长 + \sum 支座内的锚固长度 + 搭接长度 \times 接头个数$$

$$(2.6.4)$$

（1）下部纵筋在端支座内的锚固长度

下部纵筋在端支座内的锚固长度与梁是否受扭、支座宽度等因素有关,具体锚固形式及锚固长度见表 2.6.3。

表 2.6.3 下部纵筋端支座内锚固长度

序号	是否受扭	适用条件		锚固形式	锚固长度
1	不受扭	带肋钢筋	支座宽－保护层≥12d 时	直锚	12d
			支座宽－保护层＜12d 时	弯锚	支座宽－保护层＋7.89d 或 支座宽－保护层＋12d
2	受扭	当支座宽－保护层≥l_a 时		直锚	l_a
		当支座宽－保护层＜l_a 时		弯锚	支座宽－保护层＋15d

（2）下部纵筋在中间支座内的锚固长度

如果是带肋钢筋，下部纵筋在中间支座内的锚固长度为 12d，受扭时锚固长度为 l_a。

5. 构造筋、抗扭筋

（1）构造筋

构造筋长度计算与楼层框架梁侧面构造筋长度计算方法相同。

（2）抗扭筋

抗扭筋的长度计算方法同梁下部纵筋，见公式（2.6.4）。

6. 箍筋

计算方法同楼层框架梁。不同的是箍筋末端的平直段长度为 max(5d,75)，当其受扭时，应为 max(10d,75)。

三、非框架梁钢筋长度计算案例

【例 2.6.1】 请计算图 2.6.2 中某二层楼面梁配筋图中 L2 内钢筋的重量。已知砼强度等级为 C30，保护层为 20 mm，三级抗震，Φ25、Φ22 采用机械连接，其余钢筋采用对焊连接。

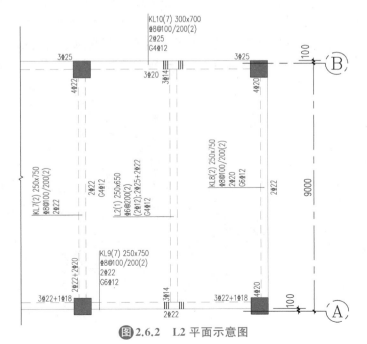

图 2.6.2 L2 平面示意图

案例［2.6.1］

解：

钢筋工程量计算如表 2.6.4 所示。

表 2.6.4　钢筋计算表

序号	名称	钢筋级别	形状	计算过程	长度（mm）	根数	总重量（kg）
1	A 支座上部非贯通钢筋	Φ 14		$250-20+15\times d+(9\ 000-550)/5$	2 130	3	7.731
2	B 支座上部非贯通钢筋	Φ 14		$(9\ 000-550)/5+300-20+15\times d$	2 180	3	7.914
3	架立筋	Φ 12		$8\ 450-(9\ 000-550)/5-(9\ 000-550)/5+150\times 2$	5 370	2	9.538
4	侧面构造筋	Φ 12		$15\times d+(9\ 000-550)+15\times d$	8 810	4	31.292
5	第一跨下部钢筋	Φ 22		$250-20+7.89d+(9\ 000-550)+12\times d$	9 117.58	2	54.41
6	第一跨下部钢筋	Φ 25		$250-20+7.89d+(9\ 000-550)+300-20+7.89d$	9 354.5	2	72.03
7	箍筋	Φ 6		$2\times[(250-2\times 20)+(650-2\times 20)]+2\times(75+2.89\times d)$	1 824.08	43	17.41
8	拉筋	Φ 6		$(250-2\times 20)+2\times(75+1.9\times d)$	383	44	3.74

【例 2.6.2】　某非框架梁如图 2.6.3 所示：已知：在设计时充分利用钢筋的抗拉强度，梁的混凝土为 C25，保护层为 20 mm。钢筋定尺为 9 m，采用对焊连接，请计算 L09 中钢筋的重量。

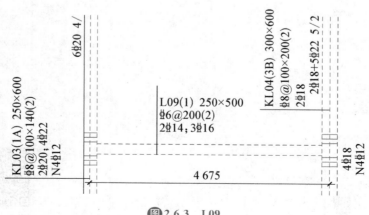

图 2.6.3　L09

解:

梁中钢筋有上部通长筋、下部通长筋及箍筋。

1)上部通长筋(2根)

首先判断钢筋在端支座中是直锚还是弯锚,根据条件查得:$l_a=40d=40×14=560$ mm。

左支座宽－保护层$=250-20=230$ mm<560 mm

右支座宽－保护层$=300-20=280$ mm<560 mm

因此钢筋在两个端支座中都是弯锚,根据公式(2.6.2)得

上部通长筋长度=左支座中锚固长度+净长+右支座中锚固长度+搭接长度×接头个数

$$=250-20+15×14+(4\,675-125-150)+300-20+15×14+0$$
$$=5\,330 \text{ mm}=5.33 \text{ m}$$

2)下部通长筋(3根)

下部通长筋在支座中是直锚还是弯锚,判断过程如下:

因为钢筋是带肋钢筋,$12d=12×16=192$ mm

左支座宽－保护层$=250-20=230$ mm>192 mm,

右支座宽－保护层$=300-20=280$ mm>192 mm

因此下部通长筋中左、右支座中的锚固长度均为$12d$。

下部通长筋长度=左支座中锚固长度+净长+右支座中锚固长度

$$=12×16×2+(4\,675-125-150)=4\,784 \text{ mm}=4.784 \text{ m}$$

3)箍筋的计算

箍筋单根长度$=[(250-20×2)+(500-20×2)]×2+2.89d×2+2\max(5d,75 \text{ mm})$

$$=1\,524.68 \text{ mm}=1.52 \text{ m}$$

$$根数=\frac{4\,675-125-150-50×2}{200}+1=23 \text{ 根}$$

4)钢筋重量计算

钢筋重量计算如表2.6.5所示。

表2.6.5　钢筋重量计算表

序号	钢筋直径与级别	钢筋名称	单根长度(m)	根数	总长度(m)	重量(kg)
1	Φ14	上部通长筋	5.33	2	10.66	12.88
2	Φ16	下部通长筋	4.784	3	14.352	22.65
3	Φ6	箍筋	1.52	23	34.96	7.76

自 测 题

答案扫一扫

1. 某二层梁平法施工图如图 2.6.4 所示,柱截面尺寸为 400 mm×400 mm,梁保护层为 20 mm,三级抗震,设计时钢筋按充分利用钢筋抗拉强度考虑,直径 16 及以上钢筋采用机械连接,直径 16 以下的钢筋采用对焊连接。请计算图中 L1、KL4 内钢筋的重量。

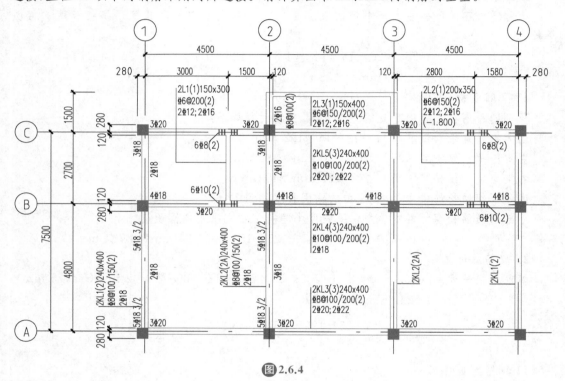

图 2.6.4

>>> # 项目三　现浇钢筋混凝土有梁楼盖 <<<

✖ 学习目标

1. 掌握有梁楼盖平法制图规则。
2. 掌握有梁楼盖的钢筋构造与工程量计算。

现浇式楼盖具有整体刚性好,抗震性能强,防水性能好及适用于特殊布局楼盖等优点,因而被广泛应用。根据现浇楼盖的支承条件,现浇楼盖又分为有梁式楼盖(图 3.0.1)和无梁式楼盖(图 3.0.2)。

图 3.0.1　有梁式楼盖

图 3.0.2　无梁式楼盖

任务一　有梁楼盖平法施工图制图规则

有梁楼盖平法施工图制图规则

有梁楼盖的制图规则适用于以梁(墙)为支座的楼面与屋面板平法施工图设计。

一、有梁楼盖平法施工图的表示方法

1. 有梁楼盖平法施工图,系在楼面板和屋面板布置图上,采用平面注写的表达方式。板平面注写主要包括板块集中标注和板支座原位标注,如图 3.1.1 所示。
2. 结构平面的坐标方向规定
(1) 当两向轴网正交布置时,图面从左至右为 X 向,从下至上为 Y 向;
(2) 当轴网转折时,局部坐标方向顺轴网转折角度做相应转折;
(3) 当轴网向心布置时,切向为 X 向,径向为 Y 向。

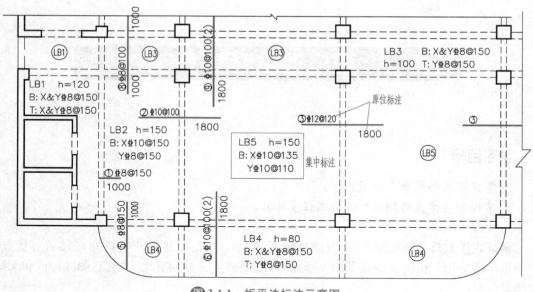

图3.1.1 板平法标注示意图

此外,对于平面布置比较复杂的区域,如轴网转折交界区域、向心布置的核心区域等,其平面坐标方向应由设计都另行规定并在图上明确表示。

二、板块集中标注

对于普通楼面,两向均以一跨为一板块;对于密肋楼盖,两向主梁(框架梁)均以一跨为一板块(非主梁密肋不计)。

1. 板块集中标注的内容

板块集中标注的内容为:板块编号、板厚、上部贯通纵筋、下部纵筋以及当板面标高不同时的标高高差。

所有板块应逐一编号,相同编号的板块可择其一做集中标注,其他仅注写置于圆圈内的板编号,以及当板面标高不同时的标高高差。

(1)板块编号

板块编号可按表3.1.1规定来进行编号。

(2)板厚

板厚注写为$h=$xxx(h为垂直于板面的厚度);当悬挑板的端部改变截面厚度时,用斜线分隔根部与端部的高度值,注写为$h=$xxx/xxx;当设计已在图注中统一注明板厚时,此项可不注。

表 3.1.1 板块编号

板类型	代号	序号
楼面板	LB	××
屋面板	WB	××
悬挑板	XB	××

（3）纵筋

纵筋按板块的下部纵筋和上部贯通纵筋分别注写（当板块上部不设贯通纵筋时则不注）。并以 B 代表下部纵筋，以 T 代表上部贯通纵筋，B&T 代表下部与上部。X 向纵筋以 X 打头，Y 向纵筋以 Y 打头，两向纵筋配置相同时则以 X&Y 打头。

当为单向板时，分布筋可不必注写，而在图中统一注明。

当纵筋采用两种规格钢筋"隔一布一"方式时，表达为 φxx/yy@xxx.表示直径为 xx 的钢筋和直径为 yy 的钢筋二者之间间距为 xxx，直径 xx 的钢筋的间距为 xxx 的 2 倍，直径 yy 的钢筋的间距为 xxx 的 2 倍。

当在某些板内（例如在悬挑板 XB 的下部）配置有构造钢筋时，则 X 向以 Xc、Y 向以 Yc 打头注写。

当 Y 向采用放射配筋时（切向为 X 向，径向为 Y 向），设计者应注明配筋间距的定位尺寸。

（4）板面标高高差

板面标高高差，系指相对于结构层楼面标高的高差，应将其注写在括号内，有高差则注，无高差不注。

2. 应用举例

板块集中标注内容解读示例如表 3.1.2 所示：

表 3.1.2　板集中标注内容解读示例　　　　　　　　　　　　　　　　（单位：mm）

标注形式	集中标注内容	标注解读
形式 1	LB2　h=120 B：X⬭ 12/14@120； 　Y⬭ 10@120；	表示 2 号楼面板，板厚 120； 单层配筋，即只有下部纵筋，无上部贯通纵筋。 板的下部配置双向钢筋，X 向为⬭ 12 与⬭ 14 隔一布一，⬭ 12 与⬭ 14 之间间距为 120，Y 向为⬭ 10@120。
形式 2	LB5　h=110 B：X&Y⬭ 10@150；	表示 5 号楼面板，板厚 110； 单层配筋，即只有下部纵筋，无上部贯通纵筋。 板的下部配置双向钢筋，X 向、Y 向都为⬭ 10@150；
形式 3	LB1　h=110 B：X&Y⬭ 8@150； T：X&Y⬭ 8@150；	表示 1 号楼面板，板厚 110； 双层配筋： 板的下部配置双向钢筋，X 向、Y 向都为⬭ 8@150； 板的上部配置双向钢筋，X 向、Y 向都为⬭ 8@150； 如图 3.1.1 中 LB1 所示。
形式 4	LB4　h=80 B：X&Y⬭ 8@150； T：Y⬭ 8@150	表示 4 号楼面板，板厚 80； 双层配筋，既有下部纵筋，又有上部贯通纵筋。 板的下部配置双向钢筋，X 向、Y 向都为⬭ 8@150； 板的上部为单向配筋，Y 向为⬭ 8@150；X 向应设置分布筋，数量与规格见图纸注明。 如图 3.1.1 中 LB4 所示。

续　表

标注形式	集中标注内容	标注解读
形式5	LB5　$h=150$ B：X ⏀ 10@135； 　Y ⏀ 10@110；	表示5号楼面板，板厚150； 单层配筋，即只有下部纵筋，无上部贯通纵筋。 板的下部配置双向钢筋，即X向为 ⏀ 10@135，Y向为 ⏀ 10@110； 如图3.1.1中LB5所示。
形式6	XB2 $h=150/100$ B：Xc&Yc ⏀ 8@180	表示2号悬挑板，板根部厚150，端部厚100； 板下部配置构造钢筋，双向均为 ⏀ 8@180（上部受力钢筋见板支座原位标注）。

同一编号板块的类型、板厚和贯通纵筋均应相同，但板面标高、跨度、平面形状以及板支座上部非贯通纵筋可以不同，如同一编号板块的平面形状可为矩形、多边形及其他形状等。施工预算时，应根据其实际平面形状，分别计算各块板的混凝土与钢材用量。

三、板的原位标注

1. 板支座原位标注的内容

板支座原位标注的内容为：板支座上部非贯通纵筋和悬挑板上部受力钢筋。

2. 板支座原位标注的标注位置及表示方法

（1）板支座原位标注的钢筋，应在配置相同跨的第一跨表达（当在梁悬挑部位单独配置时则在原位表达）。在配置相同跨的第一跨（或梁悬挑部位），垂直于板支座（梁或墙）绘制一段适宜长度的中粗实线（当该筋通长设置在悬挑板或短跨板上部时，实线段应画至对边或贯通短跨），以该线段代表支座上部非贯通纵筋，并在线段上方注写钢筋编号（如①、②等）、配筋值、横向连续布置的跨数（注写在括号内，且当为一跨时可不注），以及是否横向布置到梁的悬挑端。

如图3.1.1中的⑥号筋，其标注为 ⏀ 10@100(2)表示⑥号筋为 ⏀ 10@100，括号中的2表示横向布置跨数为2跨；图中③号筋，其标注为 ⏀ 12@120表示③号筋为 ⏀ 12@120，横向布置跨数为1跨。

（2）板支座上部非贯通筋自支座边线向跨内的伸出长度，注写在线段的下方位置。当中间支座上部非贯通纵筋向支座两侧对称伸出时，可仅在支座一侧线段下方标注伸出长度，另一侧不注，如图3.1.2(a)所示。当向支座两侧非对称伸出时，应分别在支座两侧线段下方写出伸出长度，如图3.1.2(b)所示。

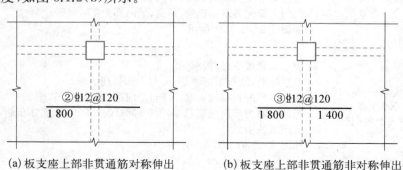

（a）板支座上部非贯通筋对称伸出　　　　（b）板支座上部非贯通筋非对称伸出

图3.1.2　**板支座上部非贯通筋伸出支座**

对边贯通全跨或贯通全悬挑长度的上部通长纵筋,或伸出至全悬挑一侧的长度值不注,只注明非贯通筋另一侧的伸出长度值,如图 3.1.3 所示。

当板支座为弧形,支座上部非贯通纵筋呈放射状分布时,设计者应注明配筋间距的度量位置并加注"放射分布"四字,必要时应补绘平面配筋图,如图 3.1.4 所示。

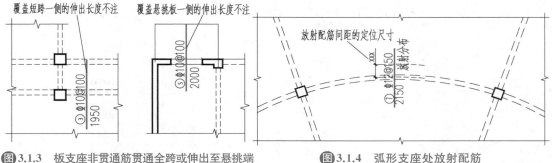

图 3.1.3　板支座非贯通筋贯通全跨或伸出至悬挑端　　图 3.1.4　弧形支座处放射配筋

（3）悬挑板支座原位标注的标注位置及表示方法

悬挑板的注写方式根据悬挑端的钢筋是否伸过支撑梁分为两种,如图 3.1.5(a)、(b)所示。

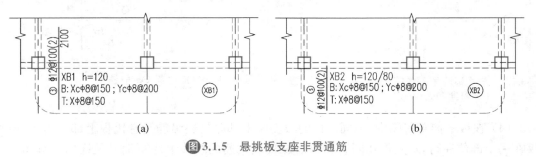

(a)　　　　　　　　　　　　　　　　(b)

图 3.1.5　悬挑板支座非贯通筋

当悬挑板端部厚度不小于 150 mm 时,图 3.1.6 提供了"无支承板端部封边构造",施工应按标准构造详图执行。当设计采用与本构造详图不同的做法时,就另行注明。

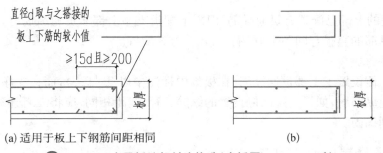

(a) 适用于板上下钢筋间距相同　　　　　　(b)

图 3.1.6　无支承板端部封边构造（当板厚≥150 mm 时）

此外,悬挑板的阴角上部会设置附加钢筋,悬挑板阳角会设置放射筋。悬挑板阴角附加筋系指在悬挑板的阴角部位斜放的附加钢筋,该附加钢筋设置在板上部悬挑受力钢筋的下面,自阴角位置向内分布。悬挑板阴角附加筋 Cis 的引注如图 3.1.7 所示。悬挑板阳角放射筋 Ces 的引注如图 3.1.8 所示。

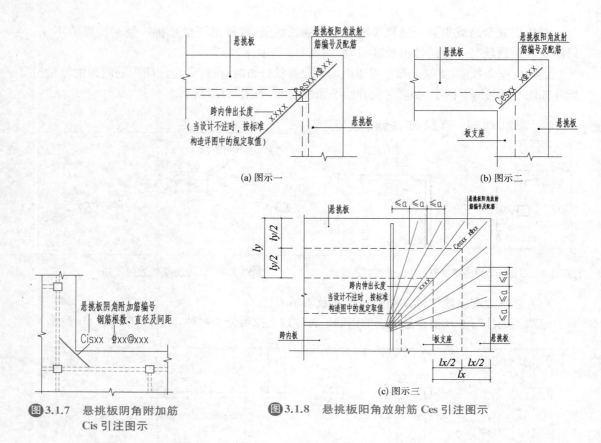

图3.1.7 悬挑板阴角附加筋 Cis 引注图示

图3.1.8 悬挑板阳角放射筋 Ces 引注图示

(4) 在板平面布置图中,不同部位的板支座上部非贯通纵筋及悬挑板上部受力钢筋,可仅在一个部位注写,对其他相同者则仅需在代表钢筋的线段上注写编号及横向连续布置的跨数即可。

(5) 与板支座上部非贯通纵筋垂直且绑扎在一起的构造钢筋或分布钢筋,应由设计者在图中注明。

(6) 当板的上部已配置有贯通纵筋,但需增配板支座上部非贯通纵筋时,应结合已配置的同向贯通纵筋的直径与间距采取"隔一布一"方式配置。

3. 施工应注意

当支座一侧设置了上部贯通纵筋(在板集中标注中以 T 打头),而在支座另一侧仅设置了上部非贯通纵筋肘,如果支座两侧设置的纵筋直径、间距相同,应将二者连通,避免各自在支座上部分别锚固。

四、有梁楼盖板平法施工图

有梁楼盖板平法施工图如图 3.1.9 所示。

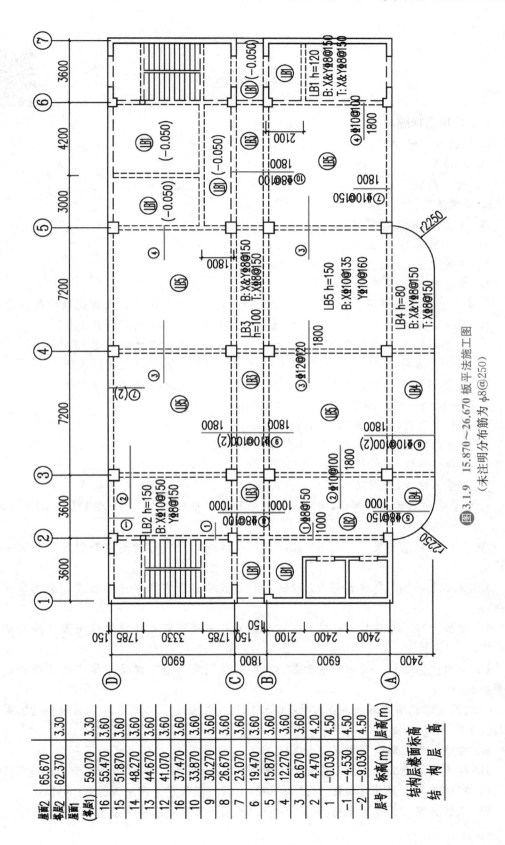

图3.1.9 15.870~26.670 板平法施工图
（未注明分布筋为 φ8@250）

屋面2	65.670	3.30
塔层2	62.370	3.30
屋面1 (塔层1)	59.070	3.60
16	55.470	3.60
15	51.870	3.60
14	48.270	3.60
13	44.670	3.60
12	41.070	3.60
16	37.470	3.60
10	33.870	3.60
9	30.270	3.60
8	26.670	3.60
7	23.070	3.60
6	19.470	3.60
5	15.870	3.60
4	12.270	3.60
3	8.670	3.60
2	4.470	4.20
1	-0.030	4.50
-1	-4.530	4.50
-2	-9.030	4.50
层号	标高(m)	层高(m)
结构层楼面标高 结构层高		

· 83 ·

自 测 题

一、单项选择题

1. 板块编号中,XB 表示(　　)。

A. 现浇板 　　　　　　　　　　　　　B. 悬挑板

C. 延伸悬挑板 　　　　　　　　　　　D. 屋面现浇板

2. 板块集中标注中,B 代表(　　)、T 代表(　　)。

A. 下部纵筋、上部贯通筋

B. 上部贯通筋、下部纵筋

C. 支座负筋、支座负筋分布筋

D. 支座负筋分布筋、支座负筋

3. 有一楼面板块注写为 B:XΦ10/12@100;Y Φ10@110,下列表述正确的是(　　)。

A. 板下部纵筋 X 向为Φ10、Φ12 隔一布一,Φ10 和Φ12 之间间距 110

B. 板上部纵筋 X 向为Φ10、Φ12 隔一布一,Φ10 和Φ12 之间间距 110

C. 板下部纵筋 X 向为Φ10、Φ12 隔一布一,Φ10 和Φ12 之间间距 100

D. 板上部纵筋 X 向为Φ10、Φ12 隔一布一,Φ10 和Φ12 之间间距 100

4. 有一板块注写为:XB2 $h=150/120$,表示(　　)。

A. 2 号现浇板,板根部厚 150,端部厚 120

B. 2 号悬挑板,板根部厚 120,端部厚 150

C. 2 号现浇板,板根部厚 120,端部厚 150

D. 2 号悬挑板,板根部厚 150,端部厚 120

5. 在板平面布置图某部位,横跨支撑梁绘制的对称线段上注有②Φ12@100(3A),表示(　　)。

A. 支座上部②号贯通纵筋为Φ12@100,从该跨起沿支撑梁连续布置 3 跨加梁一端的悬挑端

B. 支座上部②号贯通纵筋为Φ12@100,从该跨起沿支撑梁连续布置 3 跨加梁两端的悬挑端

C. 支座上部②号非贯通纵筋为Φ12@100,从该跨起沿支撑梁连续布置 3 跨加梁两端的悬挑端

D. 支座上部②号非贯通纵筋为Φ12@100,从该跨起沿支撑梁连续布置 3 跨加梁一端的悬挑端

6. 板的上部已有贯通纵筋Φ12@200,该跨同向配置的上部支座非贯通纵筋为⑥Φ10@200,表示(　　)。

A. 在该支座上部设置的纵筋为Φ10 和Φ12 间隔布置,二者之间的间距为 100

B. 在该支座上部设置的纵筋为Φ10 和Φ12 间隔布置,二者之间的间距为 200

C. 在该支座上部贯通纵筋为Φ12@200,上部支座负筋分布筋为⑥Φ10@200

D. 在该支座上部贯通纵筋为⑥Φ10@200,上部支座负筋分布筋为Φ12@200

7. 某一 XB 板块,集中标注注写为 B:$X_c\phi8@150$;$Y_c\phi8@200$,下列说法正确的是(　　)。

A. 该 XB 的下部纵筋 X 向为 $\phi8@150$,Y 向为 $\phi8@200$

B. 该 XB 的上部纵筋 X 向为 $\phi8@150$,Y 向为 $\phi8@200$

C. 该 XB 的下部配置构造钢筋 X 向为 $\phi8@150$,Y 向为 $\phi8@200$

D. 该 XB 的上部配置构造钢筋 X 向为 $\phi8@150$,Y 向为 $\phi8@200$

任务二　有梁楼盖楼(屋)面板配筋构造及计算

为了避免混凝土楼板受力后出现裂缝,在混凝土楼盖板内必须配置相应的钢筋,但板的受力特点不同,所配置的钢筋也不同,在楼面板和屋面板内的钢筋主要有板下部受力钢筋、上部贯通筋、支座上部纵筋、分布钢筋、抗温度收缩应力构造钢筋等。

板下部受力钢筋又称为底筋,钢筋两端伸入支座内锚固。双向板下部双方向、单向板下部短向,是正弯矩受力区,配置板下部受力钢筋。

上部贯通筋:上部受力筋通长配置时称为上部贯通筋,两端在支座内锚固。

板支座负弯矩筋(也称为板支座上部纵筋、非贯通筋、板支座负筋):板的支座处通常受到负弯矩作用而使支座处的板上部受拉,为了抵抗这种负弯矩作用下的拉应力,常在板支座上部配置支座负筋。如果配置在端支座处称为端支座负筋,一端锚入支座,另一端伸入板内一定长度。如果配置在中间支座处称为中间支座负筋,钢筋横跨一个支座,两端伸入支座两边板内一定长度。

分布筋:单向板长向板底、支座负弯矩钢筋或板面构造钢筋的垂直方向,还应布置分布钢筋;分布钢筋一般不作为受力钢筋,其主要作用是为固定受力钢筋、承受和分布板上局部荷载产生的内力及抵抗收缩和温度应力。

抗温度收缩应力构造钢筋:在温度、收缩应力较大的现浇板区域,应在板的表面双向配置防裂构造钢筋,即抗温度、收缩应力构造钢筋。当板面受力钢筋通长配置时,可兼作抗温度、收缩应力构造钢筋。

马镫筋,施工术语。形似马镫,故名马镫筋,也称支撑钢筋(铁马)。用于上下两层板钢筋中间,起固定支撑上层板钢筋的作用。

一、有梁楼盖楼(屋)面板配筋构造

1. 有梁楼盖楼面板 LB 和屋面板 WB 中间支座钢筋构造

有梁楼盖楼面板 LB 和屋面板 WB 中间支座钢筋构造如图 3.2.1 所示,表达的主要内容有:

有梁楼盖楼(屋)
面板配筋构造

(1) 下部纵筋

与支座垂直的下部纵筋伸入支座长度≥$5d$ 且至少到梁中线;梁板式转换层的板,下部纵筋在支座的锚固长度 l_{aE}。

与支座同向的贯通纵筋,第一根钢筋在距梁边为 1/2 板筋间距处开始设置。

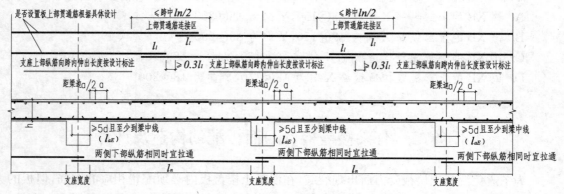

图3.2.1 有梁楼盖楼面板 LB 和屋面板 WB 钢筋构造
（括号内的锚固长度 l_{aE} 用于梁板式转换层的板）

（2）上部纵筋

① 非贯通纵筋

非贯通纵筋向梁跨内伸出的长度按设计标注，与梁平行的第一根钢筋距梁边为 1/2 板筋间距。

② 贯通纵筋：

板上部是否配置贯通纵筋，根据设计具体要求。与支座同向的贯通纵筋，第一根钢筋在距梁边为 1/2 板筋间距处开始设置。

（3）其它

板位于同一层面上的两向交叉钢筋何向在上何向在下，应按具体设计说明。

图 3.2.1 中板的中间支座均按梁绘制，当支座为混凝土剪力墙时，其构造相同。

2. 楼面板 LB 和屋面板 WB 端部支座锚固构造

板在端部支座的锚固构造，支座不同其具体构造要求也不一样，具体构造如图 3.2.2 所示。

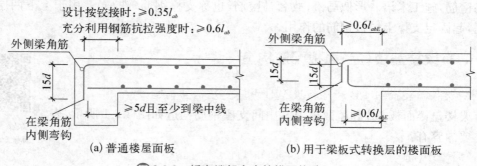

（a）普通楼屋面板 　　（b）用于梁板式转换层的楼面板

图3.2.2 板在端部支座的锚固构造（一）

（1）端部支座为梁

① 板下部纵筋在端部支座锚固构造

梁板为普通楼屋面板时，下部纵筋在端部支座的直锚长度≥5d 且至少到梁中线；当板为梁板式转换层的板,下部纵筋伸至梁支座角筋内侧并向上弯折 $15d$,且在端部支座的平直段锚固长度 $\geqslant 0.6l_{abE}$;

② 板上部纵筋在端部支座锚固构造

当板为普通楼屋面板时,梁上部纵筋伸至梁支座外侧梁角筋内侧并向下弯折 $15d$,若设计按铰接时,锚固的水平段长度 $\geqslant 0.35l_{ab}$;若设计充分利用钢筋的抗拉强度时,水平段长度 $\geqslant 0.6l_{ab}$。"设计按铰接时""充分利用钢筋的抗拉强度时"由设计指定。

当板为梁板式转换层的板时,梁上部纵筋伸至梁支座外侧梁角筋内侧并下弯 $15d$,且锚固的水平段长度 $\geqslant 0.6l_{abE}$;

图 3.2.2(a)、(b)中纵筋在端支座应伸至梁支座外侧纵筋内侧后弯折 $15d$,当平直段长度分别 $\geqslant l_a$、$\geqslant l_{aE}$ 时可不弯折。

梁板式转换层的板中 l_{abE}、l_{aE} 按抗震等级四级取值,设计也可根据实际工程情况另行指定。

(2)端部支座为剪力墙

当板的端部支座为剪力墙时,剪力墙所在位置不同会影响其构造。

① 板的端部支座为剪力墙中间层

板的端部支座为剪刀墙中间层时,其构造如图 3.2.3 所示。

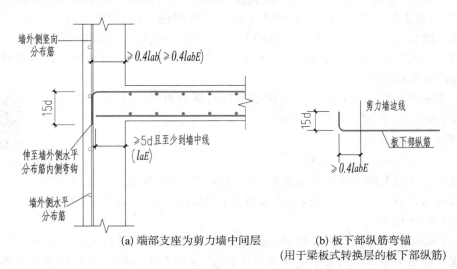

(a) 端部支座为剪力墙中间层　　　　(b) 板下部纵筋弯锚
　　　　　　　　　　　　　　　　　(用于梁板式转换层的板下部纵筋)

图3.2.3　端部支座为剪力墙中间层时锚固构造

板下部贯通纵筋锚固:板下部贯通纵筋在端部支座的直锚长度 $\geqslant 5d$ 且至少到墙中线。括号内的数值用于梁板式转换层的板,当板下部纵筋直锚长度不足时可弯锚,具体做法见图(b)所示。

板上部贯通纵筋锚固:板上部贯通纵筋伸至墙身外侧水平分布筋的内侧弯钩,弯折长度为 $15d$;端支座内锚固的水平段长度 $\geqslant 0.4l_{ab}$。板上部纵筋在端支座应伸至墙外侧水平分布钢筋内侧后弯折 $15d$,当平直段长度分别 $\geqslant l_a$、$\geqslant l_{aE}$ 时可不弯折。

梁板式转换层的板中 l_{abE}、l_{aE} 按抗震等级四级取值,设计也可根据实际工程情况另行指定。

② 板的端部支座为剪力墙墙顶

板的端部支座为剪力墙墙顶时,其构造如图 3.2.4 所示。

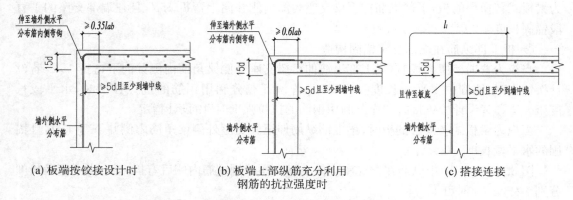

(a) 板端按铰接设计时 (b) 板端上部纵筋充分利用 (c) 搭接连接
钢筋的抗拉强度时

图 3.2.4 端部支座为剪力墙墙顶时锚固构造

板端部支座为剪力墙墙顶时,图 3.2.4(a)、(b)、(c)做法由设计指定。

板下部纵筋:板下部纵筋在端部支座的直锚长度$\geq 5d$ 且至少到墙中线。

板上部纵筋:当板端按铰接设计时,板上部纵筋伸至墙身外侧水平分布筋的内侧弯钩,弯折长度为 $15d$,端支座内锚固的水平段长度$\geq 0.35l_{ab}$;当板端上部纵筋按充分利用钢筋的抗拉强度时,板上部纵筋伸至墙身外侧水平分布筋的内侧弯钩,弯折长度为 $15d$,端支座内锚固的水平段长度$\geq 0.6l_{ab}$;当板上部纵筋与剪力墙竖向钢筋采用搭接连接时,板上部纵筋伸至墙身外侧水平分布筋的内侧向下弯折 $15d$,且伸至板底,剪力墙外侧竖向钢筋伸入板内与板上部纵筋搭接长度为 l_l。

板上部纵筋在端支座应伸至墙外侧水平分布钢筋内侧后弯折 $15d$,当平直段长度分别$\geq l_a$ 或$\geq l_{aE}$时可不弯折。

3. 有梁楼盖纵筋连接构造

(1) 上部贯通纵筋连接构造

有梁楼盖纵筋
连接构造

若设计时板的上部配置了贯通纵筋,当钢筋足够长时,板上部贯通纵筋遵循能通则通的原则。若不够长时,其连接接头位置应位于跨中 1/2 净跨范围之内,如图 3.2.1 所示。

若相邻等跨或不等跨的上部贯通纵筋配置不同时,应将配置较大者越过其标注的跨数终点或起点伸出至相邻跨的跨中连接区域连接,有梁楼盖不等跨板上部贯通纵筋连接构造如图 3.2.5 所示。

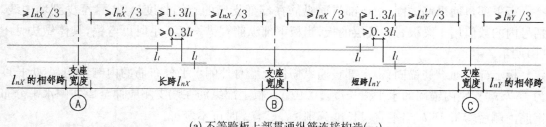

(a) 不等跨板上部贯通纵筋连接构造(一)
(当钢筋足够长时能通则通)

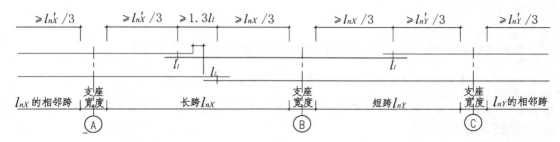

(b) 不等跨板上部贯通纵筋连接构造(二)
(当钢筋足够长时能通则通)

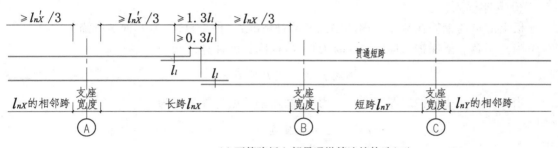

(c) 不等跨板上部贯通纵筋连接构造(三)
(当钢筋足够长时能通则通)

图 3.2.5　有梁楼盖不等跨板上部贯通纵筋连接构造

图中 l'_{nX} 是轴线 A 左右两跨的较大净跨度值；l'_{nY} 是轴线 C 左右两跨的较大净跨度值。

(2) 下部贯通纵筋连接构造

下部钢筋宜在距支座 1/4 净跨内进行连接。

二、有梁楼盖板钢筋计算方法

楼面板和屋面板按照钢筋位置不同可分为板下部钢筋和上部钢筋。

1. 板下部钢筋工程量计算方法

由图 3.2.1、图 3.2.2 有梁楼盖楼面板 LB 和屋面板 WB 的钢筋构造和端部
支座锚固构造要求可知，板下部钢筋(包括 X 向和 Y 向钢筋)的长度和根数的
计算方法为：

有梁楼盖板
钢筋计算方法

$$\text{下部钢筋长度} = \text{板净跨长} + \sum \text{支座内锚固长度} \qquad (3.2.1)$$

当楼板为普通楼屋板时，板内纵筋在支座内的锚固长度为 $\max(5d, b/2)$；当楼板为梁板式转换层的楼面板时，板内下部纵筋在支座内的锚固长度为 $b - c_{梁} + 15d$。其中：d 为钢筋直径；b 为支座宽度；$c_{梁}$ 为梁钢筋保护层厚度。

当板下部钢筋采用 HPB 300 级钢筋即一级钢时，钢筋端头需做成 180°弯钩，计算钢筋长度时每端另增 $6.25d$。

$$\text{下部钢筋根数} = (\text{板净跨长} - a)/a + 1 \qquad (3.2.2)$$

2. 板上部钢筋工程量计算方法

(1) 板上部贯通筋

板上部贯通筋(包括 X 向和 Y 向钢筋)的长度和根数的计算方法为：

$$上部贯通筋长度＝板净跨长＋\sum 支座内锚固长度＋$$

$$单个接头搭接长度×接头个数 \tag{3.2.3}$$

① 板净跨长

板上部贯通纵筋横跨一个整跨或几个整跨,因此板净跨长根据贯通纵筋横跨的跨数确定,取最外侧支座内侧之间的长度即为板净跨长。

② 支座锚固长度

板上部贯通钢筋在端支座内的锚固分两种情况:一种是直锚,另一种是弯锚。

当支座宽－梁保护层厚度$\geq l_a$时为直锚,锚固长度计算公式为：

$$锚固长度＝支座宽\ b-c_{梁} \tag{3.2.4}$$

当支座宽－梁保护层厚度$<l_a$时为弯锚,弯锚长度计算公式为：

$$锚固长度＝支座宽\ b-c_{梁}＋15d \tag{3.2.5}$$

其中:b——为梁支座宽度;

$\quad c_{梁}$——为梁保护层厚度;

$\quad d$——为板中锚固纵筋的直径;

③ 单个接头搭接长度、接头个数

单个接头搭接长度按钢筋的连接方式确定,在项目一中已经叙述过,在此不再赘述。

$$X(Y)向上部贯通钢筋根数＝Y(X)向板净跨长/X(Y)向板筋间距 \tag{3.2.6}$$

(2) 端支座负弯矩钢筋

板支座上部负弯矩筋及分布筋的示意图如图 3.2.6 所示。

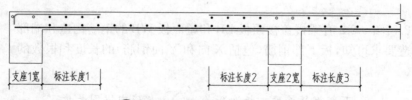

图 3.2.6 支座负弯矩钢筋示意图

板端支座负弯矩筋长度与根数计算方法为：

$$端支座负弯矩筋长度＝标注长度 1＋端支座内锚固长度 \tag{3.2.7}$$

$$端支座负弯矩筋根数＝布筋范围/负弯矩筋间距 \tag{3.2.8}$$

(3) 板端支座负弯矩筋的分布筋

分布筋长度的计算有两种方法,一种是分布筋与负弯矩筋搭接 150 mm。一种是按轴线长度计算。

① 分布筋与负弯矩筋搭接 150 mm 时

端支座负弯矩筋的分布筋如图 3.2.7 所示,其长度与根数计算方法如下:

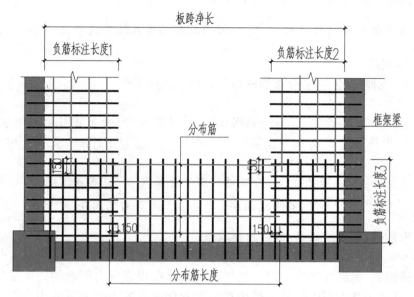

图3.2.7 端支座非贯通钢筋的分布筋计算示意图

分布筋长度＝板跨净长－负筋标注长度 1－负筋标注长度 2＋150×2 (3.2.9)

注意:分布筋自身及与受力主筋、构造钢筋的搭接长度为 150,当分布筋兼作抗温度筋时,其自身与受力主筋、构造钢筋的搭接长度为 l_l,其在支座的锚固按受拉要求考虑。

② 按轴线长度计算时

分布筋长度＝轴线长度 (3.2.10)

分布筋的根数计算

分布筋根数计算方法有两种,分别如下:

根数＝(负筋标注长度 3－1/2 分布筋间距)/分布筋间距＋1 (3.2.11)

或 根数＝(负筋标注长度 3－1/2 分布筋间距)/分布筋间距 (3.2.12)

（4）板中间支座负弯矩筋

板中间支座负弯矩筋筋示意图如图 3.2.6 所示,板中间支座非贯通钢筋长度与根数计算方法为:

以支座 2 处的非贯通钢筋为例

负弯矩筋长度＝标注长度 2＋标注长度 3＋支座 2 宽 (3.2.13)

其中:标注长度 2、标注长度 3 由设计给定。

中间支座负弯矩筋根数计算方法同公式(3.2.8)。

（5）板中间支座非贯通钢筋的分布筋

① 分布筋长度

分布筋长度按式(3.2.10)计算或按下式计算。

$$分布筋长度 = 板跨净长 - \sum 两端负弯矩筋伸入板跨内净长 + 150 \times 2 \quad (3.2.14)$$

② 分布筋根数

以图 3.2.6 支座 2 处为例,分布筋的根数计算公式如下:

$$根数 = \frac{净长2 - \frac{1}{2}分布筋间距}{分布筋间距} + 1 + \frac{净长3 - \frac{1}{2}分布筋间距}{分布筋间距} + 1 \quad (3.2.15)$$

或

$$根数 = \frac{净长2 - \frac{1}{2}分布筋间距}{分布筋间距} + \frac{净长3 - \frac{1}{2}分布筋间距}{分布筋间距} \quad (3.2.16)$$

在计算根数时,如果结果是小数,向上取整。

3. 抗裂构造钢筋、抗温度筋

抗裂构造钢筋、抗温度筋主要用于抵抗温度变化在现浇板内引起的约束拉应力和混凝土收缩应力,有助于减少板内裂缝。结构在温度变化或混凝土收缩下的内力不一定是简单的拉力,也可能是压力、弯矩和剪力或者是复杂的组合内力。板内是否配置温度钢筋通常由设计给定,当板内设置抗裂构造钢筋、抗温度筋时,抗裂构造钢筋、抗温度筋自身及与受力主筋搭接长度为 l_l。如图 3.2.8 所示。

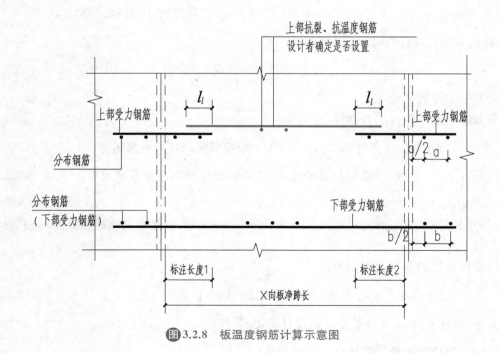

图3.2.8 板温度钢筋计算示意图

抗裂构造钢筋、抗温度筋一般是双向布置的,因此在计算长度与根数时要区分 X 向和 Y 向,我们以 X 向抗裂构造钢筋、抗温度筋为例来计算。

由图 3.2.8 可知:抗裂构造钢筋、抗温度筋的长度计算公式如下:

$$长度 = X \text{ 向板净跨长} - 标注长度1 - 标注长度2 + 2l_l \tag{3.2.17}$$

$$根数 = \frac{Y \text{ 向板净跨长} - \sum 两端支座负弯矩筋标注长度}{抗裂、抗温度筋间距} - 1 \tag{3.2.18}$$

抗裂构造钢筋、抗温度筋除了可以单独配置外,板上下贯通筋亦可兼作抗裂构造筋和抗温度筋。当下部贯通筋兼作抗温度钢筋时,其在支座的锚固由设计者确定。

分布筋自身及与受力主筋,构造钢筋的搭接长度为 150 mm;当分布筋兼作抗温度筋时,其自身及与受力主筋、构造钢筋的搭接长度为 l_l;其在支座的锚固按受拉要求考虑。

三、楼板构件钢筋算量案例

【例 3.2.1】 某二层楼板结构平面布置图(局部)如图 3.2.9 所示,已知框架梁与楼板的混凝土强度等级为 C30,板内钢筋的保护层为 15 mm,梁内钢筋保护层为 20 mm。$h =$ 110 mm 板底双向钢筋为 $\Phi 6@125$,$h =$ 100 mm 板底双向钢筋为 $\Phi 6@150$,未注明的支座负弯矩筋为 $\Phi 6@200$,分布筋为 $\Phi 6@250$。请根据已知条件计算⑦⑧/ⒶⒸ间楼板内的所有钢筋重量($\Phi 6$ 钢筋 0.222 kg/m,$\Phi 8$ 钢筋 0.395 kg/m)。

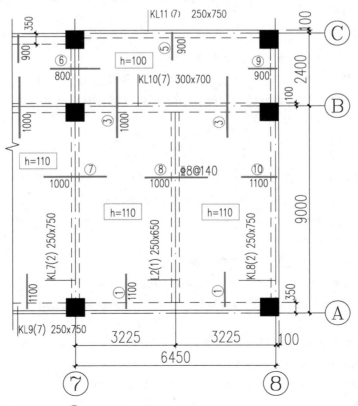

图 3.2.9 二层楼板结构平面布置图(局部)

解：

下部钢筋在支座两边配置相同时，在计算时遵循能通则通的原则。

1. 底部 X 方向钢筋计算

根据公式(3.2.1)，底部钢筋的长度与根数计算如下：

(1) Ⓐ Ⓒ 轴线间 X 方向钢筋长度计算

$$X 方向钢筋长度 = 板净跨长 + 左支座锚固长度 + 右支座锚固长度$$
$$= (6\,450 - 125 - 150) + \max(30,125) + \max(30,125)$$
$$= 6\,425 \text{ mm}$$

(2) Ⓐ Ⓒ 轴线间 X 方向钢筋根数计算

Ⓐ Ⓑ 轴线间根数 $= (9\,000 - 350 - 200)/125 = 68$ 根

Ⓑ Ⓒ 轴线间根数 $= (2\,400 - 100 - 150)/150 = 15$ 根

小计：$68 + 15 = 83$ 根

2. 底部 Y 方向钢筋计算

(1) Ⓐ Ⓑ 轴线间 Y 方向钢筋长度及根数计算

$$Y 方向钢筋单长 = 板净跨长 + 上支座锚固长度 + 下支座锚固长度$$
$$= (9\,000 - 200 - 350) + \max(30,125) + \max(30,150)$$
$$= 8\,725 \text{ mm}$$

$$根数 = \frac{3\,225 - 125 \times 2}{125} + \frac{3\,225 - 125 - 150}{125}$$
$$= 48 \text{ 根}$$

(3) Ⓑ Ⓒ 轴间 Y 方向钢筋长度及根数计算

$$Y 方向钢筋单长 = 板净跨长 + 上支座锚固长度 + 下支座锚固长度$$
$$= (2\,400 - 150 - 100) + \max(30,125) + \max(30,150)$$
$$= 2\,425 \text{ mm}$$

$$根数 = \frac{6\,450 - 125 - 150}{150} = 42 \text{ 根}$$

3. 负弯矩筋长度及根数计算

由相关数据判断得，板上部负弯矩筋在端支座内是直锚。

① 号负筋长度及根数计算

根据公式(3.2.7)可得：

$$① 号负筋长度 = 标注长度 + 端支座内锚固长度$$
$$= 1\,100 + (250 - 20) = 1\,330 \text{ mm}$$

$$① 号负筋根数 = (3\,225 - 125 \times 2)/200 + (3\,225 - 125 - 150)/200$$
$$= 30 \text{ 根}$$

③ 号负筋长度及根数计算

$$长度 = 1\,000 + 1\,000 + 300 = 2\,300 \text{ mm}$$

$$根数 = (3\,225 - 125 \times 2)/200 + (3\,225 - 125 - 150)/200$$
$$= 30 \text{ 根}$$

⑤号负筋长度及根数计算

长度＝900＋(250－20)＝1130 mm

根数＝(6 450－125－150)/200＝31 根

⑥号负筋长度及根数计算

长度＝800＋800＋250＝1850 mm

根数＝(2 400－150－100)/200＋1＝11 根

⑦号负筋长度及根数计算

长度＝1 000＋1 000＋250＝2250 mm

根数＝(9 000－350－200)/200＝43 根

⑧号负筋长度及根数计算

长度＝1 000＋1 000＋250＝2250 mm

根数＝(9 000－350－200)/140＝61 根

⑨号负筋长度及根数计算

长度＝900＋(250－20)＝1 130 mm

根数＝(2 400－150－100)/200＝11 根

⑩号负筋长度及根数计算

⑩号负筋长度＝1 100＋(250－20)＝1 330 mm

根数＝(9 000－200－350)/200＝43 根

4. 分布筋长度及根数计算

A 轴上 L2 左侧①号负筋下分布筋长度及根数计算

分布筋长度＝净跨长－$\sum$ 左右负筋标注长度＋150×2

　　　＝3 225－125－125－1 000－1 000＋150×2＝1 275 mm

根数＝(标注长度－1/2分布筋间距)/分布筋间距＋1

　　　＝(1 100－125)/250＋1＝5 根

A 轴上 L2 右侧①号负筋下分布筋长度及根数计算

分布筋长度＝3 225－125－150－1 000－1 100＋150×2＝1 150 mm

根数＝(1 100－125)/250＋1＝5 根

B 轴上 L2 左侧③号负筋下侧分布筋长度及根数计算

分布筋长度＝3 225－125－125－1 000－1 000＋150×2＝1 275 mm

分布筋根数＝(1 000－125)/250＋1＝5 根

B 轴上 L2 右侧③号负筋下侧分布筋长度及根数计算

分布筋长度＝3 225－125－150－1 000－1 100＋150×2＝1 150 mm

分布筋根数＝(1 000－125)/250＋1＝5 根

③号负筋上侧分布筋长度及根数计算

分布筋长度＝6 450－125－150－800－900＋150×2＝4 775 mm

根数＝(1 000－125)/250＋1＝5 根

⑤号负筋下分布筋长度及根数计算

分布筋长度＝6 450－125－150－800－900＋150×2＝4 775 mm

根数＝(900－125)/250＋1＝5 根

⑥号负筋下分布筋长度及根数计算

左侧分布筋长度＝2 400－100－350－1 000－900＋150×2＝350 mm

左侧分布筋根数＝(800－125)/250＋1＝4 根

右侧分布筋长度＝2 400－150－100－900－1 000＋150×2＝550 mm

右侧分布筋根数＝(800－125)/250＋1＝4 根

⑦号负筋下分布筋长度及根数计算

分布筋长度＝9 000－200－350－1 000－1 100＋150×2＝6 650 mm

分布筋根数＝[(1 000－125)/250＋1]×2＝10 根

⑧号负筋下分布筋长度及根数计算

分布筋长度同⑦号负筋下分布筋长度

分布筋根数＝[(1 000－125)/250＋1]×2＝10 根

⑨号负筋下分布筋长度及根数计算

分布筋长度同⑥号右侧分布筋长度

分布筋根数＝(900－125)/250＋1＝5 根

⑩号负筋下分布筋长度及根数计算

分布筋长度同⑦号负筋下分布筋长度

分布筋根数＝(1 100－125)/250＋1＝5 根

计算结果整理如表 3.1.3 所示：

表 3.1.3　钢筋重量计算表

序号	钢筋部位及名称	级别/直径	单长(m)	根数	总长度(m)
1	底筋 X 方向	⏀6	6.425	83	533.275
	底筋 Y 方向				
2	A、B 轴线间	⏀6	8.725	48	418.8
	B、C 轴线间	⏀6	2.425	42	101.85
	负筋				
	①号负筋	⏀6	1.33	30	39.9
	③号负筋	⏀6	2.3	30	69.0
	⑤号负筋	⏀6	1.13	31	35.03
3	⑥号负筋	⏀6	1.85	11	20.35
	⑦号负筋	⏀6	2.25	43	96.75
	⑧号负筋	⏀8	2.25	61	137.25
	⑨号负筋	⏀6	1.13	11	12.43
	⑩号负筋	⏀6	1.33	43	57.19

续　表

序号	钢筋部位及名称	级别/直径	单长(m)	根数	总长度(m)
4	分布筋				
	L2 左侧①号负筋下	Φ 6	1.275	5	6.375
	L2 右侧①号负筋下	Φ 6	1.15	5	5.75
	L2 左侧③号负筋下	Φ 6	1.275	5	6.375
	L2 右侧③号负筋下	Φ 6	1.15	5	5.75
	③号负筋上侧	Φ 6	4.775	5	23.875
	⑤号负筋下	Φ 6	4.775	5	23.875
	⑥号负筋下左侧	Φ 6	0.35	4	1.40
	⑥号负筋下右侧	Φ 6	0.55	4	2.20
	⑦号负筋下	Φ 6	6.65	10	66.50
	⑧号负筋下	Φ 6	6.65	10	66.50
	⑨号负筋下	Φ 6	0.55	5	2.75
	⑩号负筋下	Φ 6	6.65	5	33.25

小计:Φ6 钢筋总长为 1 629.175 m,重 361.68 kg;
Φ8 钢筋总长为 137.25 m,重 54.21 kg

【例 3.2.2】　LB1 的信息如图 3.2.10 所示,已知混凝土强度等级 C25,梁保护层厚度为 25 mm,板保护层厚度均为 15 mm,轴线居中,二级抗震。试计算板 LB1 中钢筋重量。(设计时充分利用钢筋的抗拉强度)

解:

(1)上部贯通纵筋

1)X 方向钢筋长度计算:

端支座锚固形式判断:

因为 $b-c_{梁}=250-25=225$ mm,

查表"受拉钢筋锚固长度 l_a"可知 $l_a=40d=40\times8=320$ mm,

由此可知 $b-c_{梁}<l_a$

所以,左右两端支座处均采用弯锚。

由公式(3.2.3)可得

X 向钢筋长度=板净跨长+$(b-c_{梁}+15d)$+$(b-c_{梁}+15d)$

$=(7\ 200-250)+(225+120)+(225+120)$

$=7\ 640$ mm

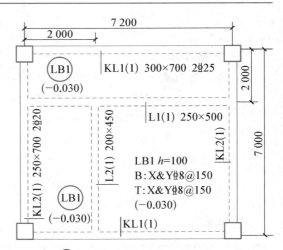

图 3.2.10　LB1 板平法施工图

2）X 方向钢筋根数计算：

由公式(3.2.6)可得

X 向钢筋根数＝Y 向板净跨长/X 向板筋间距＝(7 000－300)/150＝45 根

3）同理可得

$$Y 向钢筋长度＝板净跨长＋(b－c_梁＋15d)×2$$
$$＝(7\ 000－300)＋(300－25＋15×8)×2$$
$$＝7\ 490\ mm$$

$$Y 向钢筋根数＝X 向板净跨长/Y 向板筋间距＝(7\ 200－250)/150$$
$$＝(6\ 950－150)/150＝47 根$$

（2）下部贯通纵筋

1）X 方向钢筋单长计算：

由公式(3.2.1)可得

$$X 向钢筋长度＝板净跨长＋\max_左(5d,b/2)＋\max_右(5d,b/2)$$
$$＝(7\ 200－250/2×2)＋\max_左(5×8,250/2)＋\max_右(5×8,250/2)$$
$$＝6\ 950＋125＋125$$
$$＝7\ 200\ mm$$

2）X 方向钢筋根数计算：

由公式(3.2.2)可得

$$X 向钢筋根数＝Y 向板净跨长/X 向板筋间距＝(7\ 000－300)/150$$
$$＝6\ 700/150$$
$$＝45 根$$

3）同理可得

$$Y 向钢筋长度＝板净跨长＋\max_上(5d,b/2)＋\max_下(5d,b/2)$$
$$＝(7\ 000－300/2×2)＋\max_上(5×8,300/2)＋\max_下(5×8,300/2)$$
$$＝6\ 700＋150＋150$$
$$＝7\ 000\ mm$$

$$Y 向钢筋根数＝(7\ 200－250)/150$$
$$＝(6\ 950－150)/150$$
$$＝47 根$$

整理可得：

序号	钢筋部位及名称	级别直径	单长(m)	根数	总长度(m)	每米重量(kg/m)	总重量(t)
1	上部 X 向贯通筋	Φ8	7.64	45	343.8	0.395	0.135
2	上部 Y 向贯通筋	Φ8	7.49	47	352.03	0.395	0.139
3	下部 X 向钢筋	Φ8	7.2	45	324	0.395	0.128

续　表

序号	钢筋部位及名称	级别直径	单长(m)	根数	总长度(m)	每米重量(kg/m)	总重量(t)
4	下部Y向钢筋	Φ8	7	47	329	0.395	0.130
	合计						0.532

自　测　题

答案扫一扫

一、单项选择题

1. 在 22G101 图集普通屋面板在端部支座的锚固构造(具体如图 3.2.11 所示)中:

(1) 当板的端支座为梁时,底筋伸入支座的长度为(　　　)。

A. 支座宽/2+5d

B. l_{aE}

C. 12d

D. max(支座宽/2,5d)

(2) 板端支座负筋在梁内的弯折长度为(　　　)。

A. 15d

B. 板厚－2*保护层

C. 板厚－保护层

D. 板厚

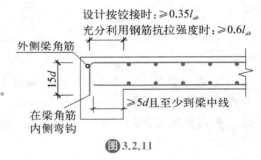

图 3.2.11

二、计算题

1. 如图 3.2.12 所示,KL5 的截面尺寸为 250×500,KL7 的截面尺寸为 300×450,轴线居中。混凝土强度为 C25,板保护层厚度为 15 mm。分布筋为Φ8@250。试计算③号筋及其分布筋的长度与根数。

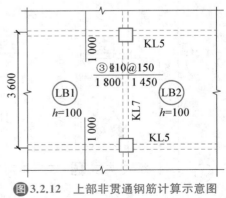

图 3.2.12　上部非贯通钢筋计算示意图

2. 某现浇 C25 砼有梁板楼板平面配筋图如图 3.2.13 所示,设计按充分利用钢筋抗拉强度计算。请根据给定的条件,计算该楼板钢筋总用量。已知板厚100 mm,板保护层厚度为15 mm,梁保护层为 20 mm;板底部设置双向受力筋,板底受力筋、上部负筋未注明均为

$\Phi 8@200$，分布筋为$\Phi 6@200$，温度筋、马凳筋等不计；未注明的梁截面尺寸为$250×600$ mm。钢筋长度计算保留三位小数；重量保留两位小数。钢筋理论重量：$\Phi 6=0.222$ kg/m，$\Phi 8=0.395$ kg/m。

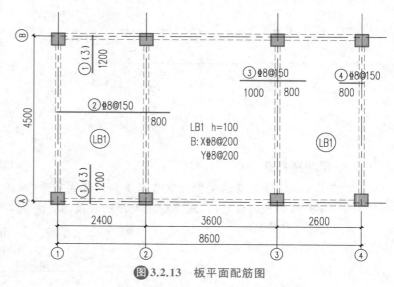

图3.2.13 板平面配筋图

3. 请计算图 3.2.14 中②～④轴间板内钢筋重量。已知混凝土强度等级 C25，板保护层厚度为 20 mm，梁保护层厚度为 25 mm，三级抗震，板底部设置双向受力筋：$\Phi 8@150$，上部未注明的负筋均为$\Phi 8@200$，分布筋为$\Phi 6@200$。$\Phi 6$ 为 0.222 kg/m，$\Phi 8$ 为 0.395 kg/m。

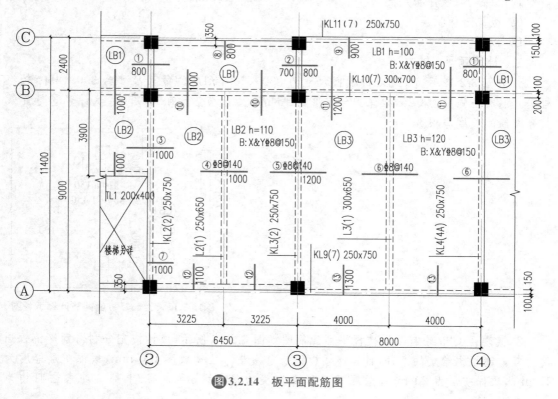

图3.2.14 板平面配筋图

任务三　有梁楼盖悬挑板配筋构造及计算

悬挑板只有一边支承,其主要受力筋摆在板的上方,分布钢筋放在主要受力筋的下方,由于悬挑的根部与端部承受弯矩不同,一般情况下悬挑板的端部厚度比根部厚度要小些。

一、悬挑板配筋构造

悬挑板的钢筋构造根据板内上、下部是否均有配筋分为两种情况:一种是板上、下部均配筋,其具体构造要求如图 3.3.1 所示;另一种是仅上部有配筋,其具体构造要求如图 3.3.2 所示。

悬挑板配筋构造

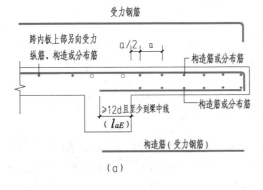

（a）

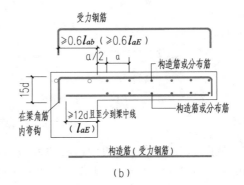

（b）

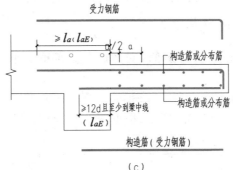

（c）

图3.3.1　悬挑板钢筋构造——上、下部均配筋
（注:括号内数值用于需考虑竖向地震作用时,由设计明确）

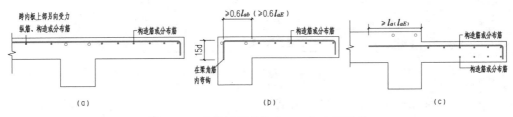

图3.3.2　悬挑板钢筋构造——仅上部配筋
（注:括号内数值用于需考虑竖向地震作用时,由设计明确）

从图 3.3.1、图 3.3.2 可知,悬挑板上部受力钢筋在悬挑端都下弯至板底,悬挑板根部根据具体情况的不同分为三种:若悬挑板与楼面板(梁支座)上部平齐且配筋相同时,此时悬挑端上部钢筋与楼面板的钢筋可贯通;若悬挑板顶面低于支座梁的顶面,即两者上部不平齐,悬挑端上部受力钢筋可直锚;若悬挑板根部无楼面板,悬挑板内的上部钢筋可弯锚在支座内。

悬挑板下部钢筋直锚进支座内锚固长度为 $12d$ 且至少到梁中线。括号中数值用于需考虑竖向地震作用时,由设计明确。

当板的厚度≥150 mm 时,在无支承板端部要作封边构造。具体构造如图 3.3.3 所示。

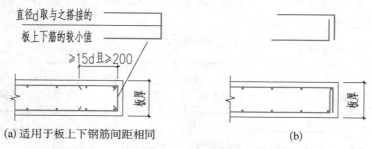

图 3.3.3　无支承板端部封边构造

从图 3.3.3 可知,封边构造有两种做法:一种做法是另加钢筋,另加钢筋的水平段长度为 $\max(15d,200)$,直径与规格由设计标注;另一种做法是用板内原来的上部、下部钢筋进行封边,上部钢筋伸到板底、上部钢筋伸至板顶,各留一个保护层厚度。

二、悬挑板内钢筋计算

悬挑板内钢筋主要包括下部构造筋(受力筋)、上部受力筋、构造筋与分布筋。

悬挑板内
钢筋计算

1. 悬挑板下部构造筋(受力筋)长度与根数计算

悬挑板的平面示意图如图 3.3.4 所示,根据图 3.3.1 与图 3.3.4 可得:

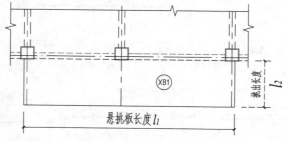

图 3.3.4　悬挑板平面示意图

(1)垂直于支座的下部构造筋(受力筋)

$$长度=挑出净长 l_2 - 板保护层 c_板 + 支座内锚固长度$$

$$= l_2 - c_{板} + \max\left(12d, \frac{b}{2}\right) \tag{3.3.1}$$

其中 b 为梁宽，d 为构造筋直径。

$$根数 = \frac{悬挑板长度 \, l_1 - 2c_{板}}{钢筋间距} + 1 \tag{3.3.2}$$

（2）平行于支座的下部构造筋或分布筋

$$长度 = 悬挑板长 \, l_1 - 2 \times 板保护层 \, c_{板} = l_1 - 2c_{板} \tag{3.3.3}$$

$$根数 = \frac{挑出净长 \, l_2 - c_{板} - a/2}{a} + 1 \tag{3.3.4}$$

2. 悬挑板上部受力钢筋长度与根数计算

（1）上部受力筋长度

① 悬挑板根部无楼面板与之相连

如图 3.3.1(b) 所示，垂直于支座的上部受力筋长度公式为：

$$长度 = 板挑出净长 + 板端厚度 - 3c_{板} + (梁宽 \, b - c_{梁} + 15d) \tag{3.3.5}$$

② 楼面板顶面标高高于悬挑板顶面标高

如图 3.3.1(c) 所示，垂直于支座的上部受力筋长度公式为：

$$长度 = 板挑出净长 + 板端厚度 - 3c_{板} + l_a \tag{3.3.6}$$

③ 相邻板内上部受力筋与悬挑板上部受力筋贯通

当相邻板内上部贯通筋与悬挑板上部受力筋贯通时，此时长度要根据具体情况来确定；若相邻板内上部非贯通筋与悬挑板上部受力筋贯通时，如图 3.3.5 所示。

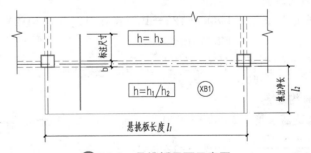

图 3.3.5　悬挑板平面示意图

此时悬挑板上部受力筋及相邻板内非贯通筋的长度计算公式如下：

$$\begin{aligned} 长度 &= 标注尺寸 + b + l_2 - c_{板} + (h_2 - 2c_{板}) \\ &= 标注尺寸 + b + l_2 + h_2 - 3c_{板} \end{aligned} \tag{3.3.7}$$

其中 b ——支座梁宽度；

　　l_2 ——悬挑板挑出的净长度；

　　h_2 ——悬挑板端部厚度。

（2）上部受力筋根数

上部受力筋根数计算方式同下部构造筋，见公式（3.3.2）。

（3）平行于支座梁的上部构造筋或分布筋长度

平行于支座梁的上部构造筋或分布筋的长度计算方法与平行于支座的下部构造筋长度计算方法相同，见公式（3.3.3）。

（4）平行于支座梁的上部构造筋或分布筋根数

平行于支座梁的上部构造筋或分布筋的根数计算方法与平行于支座的下部构造筋根数计算方法相同，见公式（3.3.4）。

三、悬挑板内钢筋计算实例

【例 3.3.1】 已知：悬挑板 XB1，混凝土强度为 C30，配筋如图 3.3.6 所示，梁宽为 250 mm，轴线居梁中线，板的保护层为 15 mm，楼面板厚度为 120 mm。请根据已知条件计算悬挑板内的钢筋工程量。

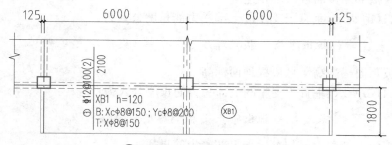

图 3.3.6　悬挑板平法施工图

解：

1. Y 方向的下部构造筋

Y 方向的下部构造筋长度＝1 800－125－15＋max(12×8，250/2)＋6.25×8×2

　　　　　　　　　＝1 885 mm

$$根数＝\frac{6\,000＋6\,000＋125＋125－15×2}{200}＋1＝63\ 根$$

2. X 方向的下部构造筋

X 方向的下部构造筋长度＝6 000＋6 000＋125＋125－2×15＋6.25×8×2＝12 320 mm

$$根数＝\frac{1\,800－125－15－150/2}{150}＋1＝12\ 根$$

3. Y 方向上部受力筋

受力筋长度＝2 100＋125＋1 800＋120－15×3＝4 100 mm

$$根数＝\frac{6\,000－6\,000＋125＋125－15×2}{100}＋1＝124\ 根$$

4. X 方向的上部构造筋

根据公式（3.3.3）、公式（3.3.4）得：

X 方向的下部构造筋长度＝6 000＋6 000＋125＋125－2×15＋6.25×8×2＝12 320 mm

$$根数 = \frac{1\,800 - 125 - 15 - 150/2}{150} + 1 = 12\ 根$$

钢筋重量计算见表 3.3.1 所示。

表 3.3.1　钢筋重量计算表

序号	钢筋部位及名称	级别直径	单长(m)	根数	总长度(m)	每米重量(kg/m)	总重量(kg)
1	下部 Yc 向钢筋	$\phi 8$	1.885	63	118.755	0.395	46.91
2	下部 Xc 向钢筋	$\phi 8$	12.32	12	147.84	0.395	58.40
3	上部 Y 向受力钢筋	$\Phi 12$	4.10	124	508.40	0.888	451.46
4	上部 X 向钢筋	$\phi 8$	12.32	12	147.84	0.395	58.40
合计		$\Phi 12$	451.46 kg				
		$\phi 8$	163.71 kg				

【例 3.3.2】　如图 3.3.7 所示,KL1 梁宽度为 300 mm,KL2 梁宽度为 250 mm,均为正中轴线,混凝土强度等级 C30,梁保护层厚度为 25 mm,板保护层厚度为 15 mm,二级抗震。试计算板 XB2 的钢筋重量。

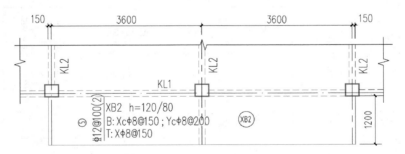

图 3.3.7　纯悬挑板平法施工图

解：

(1) 悬挑板上部受力钢筋

由公式(3.3.5)可得

长度 = 悬挑板净长 + 板端厚度 − $3c_{板}$ + 支座宽 − $c_{支座}$ + 15d

　　 = $1\,200 + 80 - 3 \times 15 + 300 - 25 + 15 \times 12$

　　 = $1\,690$ mm

由公式(3.3.2)可得

$$根数 = \frac{3\,600 \times 2 + 125 \times 2 - 15 \times 2}{100} + 1 = 76\ 根$$

(2) 上部平行于支座的纵筋

由公式(3.3.3)可得

长度＝7 200＋125×2－2×15＝7 420 mm

由公式(3.3.4)可得

根数＝$\dfrac{1\ 200-15-150/2}{150}$＋1＝9 根

(3) 板下部构造钢筋

由公式(3.3.1)可得

Y 向构造筋长度＝悬挑板净跨长－$c_板$＋max($12d,b/2$)

$\qquad\qquad\qquad$＝1 200－15＋max(12×8,300/2)

$\qquad\qquad\qquad$＝1 335 mm

由公式(3.3.2)可得

根数＝$\dfrac{3\ 600\times2+125\times2-15\times2}{200}$＋1＝39 根

由公式(3.3.3)可得

X 向构造筋长度＝7 200＋125×2－2×15＝7 420 mm

由公式(3.3.4)可得

根数＝$\dfrac{1\ 200-15-150/2}{150}$＋1＝9 根

钢筋重量计算见表 3.3.2 所示。

表 3.3.2　钢筋重量计算表

序号	钢筋部位及名称	级别直径	单长(m)	根数	总长度(m)	每米重量(kg/m)	总重量(t)
1	上部 X 向钢筋	Φ8	7.42	9	66.78	0.395	0.026
2	上部 Y 向受力钢筋	Φ12	1.69	76	128.44	0.888	0.114
3	下部 Xc 向钢筋	Φ8	7.42	9	66.78	0.395	0.026
4	下部 Yc 向钢筋	Φ8	1.335	39	52.07	0.395	0.021
合计		Φ12	0.114 t				
		Φ8	0.073 t				

自 测 题

一、单项选择题

1. 在 22G101 图集中,悬挑板的钢筋构造如下图,无须考虑竖向地震作用时,悬挑板下部构造筋伸入到板内的长度为(　　　)。

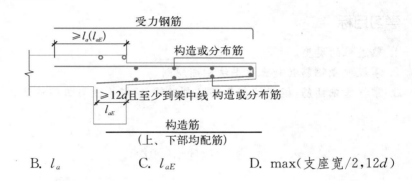

 A. $12d$ B. l_a C. l_{aE} D. max(支座宽/2,$12d$)

项目四　现浇钢筋混凝土柱

学习目标

1. 熟悉柱的类型。
2. 掌握现浇钢筋混凝土柱平法制图规则。
3. 掌握基础插筋,框架柱内各层纵向钢筋、箍筋构造与工程量计算。

任务一　柱的分类

柱的分类

在现浇混凝土框架结构中,柱构件是梁构件的支座。常见的柱构件有以下几种类型:

一、框架柱(KZ)

框架柱就是在框架结构中承受梁和板传来的荷载,并将荷载传给基础,是主要的竖向支撑构件,如图 4.1.1 所示。

框架柱

图4.1.1　框架柱示意图

二、转换柱(ZHZ)

由于建筑结构底部需要大空间的使用要求,使部分结构的竖向构件(剪力墙、框架柱)不能直接连续贯通落地,部分不能落地的剪力墙和框架柱,需要在转换层的梁上生根,承托剪力墙的梁称为框支梁,而承托框架柱的梁称为托柱转换梁,框支梁和托柱转换梁统称为转换梁,支承转换梁的柱统称为转换柱。如图 4.1.2 所示。

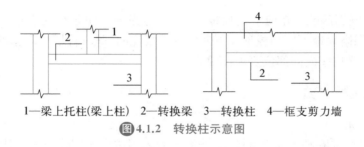

1—梁上托柱(梁上柱) 2—转换梁 3—转换柱 4—框支剪力墙

图 4.1.2 转换柱示意图

三、芯柱(XZ)

框架芯柱就是在框架柱截面中的核心部位配置附加纵向钢筋及箍筋而形成的内部加强区域。在周期反复水平荷载作用下,框架芯柱具有良好的延性和耗能能力,能够有效地改善钢筋混凝土柱在高轴压比情况下的抗震性能。

为了便于梁筋通过,芯柱边长不宜小于柱边长或直径的 1/3,且不宜小于 250 mm。

芯柱与框架柱从外表面上无法区分,只能从配筋上加以区分,如图 4.1.3 所示。

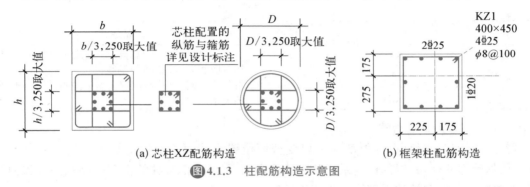

(a) 芯柱XZ配筋构造 (b) 框架柱配筋构造

图 4.1.3 柱配筋构造示意图

任务二 柱平法施工图制图规则

柱平法施工图
制图规则

一、柱平法施工图的表示方法

1. 柱平法施工图系在柱平面布置图(柱平面布置图可采用适当比例单独绘制,也可与剪力墙平面布置图合并绘制)上采用列表注写方式或截面注写方式表达。

2. 在柱平法施工图中,应按规定注明各结构层的楼面标高、结构层高及相应的结构层号,还应注明上部结构嵌固部位位置。

3. 上部结构嵌固部位的注写。

(1)框架柱嵌固部位在基础顶面时,无需注明。

(2)框架柱嵌固部位不在基础顶面时,在层高表嵌固部位标高下使用双细线注明,并在层高表下注明上部结构嵌固部位标高,如图 4.2.1 所示。

层号	标高(m)	层高(m)
3	8.670	3.60
2	4.470	4.20
1	−0.030	4.50
−1	−4.530	4.50
−2	−9.030	4.50

结构层楼面标高、结构层高表
上部结构嵌固部位:−4.530

图 4.2.1 嵌固部位表示方法

（3）框架柱嵌固部位不在地下室顶板，但仍需考虑地下室顶板对上部结构实际存在嵌固作用时，可在层高表地下室顶板标高下使用双虚线注明，此时首层柱端箍筋加密区长度范围及纵筋连接位置均按嵌固部位要求设置。

二、列表注写方式

1. 何为列表注写方式

列表注写方式，系在柱平面布置图上（一般只需采用适当比例绘制一张柱平面布置图，包括框架柱，转换柱、芯柱等），分别在同一编号的柱中选择一个（有时需要选择几个）截面标注几何参数代号；在柱表中注写柱编号、柱段起止标高、几何尺寸（含柱截面对称轴线的定位情况）与配筋的具体数值，并配以各种柱截面形状及其箍筋类型的方式，来表达柱平法施工图。

2. 列表注写的内容

（1）柱编号

柱编号由类型代号和序号组成，应符合表 4.2.1 的规定。

表 4.2.1 柱编号表

柱类型	代号	序号	备注
框架柱	KZ	××	编号时，当柱的总高、分段截面尺寸和配筋均对应相同，仅截面与轴线的关系不同时，仍可将其编为同一柱号，但应在图中注明截面与轴线的关系。
转换柱	ZHZ	××	
芯柱	XZ	××	

（2）各段柱的起止标高

各段柱的起止标高自柱根部往上以变截面位置或截面未变但配筋改变处为界分段注写。从基础起的柱，其根部标高系指基础顶面标高；梁上起框架柱的根部标高系指梁顶面标高；剪力墙上起框架柱的根部标高为墙顶面标高。

当屋面框架梁上翻时，框架柱顶标高为梁顶面标高。

芯柱的根部标高系指根据结构实际需要而定的起始位置标高；

注：当框架柱生根于剪力墙上时，有两种构造做法，一种是"柱纵筋锚固在墙顶部柱根构造"，另一种是"柱与墙重叠一层"，如图 4.2.2 所示，设计人员应注明选用哪种做法。

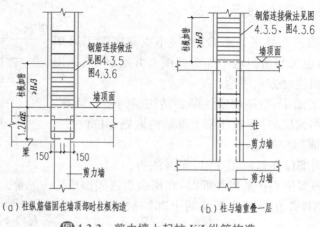

（a）柱纵筋锚固在墙顶部时柱根构造   （b）柱与墙重叠一层

图 4.2.2 剪力墙上起柱 KZ 纵筋构造

（3）截面尺寸

对于矩形柱,注写柱截面尺寸 $b \times h$ 及与轴线关系的几何参数代号 b_1、b_2 和 h_1、h_2 的具体数值,需对应于各段柱分别注写。其中 $b = b_1 + b_2$,$h = h_1 + h_2$。当截面的某一边收缩变化至与轴线重合或偏到轴线的另一侧时,b_1、b_2、h_1、h_2 中的某项为零或为负值。

对于圆柱,表中 $b \times h$ 一栏改用在圆柱直径数字前加 d 表示。为表达简单,圆柱截面与轴线的关系也用 b_1、b_2 和 h_1、h_2 表示,并使 $d = b_1 + b_2 = h_1 + h_2$。

对于芯柱,根据结构需要,可以在某些框架柱的一定高度范围内,在其内部的中心位置设置(分别引注其柱编号)。芯柱中心应与柱中心重合,并标注其截面尺寸。按 22G101 图集中的标准构造详图施工;当设计者采用与构造详图不同的做法时,应另行注明。当芯柱定位随框架柱,不需要注写其与轴线的几何关系。

（4）柱纵筋

当柱纵筋直径相同,各边根数也相同时(包括矩形柱、圆柱和芯柱),将纵筋注写在"全部纵筋"一栏中;除此之外,柱纵筋分角筋、截面 b 边中部筋和 h 边中部筋三项分别注写(对于采用对称配筋的矩形截面柱,可仅注写一侧中部筋,对称边省略不注;对于采用非对称配筋的矩形截面柱,必须每侧均注写中部筋)。

（5）箍筋的型号及箍筋肢数

在箍筋类型栏内注写箍筋类型号与肢数。在箍筋类型栏中注写如表 4.2.2 规定的箍筋类型编号和箍筋肢数。箍筋的肢数可有多种组合,应在表中注明具体的数值:m、n 及 Y 等。

表 4.2.2　箍筋类型表

箍筋类型编号	箍筋肢数	复合方式
1	$m \times n$	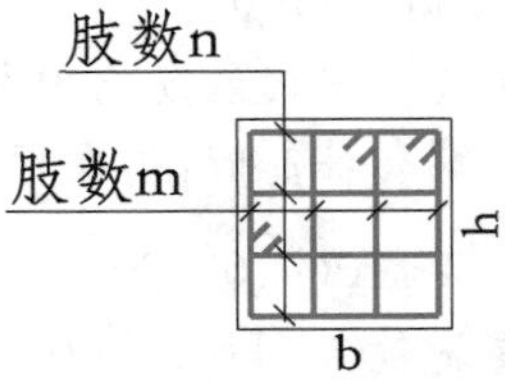
2	—	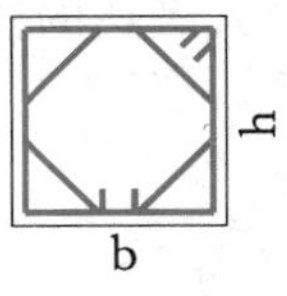
3	—	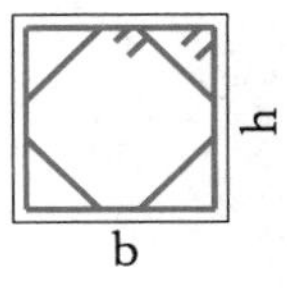

箍筋类型编号	箍筋肢数	复合方式
4	Y+m×n	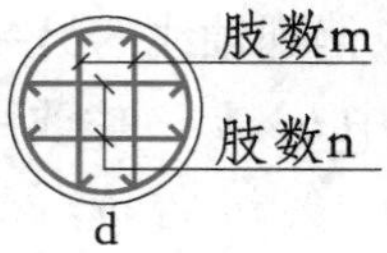 肢数m 肢数n d

注:(1) 确定箍筋肢数时要满足对柱纵筋"隔一拉一"以及箍筋肢距的要求。
　　(2) 具体工程设计时,若采用超出本表所列举的箍筋类型或标准构造详图中的箍筋复合方式(22G101－1 中第
2—17、2—18 页)应在施工图中另行绘制,并标注与施工图中对应的 b 和 h。

(6) 箍筋的钢筋级别、直径与间距

用斜线"/"区分柱端箍筋加密区与柱身非加密长度范围内箍筋的不同间距。施工人员需根据标准构造详图的规定,在规定的几种长度值中取其最大者作为加密区长度。当框架节点核心区内箍筋与柱端箍筋设置不同时,应在括号中注明核心区箍筋直径及间距。

【例 4.2.1】　$\phi 10@100/200$

表示箍筋为 HPB 300 级钢筋,直径为 10,加密区间距为 100,非加密区间距为 200。

【例 4.2.2】　$\phi 10@100/200(\Phi 12@100)$

表示柱中箍筋为 HPB 300 级钢筋,直径为 10,加密区间距为 100,非加密区间距为 200。框架节点核心区箍筋为 HPB 300 级钢筋,直径为 12,间距为 100。

当箍筋沿柱全高为一种间距时,则不适用"/"线。

【例 4.2.3】　$\phi 10@100$

表示沿柱全高范围内箍筋均为 HPB 300,钢筋直径为 10,间距为 100。

当圆柱采用螺旋箍筋时,需在箍筋前加"L"。

【例 4.2.4】　$L\phi 10@100/200$

表示采用螺旋箍筋,HPB 300 级钢筋,直径为 10,加密区间距为 100,非加密区间距为 200。

采用列表注写方式表达的柱平法施工图示例见图 4.2.3 所示。

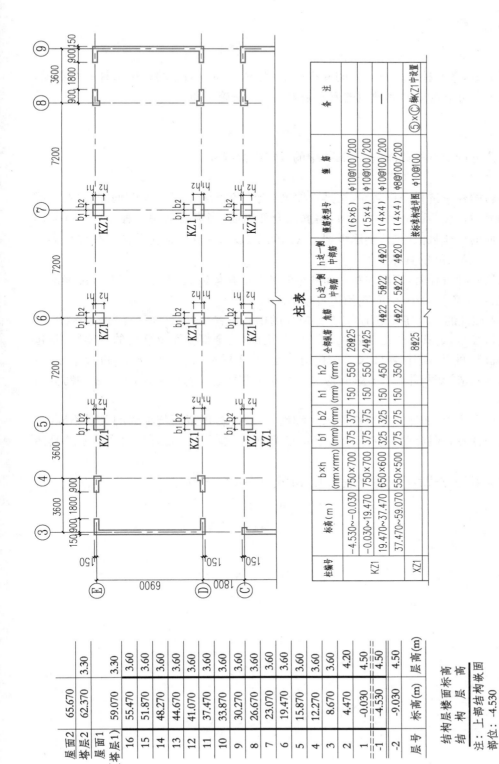

柱表

柱编号	标高（m）	b×h (mm×mm)	b1 (mm)	b2 (mm)	h1 (mm)	h2 (mm)	全部纵筋	角筋	b边一侧中部筋	h边一侧中部筋	箍筋类型号	箍筋	备注
KZ1	−4.530~−0.030	750×700	375	375	150	550	28Φ25				1(6×6)	Φ10@100/200	
	−0.030~19.470	750×700	375	375	150	550	24Φ25				1(5×4)	Φ10@100/200	
	19.470~37.470	650×600	325	325	150	450		4Φ22	5Φ22	4Φ20	1(4×4)	Φ10@100/200	—
	37.470~59.070	550×500	275	275	150	350		4Φ22	5Φ22	4Φ20	1(4×4)	Φ8@100/200	
XZ1							8Φ25				表示框柱地详图	Φ10@100	⑤×ⓒ轴KZ1中设置

⊗图4.2.3　−4.530~59.070柱平法施工图（局部）

注：1. 如采用非对称配筋，需在柱表中增加相应栏目分别表示各边的中部筋。
　　2. 箍筋对纵筋至少隔一拉一。
　　3. 层高表中，竖向粗线表示本图柱的起止标高为−4.530~59.070 m，所在层为−1~16层。

层号	标高(m)	层高(m)
屋面2	65.670	
塔层2	62.370	3.30
屋面1 (塔层1)	59.070	3.30
16	55.470	3.60
15	51.870	3.60
14	48.270	3.60
13	44.670	3.60
12	41.070	3.60
11	37.470	3.60
10	33.870	3.60
9	30.270	3.60
8	26.670	3.60
7	23.070	3.60
6	19.470	3.60
5	15.870	3.60
4	12.270	3.60
3	8.670	3.60
2	4.470	4.20
1	−0.030	4.50
−1	−4.530	4.50
−2	−9.030	4.50
层号	标高(m)	层高(m)

结构层楼面标高
结　构　层　高
注：上部结构嵌固
部位：−4.530

三、截面注写方式

1. 何为截面注写方式

截面注写方式,系在柱平面布置图的柱截面上,分别在同一编号的柱中选择一个截面,以直接注写截面尺寸和配筋具体数值的方式来表达柱平法施工图。

2. 截面注写的内容

(1) 柱编号

对除芯柱之外的所有柱截面按表 4.2.1 中的规定进行编号。

(2) 柱截面尺寸、纵筋、箍筋

从相同编号的柱中选择一个截面,按另一种比例原位放大绘制柱截面配筋图,并在各配筋图上继其编号后再注写截面尺寸 $b \times h$,角筋或全部纵筋(当纵筋采用一种直径且能够图示清楚时)、箍筋的具体数值(包括钢筋级别、直径、间距)以及在柱截面配筋图上标注柱截面与轴线关系 b_1、b_2、h_1、h_2 的具体数值。

当纵筋采用两种直径时,需再注写截面各边中部筋的具体数值(对于采用对称配筋的矩形截面柱,可仅在一侧注写中部筋,对称边省略不注)。

当在某些框架柱的一定高度范围内,在其内部的中心位置设置芯柱时,首先按照表 4.2.1 的规定对其进行编号,继其编号之后注写芯柱的起止标高、全部纵筋及箍筋的具体数值(包括钢筋级别、直径、间距),芯柱截面尺寸按构造确定,并按标准构造详图施工,设计不注;当设计者采用与本构造详图不同的做法时,应另行注明。芯柱定位随框架柱,不需要注写其与轴线的几何关系。

在截面注写方式中,如柱的分段截面尺寸和配筋均相同,仅截面与轴线的关系不同时,可将其编为同一柱号。但此时应在未画配筋的柱截面上注写该柱截面与轴线关系的具体尺寸。

3. 采用截面注写方式表达的柱平法施工图示例见图 4.2.4 所示。

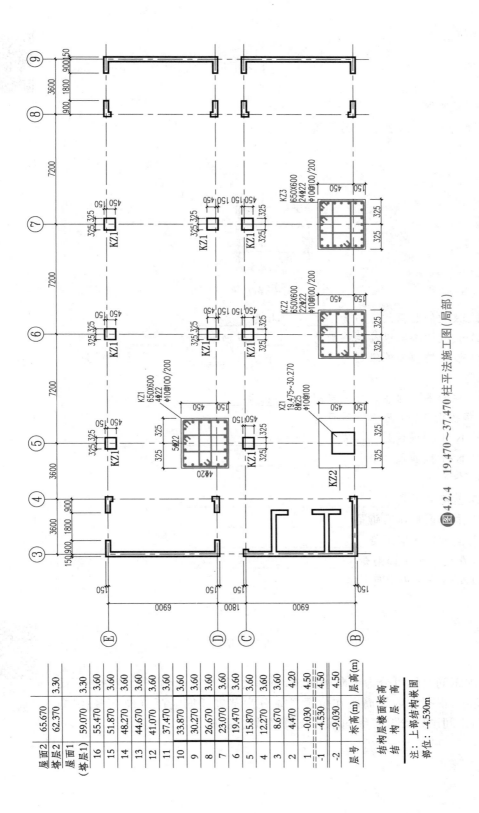

图4.2.4 19.470～37.470柱平法施工图(局部)

屋面2	65.670	3.30
塔层2	62.370	3.30
屋面1 (塔层1)	59.070	3.60
16	55.470	3.60
15	51.870	3.60
14	48.270	3.60
13	44.670	3.60
12	41.070	3.60
11	37.470	3.60
10	33.870	3.60
9	30.270	3.60
8	26.670	3.60
7	23.070	3.60
6	19.470	3.60
5	15.870	3.60
4	12.270	3.60
3	8.670	3.60
2	4.470	4.20
1	-0.030	4.50
-1	-4.530	4.50
-2	-9.030	4.50
层号	标高 (m)	层高 (m)

结构层楼面标高
结 构 层 高

注:上部结构嵌固
部位: -4.530m

答案扫一扫

自 测 题

一、填空题

1. 根据图 4.2.5 回答下列问题。

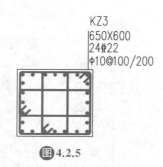

KZ3
650X600
24Φ22
φ10@100/200

图 4.2.5

（1）该柱的截面尺寸 b 为＿＿＿＿＿，b 为＿＿＿＿＿。

（2）该柱的全部纵筋的根数为＿＿＿＿＿，纵筋直径为＿＿＿＿＿。

（3）该柱的箍筋的级别为＿＿＿＿＿，直径为＿＿＿＿＿，加密区间距为＿＿＿＿＿，非加密区间距为＿＿＿＿＿。

（4）柱的平法的注写方式包括＿＿＿＿＿和＿＿＿＿＿。

2. 根据图 4.2.4 回答下列问题。

（1）KZ1 的根数是＿＿＿＿＿＿＿＿＿＿＿＿＿＿；

（2）KZ1 截面尺寸是＿＿＿＿＿＿＿＿＿＿＿＿＿＿；

（3）角筋是＿＿＿＿＿＿＿＿＿＿＿＿＿＿＿＿＿＿；

（4）箍筋直径是＿＿＿＿＿＿＿＿＿＿＿＿＿＿＿＿；

（5）加密区箍筋间距是＿＿＿＿＿＿＿＿＿＿＿＿＿；

（6）非加密区间距是＿＿＿＿＿＿＿＿＿＿＿＿＿＿；

（7）b 边一侧中部筋是＿＿＿＿＿＿＿＿＿＿＿＿＿；

（8）h 边一侧中部筋是＿＿＿＿＿＿＿＿＿＿＿＿＿。

任务三　基础插筋构造与计算

基础插筋
构造与计算

柱内钢筋具体可分为纵向钢筋、箍筋两种，其中纵向钢筋示意图如下图 4.3.1 所示，根据柱内纵筋所在位置具体分为基础插筋、首层（地下室）纵向钢筋筋、中间层（标准层）纵向钢筋及顶层纵向钢筋。

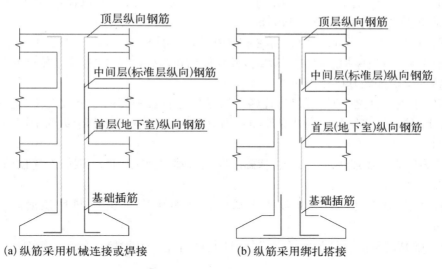

(a) 纵筋采用机械连接或焊接   (b) 纵筋采用绑扎搭接

图4.3.1 柱纵向钢筋示意图

规范规定,对于柱的纵向受力钢筋,同一连接区段内钢筋接头的面积百分率不能超过50%。因此,基础插筋,各中间层钢筋、顶层钢筋一般都是分两批进行连接。这两批接头根据钢筋连接方式错开一定的长度。错开的长度与钢筋的连接方式有关。

由图 4.3.1 可知:

$$基础插筋长度＝基础插筋的锚固长度＋非连接区长度（＋错开长度）\qquad(4.3.1)$$

一、基础插筋锚固长度

1. 基础插筋的锚固构造

对于基础插筋的锚固,22G101-3 图集给出了四种构造做法,四种构造做法按基础高度可分为以下两类。

（1）基础高度能满足柱插筋直锚,即基础高度－保护层$\geqslant l_{aE}$时,其构造如图 4.3.2 所示。

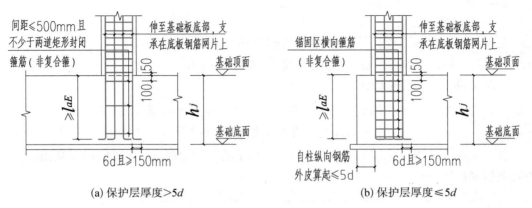

(a) 保护层厚度>5d (b) 保护层厚度≤5d

图4.3.2 基础高度满足直锚

从图 4.3.2 可知,当基础高度满足直锚时,基础插筋伸至基础板底部,支承在底板钢筋网片上,底端弯折水平长度为 max(6d,150)。

当保护层厚度>5d 时,基础插筋在基础内设置"间距≤500,且不少于两道矩形封闭箍筋(非复合箍筋)";当保护层厚度≤5d 时,基础插筋在基础内设置"锚固区横向箍筋(非复合箍筋)";第一道箍筋距基础顶面 100 mm。

当符合下列条件之一时,可仅将柱四角纵筋伸至底板钢筋网片上或者筏形基础中间层钢筋网片上(伸至钢筋网片上的柱纵筋间距不应大于 1 000 mm),其余纵筋锚固在基础顶面下 l_{aE} 即可。

① 柱为轴心受压或小偏心受压,基础高度或基础顶面至中间层钢筋网片顶面距离不小于 1 200 mm;

② 柱为大偏心受压,基础高度或基础顶面至中间层钢筋网片顶面距离不小于 1 400 mm。

(2)基础高度不能满足基础插筋直锚,即基础高度-保护层<l_{aE} 时,其构造如图 4.3.3 所示。

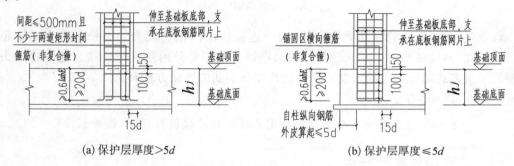

图4.3.3 基础高度不满足直锚

从图 4.3.3 可知,当基础高度不满足直锚时,插筋伸至基础板底部,支承在底板钢筋网片上,要保证基础内插筋的竖直段长度≥$0.6l_{abE}$ 且≥20d;底端弯折水平长度为 15d。

当保护层厚度>5d 时,插筋在基础内设置"间距≤500,且不少于两道矩形封闭箍筋(非复合箍筋)";当保护层厚度≤5d 时,插筋在基础内设置"锚固区横向箍筋(非复合箍筋)";第一道箍筋距基础顶面 100 mm。

2.基础插筋锚固长度计算

基础插筋的锚固长度计算要分两种情况,具体如下:

(1)第一种情况:基础高度满足直锚要求,如图 4.3.2 所示:

当基础高度 h_j-基础保护层 $c \geq l_{aE}$ 时

基础插筋的锚固长度=钢筋在基础中的竖向长度+水平弯折长度

$$=基础高度 h_j-基础保护层 c+水平弯折长度 \max(6d;150) \qquad (4.3.2)$$

其中 h_j——基础底面到基础顶面的高度,柱下为基础梁时,h_j 为梁底面至顶面的高度。当柱两侧基础梁高度不同时取较低标高。

(2)第二种情况:基础高度不满足直锚要求,如图 4.3.3 所示。

当基础高度 h_j-基础保护层 $c<l_{aE}$ 时,钢筋在基础中是弯锚。

基础插筋的锚固长度＝钢筋在基础中的竖向长度＋水平弯折长度

$$＝基础高度 h_j－基础保护层 c＋水平弯折长度 15d \qquad (4.3.3)$$

从上面的内容分析可知：以上两种情况相同的是钢筋都伸至基础底板钢筋网片上，不同的是水平弯折长度取值不同。

3. 基础插筋在基础中锚固长度计算案例

【例 4.3.1】 已知某工程的柱平法施工图（局部）如图 4.3.4 所示。其中 KZ1 下的基础高度为 1 000 mm。其它已知条件如表 4.3.1 所示，请计算 2/B 轴的中柱 KZ1 的纵向钢筋基础中的锚固长度。已知底板配筋 x、y 向直径都为 12 mm。

表 4.3.1 已知条件

基础（柱）混凝土强度	基础保护层	柱（梁）保护层	抗震等级	钢筋连接方式
C35(C30)	40	30(25)	二级	电渣压力焊

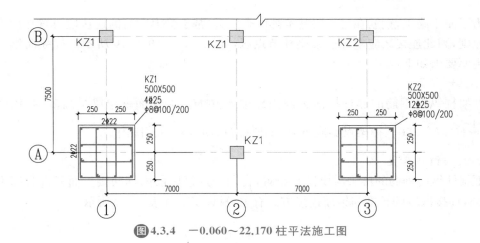

图 4.3.4 －0.060～22.170 柱平法施工图

[**分析**] 我们要计算柱纵向钢筋在基础中的锚固长度，首先要弄清基础高度能否满足直锚？能满足就是第一种情况，不能满足就是第二种情况。其判断方法是比较基础高度 h_j－基础保护层 c 与 l_{aE} 的大小。

若基础高度 h_j－基础保护层 $c \geqslant l_{aE}$，按第一种情况进行计算。

若基础高度 h_j－基础保护层 $c < l_{aE}$，按第二种情况进行计算。

解：

（1）比较（基础高度 h_j－基础保护层 c）与 l_{aE} 的大小

通过查表得 $l_{aE}＝37d＝37×25＝925$ mm

基础高度 h_j－基础保护层 $c＝1\ 000－40＝960$ mm$＞l_{aE}$

由此可知基础高度满足直锚的条件，柱纵向钢筋在基础中的锚固属于第一种情况。

（2）锚固长度的计算

$l＝$基础高度 h_j－基础保护层 $c＋\max(6d;150)$

$＝1\ 000－40＋150＝1\ 110$ mm

【例 4.3.2】 把例 4.3.1 中的基础厚度改为 700 mm,其它条件同上,试计算 2/B 轴中柱 KZ1 的纵向钢筋基础中的锚固长度。

解:

(1) 比较(基础高度 h_j—基础保护层 c)与 l_{aE} 的大小

$l_{aE}=37d=37\times25=925$ mm

基础高度 h_j—基础保护层 $c=700-40=660$ mm$<l_{aE}$

由此可知基础高度不满足直锚的条件,柱纵向钢筋在基础中的锚固属于第二种情况。

(2) 锚固长度的计算

$l =$ 基础高度 h_j—基础保护层 $c+$ 水平弯折长度 $15d$

$=700-40+15\times25=1\,035$ mm

二、柱纵向钢筋连接构造

为了便于施工,钢筋在每一层基本都设有接头,基于受力钢筋的连接应设置在内力较小处的原则,因此连接区应避开框架梁柱节点区,如图 4.3.5、图 4.3.6 所示。柱纵向钢筋连接构造主要要求如下:

1. 非连接区

框架柱纵向钢筋的非连接区为嵌固部位上方 $H_n/3$、楼面框架梁梁高范围、楼面上方 $\max\left(\dfrac{1}{6}H_n,h_c,500\right)$、框架梁梁底下方 $\max\left(\dfrac{1}{6}H_n,h_c,500\right)$ 范围内。

2. 接头错开布置

框架柱纵向钢筋的接头需要错开布置,在同一连接区段内钢筋接头面积百分率不宜大于 50%,连接区段的长度与钢筋连接方式有关,具体情况如表 4.3.2 所示。

表 4.3.2　连接区段长度表

序号	连接方式	连接区段长度
1	绑扎搭接	$1.3l$ 或 $1.3l_{lE}$
2	机械连接	$35d$
3	焊接连接	$\max(35d,500)$

注:钢筋接头错开的距离同连接区段长度。

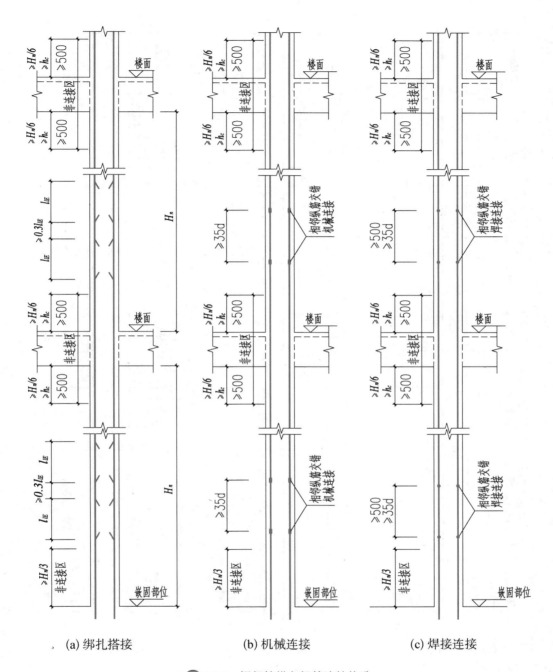

(a) 绑扎搭接　　　　　(b) 机械连接　　　　　(c) 焊接连接

图 4.3.5　框架柱纵向钢筋连接构造

注:1. 当某层连接区的高度小于纵筋分两批搭接所需要的高度时,应改用机械连接或焊接连接。

2. 图中 h_c 为柱截面长边尺寸(圆柱为截面直径), H_n 为所在楼层的柱净高。

3. 柱相邻纵向钢筋连接接头相互错开,在同一连接区段内钢筋接头面积百分率不宜大于 50%。

框架柱纵向
钢筋连接构造

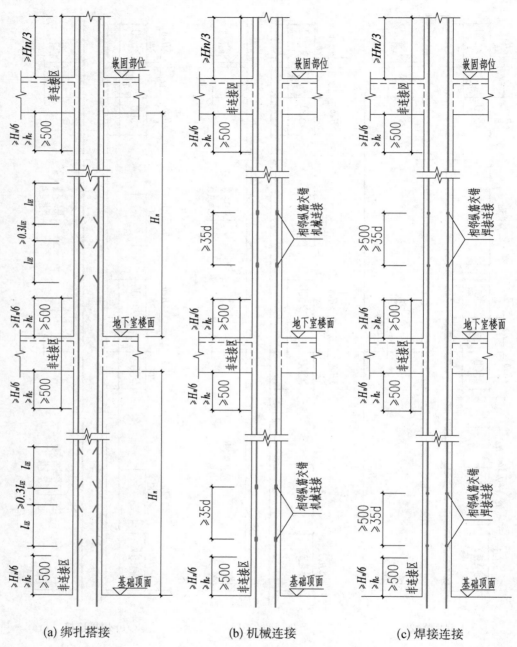

(a) 绑扎搭接　　　　　　(b) 机械连接　　　　　　(c) 焊接连接

图4.3.6 地下室框架柱纵向钢筋连接构造

注：当某层连接区的高度小于纵筋分两批搭接所需要的高度时，应改用机械连接或焊接连接。

地下室框架柱纵
向钢筋连接构造

三、基础插筋的长度计算

基础插筋长度与钢筋在基础的锚固长度、非连接区长度、钢筋接头错开长度有关,具体计算如下:

1. 钢筋为绑扎搭接

$$基础插筋长度(短筋)=插筋的锚固长度+非连接区长度+l_{lE} \tag{4.3.4}$$

$$基础插筋长度(长筋)=短筋长度+接头错开距离 \tag{4.3.5}$$

2. 钢筋为机械连接、焊接

$$基础插筋长度(短筋)=基础插筋锚固长度+非连接区长度 \tag{4.3.6}$$

$$基础插筋长度(长筋)=短筋长度+接头错开距离 \tag{4.3.7}$$

注:在公式(4.3.4)~(4.3.7)中非连接区长度取值如下:

当基础顶面是嵌固部位时,非连接区长度为 $\dfrac{1}{3}H_n$;当基础顶面不是嵌固部位时,非连接区长度为 $\max\left(\dfrac{1}{6}H_n, h_c, 500\right)$。

接头错开距离见表4.3.2所示。

四、基础插筋计算案例

【例4.3.3】 已知KZ3的配筋如图4.3.7所示,砼为C30,抗震等级为一级,基础钢筋保护层为40 mm,柱钢筋保护层为30 mm。钢筋采用电渣压力焊,基础底板 x、y 向钢筋的直径均为14 mm。层高、梁高及基础厚度等信息如下表4.3.3所示:请根据已知条件计算KZ3的基础插筋长度。

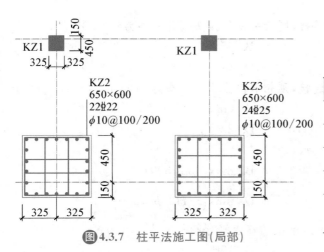

图4.3.7　柱平法施工图(局部)

表4.3.3　已知条件

层号	顶标高	层高	梁高
4	15.9	3.6	700
3	12.3	3.6	700
2	8.7	4.2	700
1	4.5	4.5	700
基础	−0.8	—	基础厚度 1 200

解：

(1)判断基础高度能否满足直锚条件，并计算锚固长度

基础高度 h_j —基础保护层 $c = 1\,200 - 40 = 1\,160$ mm

$l_{aE} = 40d = 40 \times 25 = 1\,000$ mm

$1\,160$ mm $> 1\,000$ mm，即基础高度 h_j —基础保护层 $c > l_{aE}$

所以说基础高度能满足直锚条件

柱纵向钢筋在基础中的锚固长度＝钢筋在基础中的竖向长度＋水平弯折长度

$$= 基础高度 h_j —基础保护层 c + 水平弯折长度 \max(6d; 150)$$
$$= 1\,160 + \max(150; 150) = 1\,160 + 150$$
$$= 1\,310 \text{ mm}。$$

(2) 计算插筋长度

从给出的表格中可知，嵌固部位在基础顶面。插筋的有两种长度，每种长度各为 12 根。单根长度计算如下：

$$基础插筋的长度（短筋）＝基础插筋锚固长度 + \frac{1}{3}H_n$$

$$= 1\,310 + \frac{1}{3}(4\,500 - 700 + 800) = 2\,843.33 \text{ mm}$$

$$基础插筋的长度（长筋）＝短筋长度 + \max(35d, 500)$$
$$= 2\,843.33 + \max(35 \times 25, 500)$$
$$= 3\,718.33 \text{ mm}$$

答案扫一扫

自 测 题

一、单项选择题

1. 基础插筋与上部钢筋采用机械连接，则相邻钢筋接头错开距离为（　　　）。

A. 500　　　　　　　　　　　　B. $35d$

C. $\max(35d, 500)$　　　　　　　D. l_{lE}

2. 基础插筋与上部钢筋采用绑扎连接，则相邻接头错开距离为（　　　）。

A. l_{lE}　　　　　　　　　　　　B. $0.3 l_{lE}$

C. $1.3 l_{lE}$　　　　　　　　　　D. $2.3 l_{lE}$

3. 在嵌固部位上方，非连接区长度为（　　　）。

A. l_{lE}　　　　　　　　　　　　B. $\max(35d, 500)$

C. $\dfrac{1}{3}H_n$　　　　　　　　　　D. $\max\left(\dfrac{1}{6}H_n, h_c, 500\right)$

4. 当基础高度—基础保护层 $\geq l_{aE}$ 时，基础插筋水平弯折长度为（　　　）。

A. $6d$　　　　　　　　　　　　B. $15d$

C. $\max(6d, 150)$　　　　　　　D. 150

5. KZ_2 下为有梁式筏板基础，筏板厚度为 300 mm，基础梁尺寸如图 4.3.8 所示，则

h_j 为（　　　）mm。

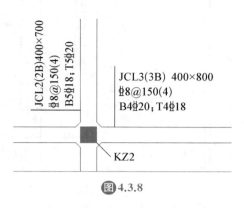

图4.3.8

A. 300　　　　　　B. 800　　　　　　C. 700　　　　　　D. 1100

6. 某 KZ3 截面尺寸为 650×600，柱下为独立基础，基础顶面标高为 −0.600 m，无地下室，首层层高为 4.20 m，梁高为 600 mm，则首层的底部非连接区长度为（　　　）。

A. 1 400 mm　　　　B. 1 200 mm　　　　C. 600 mm　　　　D. 650 mm

二、多项选择题

1. 基础插筋锚固长度与下列哪些因素有关（　　　）。

A. 抗震等级　　　　　　B. 砼标号　　　　　　C. 钢筋种类

D. 箍筋直径　　　　　　E. 基础保护层

2. 基础插筋长度与下列哪些因素有关（　　　）。

A. 锚固长度　　　　　　B. 钢筋连接方式　　　　C. 柱净高

D. 钢筋直径　　　　　　E. 柱钢筋保护层

任务四　非顶层柱纵筋的构造与计算

框架柱在每一层的受力不同可能会对柱内钢筋及柱的截面尺寸产生影响，造成柱内钢筋根数或直径的变化。

一、柱纵向钢筋构造

1. 上下层框架柱纵向钢筋配筋相同时连接构造

如图 4.3.5、图 4.3.6 所示。

2. 上下层框架柱纵向钢筋配筋不同时连接构造

上下层框架柱纵向钢筋配筋不同主要体现在两个方面，一是钢筋的数量不同，二是钢筋的直径不同。

（1）钢筋数量发生变化

当楼层框架梁上下层纵筋的数量发生变化时，纵向钢筋的构造要求如下：上层增加的纵向钢筋锚入下层，从梁顶算起，锚固长度为 $1.2l_{aE}$，如图 4.4.1（a）所示。下层增加的纵向钢筋要锚入上层，从梁底算起，锚固长度为 $1.2l_{aE}$，如图 4.4.1（b）所示。

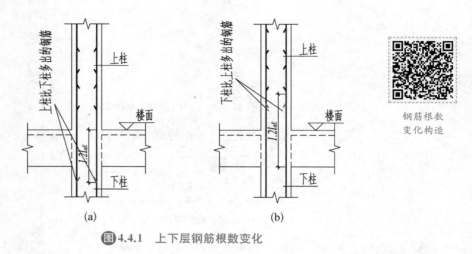

图4.4.1 上下层钢筋根数变化

（2）钢筋直径发生变化

当楼层框架梁上下层纵筋的直径发生变化时，纵向钢筋的构造要求是直径较大的钢筋要伸至直径较小楼层的非连接区外，如图4.4.2所示。

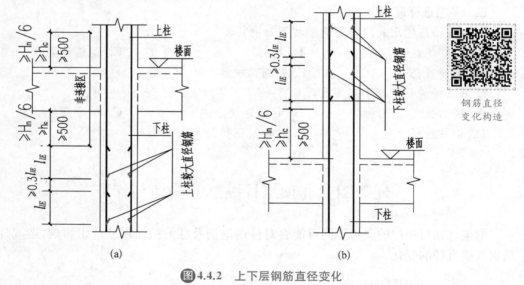

图4.4.2 上下层钢筋直径变化

注：图4.4.1、图4.42不适用于柱纵向钢筋在嵌固部位的构造。

3. 柱变截面位置纵向钢筋构造

当框架柱的截面发生变化时，根据上下楼层截面变化△与梁高h_b的比值不同，柱内纵向钢筋采用不同的构造措施。常用的锚固措施有两种：一种是纵筋在节点内贯通锚固，另一种是非贯通锚固。

（1）框架柱变截面纵筋在节点内贯通构造

当楼层上下框架柱截面单侧变化值△与所在楼层框架梁梁高的比值△/h_b≤1/6时，纵筋在节点的位置采用贯通锚固，即下柱纵筋略向内倾斜，在距梁顶面50 mm处直通入上层柱内锚固，如图4.4.3所示。

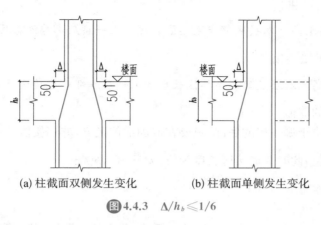

变截处纵筋构造

(a) 柱截面双侧发生变化　　　(b) 柱截面单侧发生变化

图 4.4.3　$\Delta/h_b \leqslant 1/6$

（2）框架柱变截面纵筋在节点内非贯通构造

当上下层框架柱截面单侧变化值 Δ 与所在楼层框架梁梁高的比值 $\Delta/h > 1/6$ 时，此时下层框架柱中不能直接伸入上层的纵筋向上伸至梁纵筋之下（竖直段长度 $\geqslant 0.5l_{abE}$），向柱内侧水平弯折，水平弯折的长度为 $12d$，能直接伸入上层的纵筋直接伸入上层；上层框架柱内的纵筋采用插筋的形式插入梁柱节点内，插入的长度自梁顶面算起 $1.2l_{aE}$，如图 4.4.4 所示。

当上下框架柱发生变化的截面在外侧时，此时下层框架柱中不能直接伸入上层的纵筋向上伸至梁纵筋之下，向柱内侧水平弯折，水平弯折的长度自上层柱外边缘算起为 l_{aE}，能直接伸入上层的纵筋直接伸入上层；上层框架柱内的纵筋采用插筋的形式插入梁柱节点内，插入的长度自梁顶面算起 $1.2l_{aE}$ 如图 4.4.5 所示。

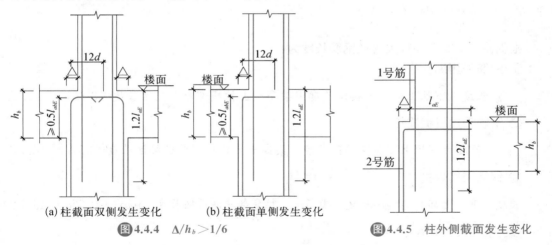

(a) 柱截面双侧发生变化　　　(b) 柱截面单侧发生变化

图 4.4.4　$\Delta/h_b > 1/6$

图 4.4.5　柱外侧截面发生变化

二、柱纵向钢筋长度计算

1. 柱纵向钢筋上下层未变化

根据构造图 4.3.5、图 4.3.6 可知：非顶层（地下室、首层、中间层）框架柱中钢筋接头虽然分两批连接，但两批的长度相同，其计算方法如下：

柱纵向钢筋
长度计算

（1）钢筋采用绑扎搭接

$$长度＝本层层高－本层底部非连接区长度＋上一层底部非连接区长度＋l_{lE} \quad (4.4.1)$$

（2）钢筋采用机械连接、焊接

$$长度＝本层层高－本层底部非连接区长度＋上一层底部非连接区长度 \qquad (4.4.2)$$

非连接区长度的取值：

非连接区无论位于哪一层的底部，只要在嵌固部位上方，非连接区长度就为 $H_n/3$，若该层底部不是嵌固部位，此时非连接区长度为 $\max\left(\dfrac{1}{6}H_n,h_c,500\right)$。

2. 上下层钢筋数量发生变化

（1）上柱比下柱钢筋多

根据图 4.4.1(a)，多出的钢筋类似于基础插筋，分为长短两批，其计算方法如下：

$$短筋长度＝1.2l_{aE}＋本层底部非连接区长度(＋l_{lE}) \qquad (4.4.3)$$

$$长筋长度＝短筋长度＋接头错开距离 \qquad (4.4.4)$$

柱内纵筋连接方式不同，错开连接的长度也有差别，具体见表 4.3.2 所示。

（2）下柱比上柱钢筋多

根据图 4.4.1(b)，多出的钢筋长度为：

$$长筋长度＝下柱净高－下柱底部非边接区长度＋1.2l_{aE} \qquad (4.4.5)$$

$$短筋长度＝长筋长度－接头错开距离 \qquad (4.4.6)$$

3. 上下层钢筋直径发生变化

（1）上柱较大直径钢筋

根据图 4.4.2，上柱较大直径钢筋长度为：

① 钢筋采用绑扎搭接

$$长度＝下柱上部非连接区长度＋梁高＋上柱底部非连接区长度＋3.3l_{lE} \qquad (4.4.7)$$

② 钢筋采用机械连接

$$长度＝下柱上部非连接区长度＋梁高＋上柱底部非连接区长度＋35d \qquad (4.4.8)$$

③ 钢筋采用焊接

$$长度＝下柱上部非连接区长度＋梁高＋上柱底部非连接区长度＋\max(500,35d) \quad (4.4.9)$$

（2）下柱较大直径钢筋

此时钢筋计算同公式(4.4.1)、(4.4.2)。

4. 变截面纵筋计算

（1）$\Delta/h_b \leqslant 1/6$

当 $\Delta/h_b \leqslant 1/6$ 时，此时纵筋在节点稍向柱内侧弯曲后直通上层，钢筋计算方法从公式(4.4.1)、(4.4.2)。

（2）$\Delta/h_b>1/6$

① 变化的截面在内侧

当 $\Delta/h_b>1/6$ 时，如图 4.4.4 所示，此时纵筋长度计算方法如下：

下柱纵筋长度＝层高－下部非连接区长度－梁保护层＋12d（－接头错开距离）

$$(4.4.10)$$

$$上柱插筋长度（短筋）＝1.2l_{aE}＋上层非连接区长度＋（l_{lE}） \qquad (4.4.11)$$

$$上柱插筋长度（长筋）＝短筋长度＋接头错开距离 \qquad (4.4.12)$$

② 变化的截面在外侧

当上下框架柱发生变化的截面在外侧时，根据构造图 4.4.5 得：

下柱纵筋长度＝层高－本层下部非连接区长度－梁保护层

$$＋l_{aE}（－接头错开距离） \qquad (4.4.13)$$

$$上柱插筋长度＝1.2l_{aE}＋上层非连接区长度＋（l_{lE}） \qquad (4.4.14)$$

三、非顶层柱纵向钢筋计算案例

【例 4.4.1】 已知 KZ3 的配筋如图 4.4.6 所示，砼为 C30，抗震等级为一级，基础钢筋保护层为 40 mm，柱钢筋保护层为 30 mm。钢筋采用电渣压力焊，基础底板 x、y 向钢筋的直径均为 14 mm。层高、梁高及基础厚度等信息如下表所示：请根据已知条件计算 KZ3 第一层、第二层、第三层各层钢筋的长度。

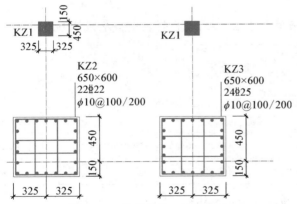

层号	顶标高	层高	梁高
4	15.9	3.6	700
3	12.3	3.6	700
2	8.7	4.2	700
1	4.5	4.5	700
基础	−0.8	—	基础厚度 1 200

图 4.4.6　柱平法施工图（局部）

解：

钢筋为电渣压力焊

根据公式（4.4.2）

长度＝本层柱净高＋梁高－本层底部非连接区长度＋上一层底部非连接区长度得：

$$第一层钢筋长度＝(4\ 500－700＋800)＋700－\frac{1}{3}H_{n1}＋\max\left(\frac{1}{6}H_{n2},h_c,500\right)$$

$$＝5\ 300－\frac{1}{3}(4\ 500－700＋800)＋\max\left[\frac{1}{6}(4\ 200－700),650,500\right]$$

$$＝4\ 416.67\ mm≈4.42\ m$$

第二层钢筋的长度计算如下：

第二层钢筋长度＝本层层高－本层底部非连接区长度＋上一层底部非连接区长度

$$=4\ 200-\max\left(\frac{1}{6}H_{n2},h_c,500\right)+\max\left(\frac{1}{6}H_{n3},h_c,500\right)$$

$$=4\ 200-\max\left[\frac{1}{6}(4\ 200-700),650,500\right]+\max\left[\frac{1}{6}(3\ 600-700),650,500\right]$$

$$=4\ 200-650+650=4\ 200\ \text{mm}=4.2\ \text{m}$$

第三层钢筋的长度计算如下：

第三层钢筋长度＝本层层高－本层底部非连接区长度＋上一层底部非连接区长度

$$=3\ 600-\max\left(\frac{1}{6}H_{n3},h_c,500\right)+\max\left(\frac{1}{6}H_{n4},h_c,500\right)$$

$$=3\ 600-\max\left[\frac{1}{6}(3\ 600-700),650,500\right]+\max\left[\frac{1}{6}(3\ 600-700),650,500\right]$$

$$=3\ 600\ \text{mm}=3.6\ \text{m}$$

结论：在钢筋直径相同的情况下，各中间层的钢筋尽管是分2批进行接头，但同一层的这两批钢筋的长度是相等的。

自 测 题

答案扫一扫

一、选择题

KZ1 的信息如下表所示，柱内纵筋采用电渣压力焊，请根据表中信息回答下列问题：

柱号	标高	$b\times h$	b1	b2	h1	h2	全部纵筋	角筋	b 边一侧中部筋	h 边一侧中部筋	箍筋类型号	箍筋
KZ1	−4.530～−0.030	750×700	375	375	150	550	28Φ25				1(6×6)	φ10@100/200
	−0.030～19.470	750×700	375	375	150	550	24Φ25				1(5×4)	φ10@100/200
	19.470～37.470	650×600	325	325	150	450		4Φ22	5Φ22	4Φ20	1(4×4)	φ10@100/200
	37.470～59.070	550×500	275	275	150	350		4Φ22	5Φ22	4Φ20	1(4×4)	φ8@100/200

1. −4.530～−0.030 高度范围内，b 边一侧中部筋为（　　）。

A. 7Φ25 　　　　B. 6Φ25 　　　　C. 4Φ25 　　　　D. 5Φ25

2. −0.030～19.470 高度范围内，b 边一侧中部筋为（　　）。

A. 7Φ25 　　　　B. 6Φ25 　　　　C. 4Φ25 　　　　D. 5Φ25

3. KZ1 变截面处的标高为（　　）。

A. −0.030 　　　　B. 19.470 　　　　C. 34.470 　　　　D. 59.070

4. 角筋直径发生变化处的标高为（　　）。

A. −0.030 　　　　B. 19.470 　　　　C. 34.470 　　　　D. 59.070

5. 纵筋根数发生变化处的标高为（　　）。

A. −0.030 　　　　B. 19.470 　　　　C. 34.470 　　　　D. 59.070

6. 标高 19.470 处角筋的采用图 4.4.7 中的哪种构造形式(　　)

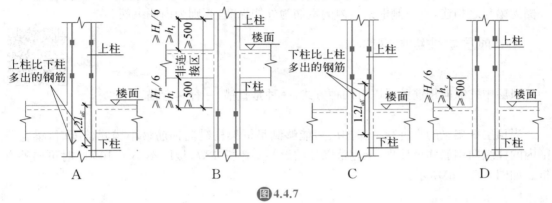

图 4.4.7

7. 标高－0.030 处的下一层比上一层多出的钢筋构造采用图 4.4.7 中的哪种构造形式(　　)。

8. 标高在 19.470～37.470 范围内,每层层高为 3.60 m,梁高 700 mm,则每层底部的非连接区长度为(　　)mm。

　A. 500　　　　　　B. 650　　　　　　C. 750　　　　　　D. 483.33

9. 标高在 19.470～37.470 范围内,每层层高为 3.60 m,梁高 700 mm,则 23.070～26.670 这一层柱的纵筋长度为(　　)mm。

　A. 2 900　　　　　B. 3 600　　　　　C. 2 950　　　　　D. 3 000

任务五　顶层柱纵筋构造与计算

根据框架柱所在平面位置的不同,把柱分为边柱、中柱、角柱,如图 4.5.1 所示。

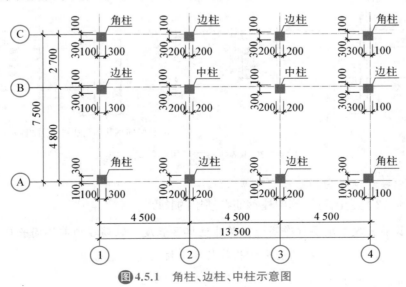

图 4.5.1　角柱、边柱、中柱示意图

根据框架柱中钢筋所在的位置,可将框架柱中的钢筋分为内侧纵筋和外侧筋,若柱的某一侧无梁与之相连,则该侧框架柱内的钢筋为外侧纵筋,否则为内侧纵筋。

一、顶层中柱纵向钢筋

顶层中柱纵向钢筋

1. 顶层中柱纵向钢筋构造

顶层中柱纵向钢筋的锚固有两种方式,一种是直锚,一种是弯锚。

（1）直锚

当顶层框架梁的高度减去保护层后能够满足框架柱纵向钢筋最小锚固长度时,梁宽范围内的柱纵向钢筋伸至柱顶,梁宽范围外的纵筋要弯折 $12d$,板厚不小于 100 厚时可向外弯折。如图 4.5.2(a)所示。

（2）弯锚

当顶层框架梁的高度减去保护层后长度不满足框架柱纵向钢筋最小锚固长度时,此时框架柱纵向钢筋在顶部弯锚。当柱顶现浇板厚度不小于 100 时,向外弯折长度为 $12d$,如图 4.5.2(b)所示,否则向内弯折 $12d$,如图 4.5.2(c)所示。此外还可采用加锚头或锚板的形式进行锚固,如图 4.5.2(d)所示。在施工时,施工人员应根据各种做法所要求的条件正确选用图 4.5.2 中四种做法的任一种。

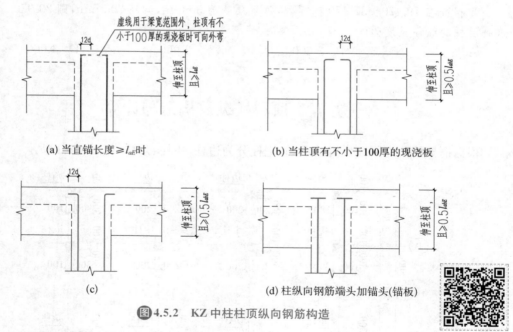

(a) 当直锚长度≥l_{aE}时

(b) 当柱顶有不小于100厚的现浇板

(c)

(d) 柱纵向钢筋端头加锚头(锚板)

图 4.5.2　KZ 中柱柱顶纵向钢筋构造

顶层中柱纵向钢筋长度计算

2. 顶层中柱柱顶纵向钢筋长度计算

根据图 4.5.2 构造图可计算中柱钢筋在顶层的长度。

$$长筋长度＝顶层柱净高－顶层非连接区长度＋纵筋在顶部锚固长度 \qquad (4.5.1)$$

$$短筋长度＝长筋长度－接头错开距离 \qquad (4.5.2)$$

（1）锚固长度的确定

当梁高度h_b－梁保护层$c_梁 \geq l_{aE}$时,

$$锚固长度＝h_b-c_梁 或锚固长度＝h_b-c_梁+12d$$

当梁高度h_b－梁保护层$c_梁<l_{aE}$时，

$$锚固长度＝h_b-c_梁+12d$$

（2）接头错开距离

接头错开距离见表4.3.2。

3. 中柱钢筋在顶层长度计算案例

【例4.5.1】　已知中柱KZ1的配筋如图4.5.3所示，砼为C30，抗震等级为一级，基础钢筋保护层为40 mm，柱钢筋保护层为30 mm，梁的钢筋保护层为25 mm，采用电渣压力焊，层高、梁高及基础厚度等信息如表4.5.1所示：请根据已知条件计算中柱KZ1在顶层钢筋的长度。

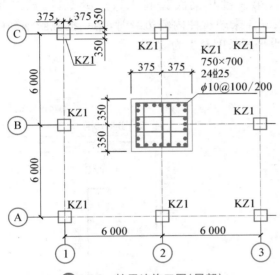

图4.5.3　柱平法施工图（局部）

表4.5.1　已知条件

层号	顶标高	层高	梁截面
4	15.9	3.6	300×700
3	12.3	3.6	300×700
2	8.7	4.2	300×700
1	4.5	4.5	300×700
基础	-0.8	—	基础厚度 1 200

解：

（1）判断柱顶部是否满足直锚条件

$h_b-c_梁=700-25=675$ mm

$l_{aE}=40d=40×25=1\ 000$ mm

$h_b-c_梁<l_{aE}$，因此钢筋在柱顶是弯锚

（2）计算KZ1中钢筋在顶层的长度

根据公式（4.5.1）得：

$$长筋长度＝(3.6-0.7)-\max\left(\frac{3.6-0.7}{6},0.75,0.5\right)+(0.7-0.025+12×0.025)$$

$$=3.125\ \text{m}$$

根据公式（4.5.2）得：

短筋长度＝$3.125-\max(0.5,35×0.025)=2.25$ m

通过以上计算可知，顶层中柱KZ1中有12根长度为3 125 m，12根长度为2.25 m。

中柱纵筋在顶层的总长度＝$(3.125+2.25)×12=64.5$ m

二、边柱、角柱柱顶纵向钢筋

边柱、角柱柱顶
纵向钢筋构造

根据 22G101 图集可知,框架柱的边柱、角柱有未伸出屋面板和伸出屋面板之分,两种情况下其构造也不同

1. 未伸出屋面板边柱、角柱柱顶纵向钢筋

(1)构造

未伸出屋面板的 KZ 边柱、角柱柱顶纵向钢筋构造有两种构造形式。一种是梁柱钢筋在节点外侧弯折搭接,另一种是梁柱钢筋在柱顶外侧直线搭接。

当梁柱钢筋在节点外侧弯折搭接时,梁宽范围内的钢筋构造如图 4.5.4(a)、(b)所示。从图中可知:柱内侧纵向钢筋同中柱柱顶纵向钢筋构造;若柱外侧纵向钢筋配筋率>1.2% 时,伸入梁内的柱外侧纵筋分两批截断,第一批从梁底算起 $1.5l_{abE}$ 处截断,第二批在 $1.5l_{abE}+20d$ 处截断。如果从梁底算起 $1.5l_{abE}$ 未超过柱内侧边缘时,第一批截断钢筋的水平段长度至少为 $15d$,第二批截断的钢筋水平段长度至少为 $35d$。

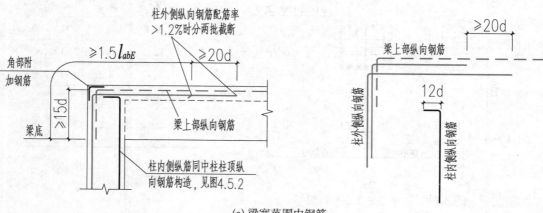

(a) 梁宽范围内钢筋
[伸入梁内柱纵向钢筋做法(从梁底算起1.5 l_{abE}超过柱内侧边缘)]

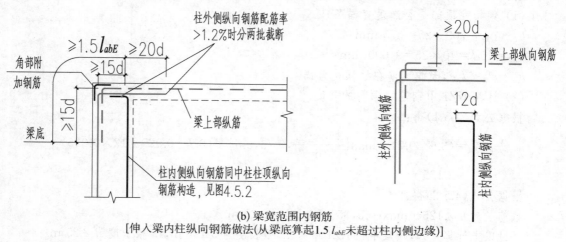

(b) 梁宽范围内钢筋
[伸入梁内柱纵向钢筋做法(从梁底算起1.5 l_{abE}未超过柱内侧边缘)]

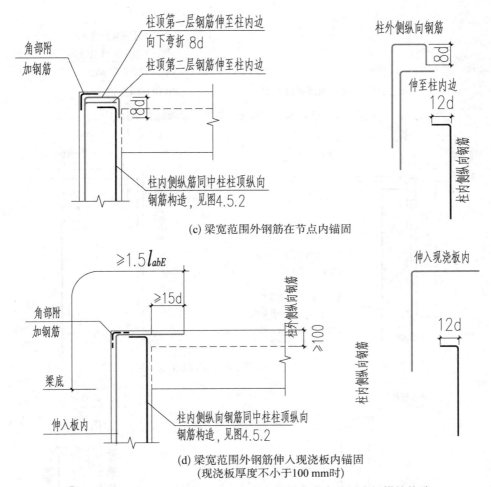

(c) 梁宽范围外钢筋在节点内锚固

(d) 梁宽范围外钢筋伸入现浇板内锚固
(现浇板厚度不小于100 mm时)

图 4.5.4　柱外侧纵向钢筋和梁上部纵向钢筋在节点外侧弯折搭接构造

　　梁宽范围外的钢筋构造如图 4.5.4(c)、(d) 所示,从图中可知:柱内侧纵向钢筋同中柱柱顶纵向钢筋构造;若顶部现浇板厚度不小于 100 mm 时,柱外侧纵向钢筋伸入现浇板内的长度从梁底算起为 $1.5l_{abE}$,且伸过柱内侧边缘的长度至少为 $15d$。若顶部现浇板厚度小于 100 mm 时,柱外侧纵向钢筋在节点内锚固,柱顶第一层钢筋伸至柱内边向下弯折 $8d$,柱顶第二层钢筋伸至柱内边。

　　KZ 边柱和角柱梁宽范围外节点外侧柱纵向钢筋构造应与梁宽范围内节点外侧和梁端顶部弯折搭接构造配合使用。梁宽范围内 KZ 边柱和角柱柱顶纵向钢筋伸入梁内的柱外侧纵筋不宜少于柱外侧全部纵筋面积的 65%。

　　节点纵向钢筋弯折要求和角部附加钢筋要求见图 4.5.5,图(a)节点用于柱外侧纵向钢筋及梁上部纵向钢筋。

　　当梁柱钢筋在柱顶外侧直线搭接时,其构造如图 4.5.6 所示,由图可知:柱内侧纵向钢筋同中柱柱顶纵向钢筋构造;在梁宽范围内的柱外侧纵向钢筋伸至柱顶,梁宽范围外的柱外侧纵向钢筋伸至柱顶后水平弯折 $12d$。

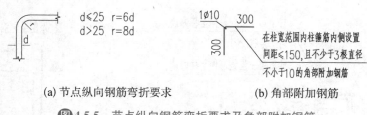

(a) 节点纵向钢筋弯折要求　　　(b) 角部附加钢筋

图4.5.5　节点纵向钢筋弯折要求及角部附加钢筋

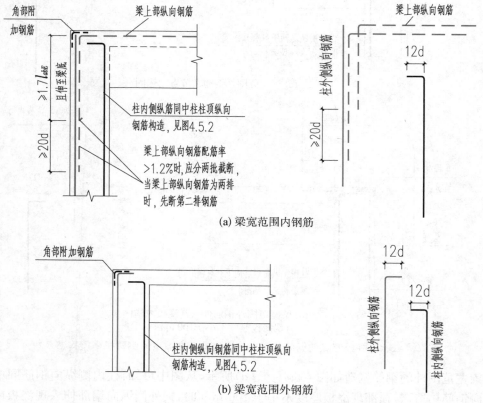

(a) 梁宽范围内钢筋

(b) 梁宽范围外钢筋

图4.5.6　柱外侧纵向钢筋和梁上部钢筋在柱顶外侧直线搭接构造

（2）边柱、角柱纵向钢筋长度计算

由构造图可知,边柱、角柱顶层内侧纵向钢筋长度计算同中柱,外侧钢筋长度计算公式为:

边柱、角柱纵向钢筋计算

$$长筋长度＝顶层柱净高－顶层非连接区长度＋外侧纵筋在顶部锚固长度 \tag{4.5.3}$$

$$短筋长度＝长筋长度－接头错开距离 \tag{4.5.4}$$

当柱外侧纵向钢筋和梁上部纵向钢筋在节点外侧弯折搭接时,柱外侧纵筋锚固长度见表4.5.2所示。

表 4.5.2　顶层柱外侧纵筋锚固长度

1	梁宽范围内钢筋		
	从梁底算起 1.5 l_{abE} 超过柱内侧边缘	配筋率≤1.2%	外侧钢筋锚固长度=1.5 l_{abE}
		配筋率>1.2%	短锚固长度=1.5 l_{abE} 长锚固长度=1.5 l_{abE}+20d
	从梁底算起 1.5 l_{abE} 未超过柱内侧边缘	配筋率≤1.2%	(1) 当 1.5 l_{abE}－(梁高－$c_{梁}$)≥15d 时 外侧钢筋锚固长度=1.5 l_{abE} (2) 当 1.5 l_{abE}－(梁高－$c_{梁}$)<15d 时 外侧钢筋锚固长度=(顶层梁高－$c_{梁}$)+15d
		配筋率>1.2%	(1) 当 1.5 l_{abE}－(梁高－$c_{梁}$)≥15d 时 短锚固长度= 1.5 l_{abE} 长锚固长度=1.5 l_{abE}+20d (2) 当 1.5 l_{abE}－(梁高－$c_{梁}$)<15d 时 短锚固长度=(顶层梁高－$c_{梁}$)+15d 长锚固长度=(顶层梁高－$c_{梁}$)+35d
2	梁宽范围外钢筋		
	现浇板厚度 <100 mm 时	第一层钢筋锚固长度=梁高－$c_{梁}$+柱边长－2×$c_{柱}$+8d	
		第二层钢筋锚固长度=梁高－$c_{梁}$+柱边长－2×$c_{柱}$	
	现浇板厚度 ≥100 mm 时	(1) 当 1.5 l_{abE}－(梁高－$c_{梁}$)≥15d 时 外侧钢筋锚固长度=1.5 l_{abE}	
		(2) 当 1.5 l_{abE}－(梁高－$c_{梁}$)<15d 时 外侧钢筋锚固长度=(顶层梁高－$c_{梁}$+柱宽－$c_{柱}$)+15d	

2. 等截面伸出屋面板边柱、角柱柱顶纵向钢筋

（1）构造

伸出屋面板的边柱、角柱柱顶纵向钢筋构造根据柱子伸出梁顶的长度是否满足直锚长度而分为两种,具体如图 4.5.7 所示。若满足直锚,柱内纵筋的锚固长度为 l_{aE},若不满足直锚,柱内纵筋伸至柱顶后弯折 15d。

（2）长度计算

若伸出长度自梁顶算起满足直锚长度 l_{aE} 时

$$长筋长度=顶层层高－顶层底部非连接区长度+伸出长度－c_{柱} \tag{4.5.5}$$

若伸出长度自梁顶算起不满足直锚长度时

$$长筋长度=顶层层高+伸出长度－c_{柱}+15d \tag{4.5.6}$$

短筋长度计算方法见公式(4.5.4)。

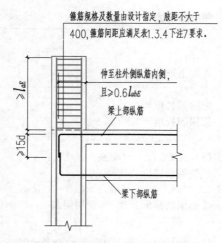

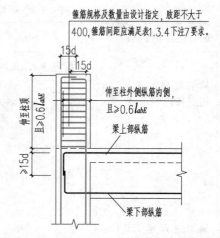

(a) 伸出长度自梁顶算起满足直锚长度l_{aE}时　　(b) 伸出长度自梁顶算起不能满足直锚长度l_{aE}时

图4.5.7　KZ边柱、角柱柱顶等截面伸出时纵向钢筋构造

注：1. 本图所示为顶层边柱、角柱伸出屋面时的柱纵筋做法，设计时应根据具体伸出长度采取相应节点构造。

2. 当柱顶伸出屋面的截面发生变化时应另行设计。

3. 图中梁下部纵筋构造见屋面框架梁WKL相关纵向钢筋构造。

三、边柱、角柱纵向钢筋长度计算案例

【例4.5.2】已知框架柱KZ1的配筋如图4.5.8所示，砼为C30，抗震等级为一级，板厚110 mm，梁截面为400×700，基础钢筋保护层为40 mm，柱钢筋保护层为30 mm，梁的钢筋保护层为25 mm，采用电渣压力焊，层高、梁高及基础厚度等信息如表4.5.3所示：请根据已知条件计算①/C轴上KZ1在顶层的钢筋的长度。

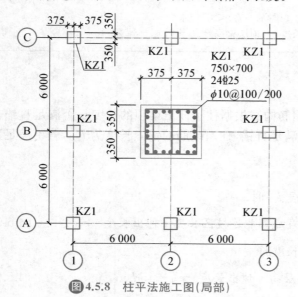

图4.5.8　柱平法施工图(局部)

表4.5.3　已知条件

层号	顶标高	层高	梁高
4	15.9	3.6	700
3	12.3	3.6	700
2	8.7	4.2	700
1	4.5	4.5	700
基础	−0.8	—	基础厚度 1 200

[分析]　在计算边柱、角柱外侧钢筋时要考虑以下几个问题：

1. 从梁底算起 $1.5l_{abE}$ 是否超过柱内侧边缘？
2. 外侧的配筋率是否＞1.2%？
3. 梁宽范围内、梁宽范围外钢筋的构造做法？

解：

该柱为角柱

1. 内侧钢筋长度计算

经判断，柱内侧纵筋在顶部是弯锚

根据公式(4.5.1)得：

$$长筋长度=(3.6-0.7)-\max\left(\frac{3.6-0.7}{6},0.75,0.5\right)+(0.7-0.025+12\times0.025)$$

$$=3.125 \text{ m}$$

根据公式(4.5.2)得：

$$短筋长度=3.125-\max(0.5,35\times0.025)=2.25 \text{ m}$$

2. 外侧钢筋计算

(1) 基础数据的计算

$$1.5\,l_{abE}=1.5\times40d=1.5\times40\times25=1\,500 \text{ mm}$$

$$配筋率=\frac{7\times3.14\times12.5^2}{700\times750}\times100\%=0.65\%<1.2\%$$

(2) 锚固长度的确定

钢筋位置		锚固长度
左侧 7 根	梁宽范围内的	$1.5\,l_{abE}$
	梁宽范围外的	(顶层梁高$-c_梁$＋柱宽$-c_柱$)$+15d$
上侧 6 根	梁宽范围内的	$1.5\,l_{abE}$
	梁宽范围外的	(顶层梁高$-c_梁$＋柱宽$-c_柱$)$+15d$

(3) 外侧钢筋长度的计算

梁宽范围内钢筋长度计算如下：

$$长筋长度=(3.6-0.7)-\max\left(\frac{3.6-0.7}{6},0.75,0.5\right)+1.5\,l_{abE}=3.65 \text{ m}$$

$$短筋长度=长筋长度-\max(0.5,35\times0.025)=3.65-0.875=2.775 \text{ m}$$

梁宽范围外钢筋长度计算如下：

左侧长筋长度$=(3.6-0.7)-($顶层梁高$-c_梁$＋柱宽$-c_柱)+15d=4.67$ m

上侧长筋长度$=(3.6-0.7)-($顶层梁高$-c_梁$＋柱宽$-c_柱)+15d=4.62$ m

表 4.5.4　钢筋长度计算表

序号	钢筋所在位置		直径	单根长度（m）	根数	总长度（m）
1	内侧	长筋	Φ25	3.125	5	15.625
2		短筋	Φ25	2.25	6	13.5
3	外侧梁宽范围内钢筋长度	长筋	Φ25	3.65	4	14.6
4		短筋	Φ25	2.775	6	16.65
5	外侧梁宽范围外钢筋长度	左侧长筋	Φ25	4.67	2	9.34
6		右侧长筋	Φ25	4.62	1	4.62
汇总						74.335

　　前面在计算钢筋长度时，都是分层计算的，这与施工过程大体上是相符的，但从造价的角度考虑，我们只关心钢筋的总长度，不论每层钢筋的接头在什么位置都不影响钢筋的长度（正常情况下，每根钢筋在每一层按一个接头考虑），因此，只要某根钢筋的直径、柱截面尺寸不变时，我们可以把该根钢筋从底到顶看成一个整体来计算它的长度。虽然考虑问题的思路不同，但对钢筋总长度或重量的计算结果是没有影响的。

　　下面我们通过一个案例来比较一下这两种计算方法。

　　【例 4.5.3】　某地上三层带地下一层现浇框架柱平法施工图（局部）如图 4.5.9 所示，结构层高均为 3.60 m，砼框架设计抗震等级为三级。已知柱砼强度等级为 C25，柱中纵向钢筋均采用电渣压力焊接头，顶层框架梁高均为 500 mm，其余各层框架梁梁高均为 400 mm，板厚为 110 mm。KZ2 下为独立基础，独立基础如图 4.5.9（b）所示，基础顶面标高为 −0.700 m，请计算边柱 KZ2 内的纵筋重量（柱钢筋保护层 25 mm，梁保护层为 20 mm；基础底部保护层为 40 mm，嵌固部位在基础顶面）

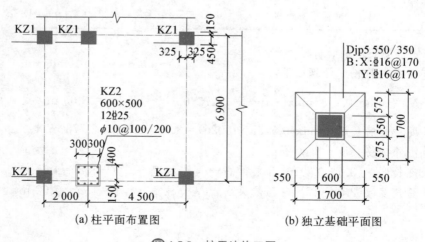

(a) 柱平面布置图　　　　　(b) 独立基础平面图

图 4.5.9　柱平法施工图

解：

KZ2 为边柱，内侧钢筋和外侧钢筋分别计算；

根据条件查得 $l_{aE} = 42d = 42 \times 25 = 1\,050$ mm

基础高度－基础保护层 $= 900 - 40 = 860$ mm $< l_{aE}$，因此钢筋在基础内是弯锚。

第一种思路（分层计算）

1. 基础插筋（长、短筋各 6 根）

短筋长度＝基础插筋的锚固长度＋ $\dfrac{1}{3}H_n$

$$= 15 \times 25 + (900 - 40) + \frac{1}{3}(3\,600 + 700 - 400) = 2\,535 \text{ mm}$$

长筋长度＝短筋＋$\max(500, 35d) = 2\,535 + 875 = 3\,410$ mm

2. KZ2 纵筋在地下室层长度（12 根）

长度＝地下室柱净高＋梁高－地下室底部非连接区长度＋首层底部非连接区长度

$$= 3\,600 + 700 - \frac{1}{3}(3\,600 + 700 - 400) + \max(3\,200/6, 600, 500)$$

$$= 3\,600 + 700 - 1\,300 + 600 = 3\,600 \text{ mm}$$

3. KZ2 纵筋在首层长度（12 根）

长度＝本层层高－本层底部非连接区长度＋上一层底部非连接区长度

$$= 3\,600 - \max(3\,200/6, 600, 500) + \max(3\,200/6, 600, 500) = 3\,600 \text{ mm}$$

4. KZ2 纵筋在第二层长度（12 根）

长度＝本层层高－本层底部非连接区长度＋上一层底部非连接区长度

$$= 3\,600 - \max(3\,200/6, 600, 500) + \max(3\,100/6, 600, 500) = 3\,600 \text{ mm}$$

5. KZ2 纵筋在第三层（顶层）长度

外侧 4 根（短筋 2 根，长筋 2 根）

长筋＝顶层柱净高－顶层底部非连接区长度＋柱外侧纵筋锚固长度 $1.5l_{abE}$

$$= 3\,600 - 500 - \max(3\,100/6, 600, 500) + 1.5 \times 42 \times 25 = 4\,075 \text{ mm}$$

短筋＝长筋－$\max(500, 35d) = 4\,075 - 875 = 3\,200$ mm

内侧 8 根（短筋 4 根，长筋 4 根）

长筋＝顶层柱净高－顶层底部非连接区长度＋（梁高－$C_梁$）＋12d

$$= 3\,600 - 500 - \max(3\,100/6, 600, 500) + (500 - 20) + 12 \times 25 = 3\,280 \text{ mm}$$

短筋＝长筋－$\max(500, 35d) = 3\,280 - 875 = 2\,405$ mm

KZ2 中所有纵筋长度 $= (2\,535 + 3\,410) \times 6 + 3\,600 \times 12 + 3\,600 \times 12 + 3\,600 \times 12 +$

$$4\,075 \times 2 + 3\,200 \times 2 + 3\,280 \times 4 + 2\,405 \times 4$$

$$= 202\,560 \text{ mm}$$

第二种思路（整体考虑）

1. 首先计算柱外侧 4⚎25 纵筋

长度＝基础内锚固长度＋基础顶至第三层梁底总高度＋$1.5l_{abE}$

$$= 15 \times 25 + (900 - 40) + (3\,600 \times 4 - 500 + 700) + 1.5 \times 42 \times 25$$

$$= 17\,410 \text{ mm}$$

2. 计算柱内侧 8 根 Φ25 纵筋

（1）判断纵筋在柱顶是否是直锚

梁高一保护层＝0.5－0.025＝0.475＜l_{aE} 且大于 $0.5l_{abE}$，因此柱内纵筋在柱顶部弯锚。

（2）长度计算

长度＝基础内锚固长度＋基础顶至第三层梁底总高度＋（梁高－C）＋12d

$\quad\quad$＝15×25＋（900－40）＋（3 600×4－500＋700）＋（500－20）＋12×25

$\quad\quad$＝16 615 mm

总长度＝17 410×4＋16 615×8＝202 560 mm＝202.56 m

钢筋重量＝3.85×202.56＝779.86 kg

从以上计算过程可以看出，两种算法的结果是相同的，但第二种做法要简便得多，而且计算过程中也不容易出错。

自 测 题

答案扫一扫

一、选择题

KZ1 的截面尺寸、配筋信息如下表所示，另知 KZ1 采用 C30 的混凝土，梁保护层为 20 mm，柱保护层为 25 mm，每层梁高为 700 mm，抗震等级为二级，请根据已知条件回答下列问题：

柱号	标高	$b×h$	$b1$	$b2$	$h1$	$h2$	全部纵筋	角筋	b 边一侧中部筋	h 边一侧中部筋	箍筋类型号	箍筋
KZ1	−4.530～−0.030	750×700	375	375	150	550	28⊕25				1(6×6)	φ10@100/200
	−0.030～19.470	750×700	375	375	150	550	24⊕25				1(5×4)	φ10@100/200
	19.470～37.470	650×600	325	325	150	450		4⊕22	5⊕22	4⊕20	1(4×4)	φ10@100/200
	37.470～59.070	550×500	275	275	150	350		4⊕22	5⊕22	4⊕20	1(4×4)	φ8@100/200

1. 顶层中柱 KZ1 中角筋的锚固长度 l_{aE} 为（$\quad$）mm。

A. 40d $\quad\quad$ B. 37d $\quad\quad$ C. 33d $\quad\quad$ D. 30d

2. 顶层中柱 KZ1 的角筋的锚固形式为（$\quad$）。

A. 直锚 $\quad\quad$ B. 弯锚

3. 顶层中柱 h 边中部筋在顶层的锚固长度为（$\quad$）mm。

A. 680 $\quad\quad$ B. 920 $\quad\quad$ C. 944 $\quad\quad$ D. 675

4. 已知条件下，若钢筋直径为 22 mm，则 l_{abE} 为（$\quad$）。

A. 880 $\quad\quad$ B. 1 000 $\quad\quad$ C. 800 $\quad\quad$ D. 700

5. 顶层角柱外侧角筋的锚固长度为（$\quad$）mm。

A. 1 760 $\quad\quad$ B. 880 $\quad\quad$ C. 1 320 $\quad\quad$ D. 1 500

任务六　框架柱箍筋构造与计算

一、框架柱箍筋构造

1. 规范相关规定

柱箍筋有加密区、非加密区之分,《建筑抗震设计规范》对柱的箍筋加密范围作了相关规定。

(1) 当柱不穿层时,柱的箍筋加密区为嵌固部位上方 $\frac{1}{3}Hn$、框架梁上方 $\max\left(\frac{1}{6}H_n,\ h_c,500\right)$、框架梁梁高范围内、框架梁下方 $\max\left(\frac{1}{6}H_n,h_c,500\right)$,如图 4.6.1(a)、(b)所示。

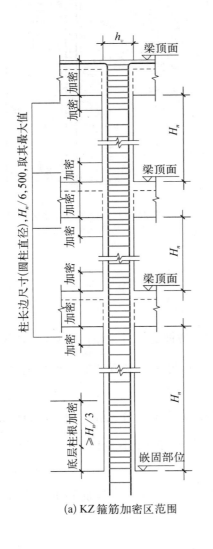

(a) KZ箍筋加密区范围

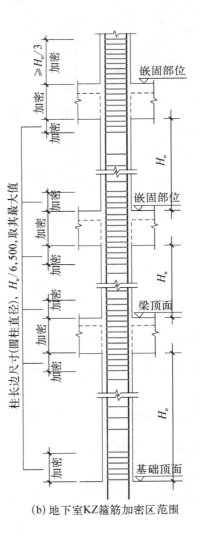

(b) 地下室KZ箍筋加密区范围

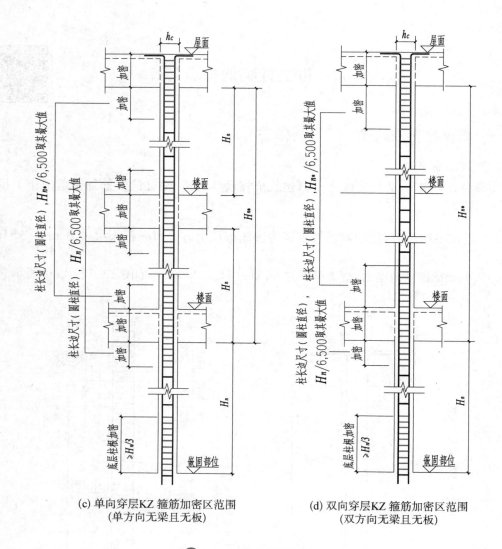

(c) 单向穿层KZ 箍筋加密区范围
(单方向无梁且无板)

(d) 双向穿层KZ 箍筋加密区范围
(双方向无梁且无板)

图 4.6.1　箍筋加密区范围

注:1. 除具体工程设计标注有箍筋全高加密的柱外,柱箍筋加密区按本图所示。
2. 当柱纵筋采用搭接连接时,搭接区范围内箍筋构造见图 1.3.8。
3. H_n 为所在楼层的柱净高,H_n* 为穿层时的柱净高。

（2）当 KZ 单向穿层时,也就是 KZ 在某楼层单方向无梁且无板连接时,此时 KZ 在穿层的底部与顶部加密区范围为 $\max\left(\dfrac{1}{6}H_n{}^*, h_c, 500\right)$,另一有梁方向的箍筋加密区范围正常计算,如图 4.6.1(c)所示。

（3）当 KZ 双向穿层时,也就是 KZ 在某楼层双方向无梁且无板连接时,此时 KZ 在穿层的底部与顶部加密区范围为 $\max\left(\dfrac{1}{6}H_n{}^*, h_c, 500\right)$,如图 4.6.1(d)所示。

2. 柱箍筋构造形式

柱箍筋常用 $m \times n$ 复合箍筋的形式,由外封闭箍筋、小封闭箍筋和单肢箍形式组合而成,如图 4.6.2 所示。

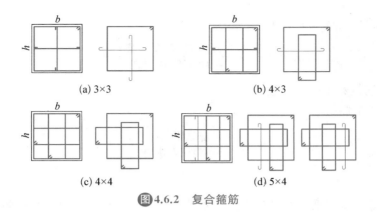

(a) 3×3　　　　　　　　　　(b) 4×3

(c) 4×4　　　　　　　　　　(d) 5×4

图4.6.2　复合箍筋

二、箍筋长度及根数计算

箍筋长度及
根数计算

1. 箍筋长度计算

在计算长度时要把复合箍筋拆分以后再计算各自的长度。其长度计算示意如图4.6.3所示。

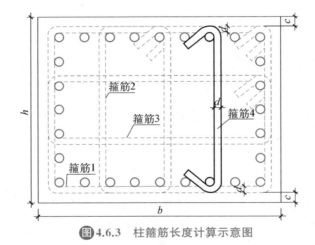

图4.6.3　柱箍筋长度计算示意图

外封闭箍筋1长度计算公式为：

$$长度=[(b-2c)+(h-2c)]×2+[1.9(或2.89)d+\max(10d,75)]×2 \tag{4.6.1}$$

小封闭箍筋2长度计算公式为：

$$长度=\left[\frac{b-2c_{柱}-D-2d}{纵筋根数-1}×间距个数+D+2d+(h-2c_{柱})\right]×2$$
$$+[1.9(或2.89)d+\max(10d,75)]×2 \tag{4.6.2}$$

拉筋（单肢箍）的长度计算公式为：

$$长度=b(h)-2c_{柱}+[1.9(或2.89)d+\max(10d,75)]×2 \tag{4.6.3}$$

2. 箍筋根数计算

箍筋的根数与箍筋的间距、加密区、非加密区等因素有关。

（1）基础插筋在基础中箍筋

$$根数=\frac{基础高度-基础保护层-100}{基础内箍筋间距}+1 \qquad (4.6.4)$$

基础内箍筋根数不少于 2 根。

（2）加密区箍筋根数

$$根数=\frac{加密区长度-50}{加密区箍筋间距}+1 \qquad (4.6.5)$$

（3）非加密区箍筋根数

$$根数=\frac{柱净高-该层柱下部加密区长度-该层柱上部加密区长度}{非加密区箍筋间距}-1 \qquad (4.6.6)$$

（4）梁高范围内箍筋根数

$$根数=\frac{梁高-50\times 2}{加密区箍筋间距}+1 \qquad (4.6.7)$$

（5）框架柱全高加密

$$根数=\frac{层高-50\times 2}{加密区箍筋间距}+1 \qquad (4.6.8)$$

当柱内纵筋采用绑扎搭接时，加密区长度要根据具体情况来判断。

公式(4.6.5)、公式(4.6.6)中加密区长度取值如下：若该加密区在嵌固部位处，则加密区长度为 $\frac{1}{3}H_n$，其它取 $\max\left(\frac{1}{6}H_n,h_c,500\right)$ 或 $\max\left(\frac{1}{6}H_{n^*},h_c,500\right)$。

三、综合计算案例

【例 4.6.1】 某地上四层现浇框架柱平法施工图（局部）及柱下独立基础如图 4.6.4 所示，已知结构层高均为 3.60 m，砼框架设计抗震等级为三级。已知柱砼强度等级为 C25，柱中纵向钢筋均采用电渣压力焊接头，每层均分两批接头，顶层框架梁高均为 500 mm，其余各

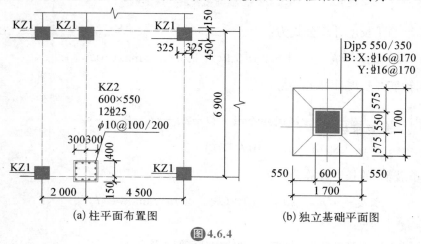

(a) 柱平面布置图　　(b) 独立基础平面图

图 4.6.4

层框架梁梁高均为 400 mm。基础顶面标高为－0.700 m,首层地面结构标高为－0.050,请计算一根边柱 KZ2 内的箍筋重量(箍筋为 HPB 300 普通钢筋,其余均为 HRB 400 普通螺纹钢筋;柱钢筋保护层25 mm;基础底部保护层为 40 mm,嵌固部位在基础顶面)

解:

箍筋(ϕ10)

箍筋单根长度:$(h-2c)\times 2+(b-2c)\times 2+11.9d\times 2$

$$=(h+b)\times 2-8c+23.8d$$
$$=(0.55+0.60)\times 2-8\times 0.025+23.8\times 0.01$$
$$=2.34\ 米$$

1. 第一层箍筋根数计算

(1)底层柱根加密区$=Hn/3=(3\ 550-400+700)/3=1\ 283$ mm

(2)梁底下部加密区长度$=\max(h_c,\mathrm{Hn}/6,500)$
$$=\max[600,(3\ 550-400+700)/6,500]=642\ \text{mm}$$

(3)梁截面高度$=400$ mm

(4)非加密区长度$=3\ 550+700-1\ 283-642-400=1\ 925$ mm

第一层箍筋根数为:

$$n_1=\left(\frac{1\ 283-50}{100}+1\right)+\left(\frac{642-50}{100}+1\right)+\left(\frac{400-50\times 2}{100}+1\right)+\left(\frac{1\ 925}{200}-1\right)$$
$$=(13+1)+(6+1)+4+(10-1)=34\ 根$$

2. 第二、三层箍筋根数计算

(1)加密区长度$=\max(h_c,H_n/6,500)=\max(600,(3\ 600-400)/6,500)$
$$=600\ \text{mm}$$

(2)梁截面高度$=400$ mm

(3)第二、三层柱非加密区长度$=3600-600-600-400=2000$ mm

每一层箍筋根数为:

$$n_2=n_3=\frac{600-50}{100}+1+\frac{600-50}{100}+1+\frac{400-50\times 2}{100}+1+\frac{2000}{200}-1$$
$$=(6+1)+(6+1)+4+(10-1)$$
$$=27\ 根$$

3. 第四层箍筋根数计算

(1)加密区长度$=\max(h_c,H_n/6,500)$
$$=\max(600,(3\ 600-500)/6,500)=600\ \text{mm}$$

(2)梁截面高度$=500$ mm

(3)第四层非加密区长度$=3\ 600-600-600-500=1\ 900$ mm

第四层箍筋根数为:

$$n_4=\frac{600-50}{100}+1+\frac{600-50}{100}+1+\frac{500-50\times 2}{100}+1+\frac{1900}{200}-1$$
$$=(6+1)+(6+1)+5+(10-1)$$
$$=28\ 根$$

4. 基础内箍筋根数

基础内钢筋保护层大于 $5d$，因此基础内箍筋间距为 500 mm。

$$n_5=\frac{900-40-100}{500}+1=3\ 根$$

该柱箍筋总根数 n＝34＋27×2＋28＋3＝119 根

箍筋总长度＝119×2.34＝278.46 m

重量＝278.46×0.617＝171.81 kg

答案扫一扫

自 测 题

一、单项选择题

根据图 4.6.5 回答下列问题

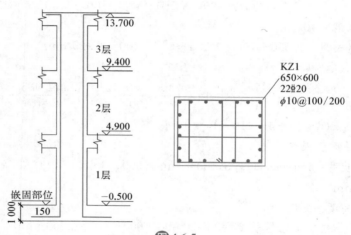

图 4.6.5

1. KZ1 中箍筋的形式为（　　）。

A. 5×4　　　　　B. 4×5　　　　　C. 3×2　　　　　D. 2×3

2. 1 层底部加密区长度为（　　）mm。

A. 1 400　　　　B. 1 567　　　　C. 783　　　　　D. 650

3. 1 层上部加密区长度为（　　）mm。

A. 1 400　　　　B. 1 567　　　　C. 783　　　　　D. 650

4. 2 层加密区长度为（　　）mm。

A. 633　　　　　B. 500　　　　　C. 783　　　　　D. 650

5. 3 层加密区长度为（　　）mm。

A. 650　　　　　B. 500　　　　　C. 600　　　　　D. 783

二、计算题

1. 某框架柱（中柱）如图 4.6.5 所示，三级抗震，已知混凝土强度 C25，柱保护层 20 mm，基础保护层厚度 40 mm，板厚 120 mm，采用电渣压力焊接，梁高 700，根据已知条件回答下列问题，并求 KZ1 内箍筋的长度与根数。

>>> **项目五 剪力墙** <<<

学习目标

1. 熟悉剪力墙构件的组成。
2. 掌握剪力墙墙身、墙柱、墙梁钢筋构造与计算。

剪力墙的
构件组成

任务一 剪力墙的构件组成

剪力墙是指建筑结构设置的既能抵抗竖向荷载,又能抵抗水平荷载的墙体。由于水平剪力主要是地震引起的,所以剪力墙又称为"抗震墙"。剪力墙存在于框剪结构、剪力墙结构、框支剪力墙结构、筒体结构等多种混凝土结构中。剪力墙一般是钢筋混凝土墙。

剪力墙可视为由剪力墙柱、剪力墙墙身和剪力墙梁三类构件组成。剪力结构具体包含一种剪力墙身、两种剪力墙柱(暗柱、端柱)、三种剪力墙梁(连梁、暗梁、边框梁)。

一、一种剪力墙身

1. 剪力墙墙体

剪力墙的墙身,代号 Q,就是一道混凝土墙,常见的剪力墙厚度在 200 mm 以上。

2. 剪力墙中配置的钢筋

剪力墙墙身中的钢筋网由水平分布筋、竖向分布筋、拉结筋组成。通常情况下,剪力墙墙体厚度不同,配置的钢筋排数也不同,具体如表 5.1.1 所示:

表 5.1.1　剪力墙厚度与配置的钢筋排数表

序号	剪力墙厚度(mm)	配置的钢筋排数
1	$b_w \leqslant 400$	2 排
2	$400 < b_w \leqslant 700$	3 排
3	$b_w > 700$	4 排

在剪力墙中,水平分布筋是主要的受力钢筋,因此水平分布筋布置在钢筋网的外侧,竖向分布筋布置在钢筋网的内侧,如图 5.1.1 所示。拉筋用于剪力墙分布筋的拉结,当剪力墙配置的分布钢筋多于两排时,剪力墙拉筋两端应同时勾住外排水平分布筋和竖向分布筋,还应与剪力墙内排水平分布筋和竖向分布筋绑扎在一起。

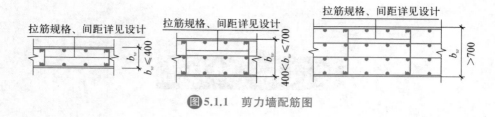

图5.1.1　剪力墙配筋图

二、两种剪力墙柱

1. 剪力墙柱

剪力墙柱属于剪力墙的一部分，主要用于承载墙体受到的平面外弯矩作用。根据墙柱宽度与墙厚的关系，分为暗柱与端柱，宽度大于墙厚的称为端柱，宽度等于墙厚的称为暗柱。如图5.1.2所示。

因为暗柱、端柱这些剪力墙柱经常被设置在墙肢的边缘部位，所以22G101-1图集中把暗柱和端柱统称为"边缘构件"。

(a)暗柱　　　　(b)端柱

图5.1.2　剪力墙柱

根据剪力墙柱的位置和抗震设计的等级不同，边缘构件又分为约束边缘构件和构造边缘构件。约束边缘构件要比构造边缘构件"强"一些，在抗震要求比较高的一些地方，比如抗震等级较高（一级）的建筑或建筑的底部加强部位（如第一、二楼层）采用约束边缘构件，而在抗震等级较低的建筑或建筑的非加强部位采用构造边缘构件。

2. 剪力墙柱中配置的钢筋

剪力墙柱内纵向钢筋起抗弯作用，在保证剪力墙有足够抗弯分布钢筋的前提下，尽量将大部分抗弯钢筋布置在墙截面的端部，并满足构造要求；同时，为加强对剪力墙混凝土的约束及保证墙体的稳定，提高延性，增大受弯承载力，对墙两端的竖向钢筋按构造配置了箍筋，形成剪力墙柱。

剪力墙柱中配置的钢筋有：纵筋、箍筋、拉筋，如图5.1.3所示。

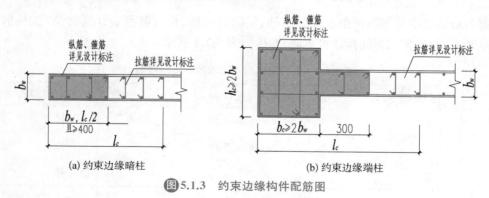

(a)约束边缘暗柱　　　　　　　　　(b)约束边缘端柱

图5.1.3　约束边缘构件配筋图

三、三种墙梁

1. 墙梁类型

剪力墙中的墙梁类型有：连梁（LL）、暗梁（AL）和边框梁（BKL）。

连梁(LL)其实是一种特殊的墙身,它是上下楼层窗(门)洞口之间的那部分水平的窗间墙。也就是说连梁是从本楼层窗(门)洞口的上边沿直到上一楼层的窗台处(楼板结构顶面)。因此连梁(LL)一般具有跨度小、截面高的特点。

暗梁(AL)与暗柱有些共同性,因为它们都是隐藏在墙身内部看不见的构件,它们都是墙身的一个组成部分。事实上,剪力墙的暗梁和砖混结构的圈梁有共同之处,它们都是墙身的一个水平性"加强带",一般设置在楼板之下。

边框梁(BKL)与暗梁(AL)有很多共同之处:边框梁也是一般设置在楼板以下部位,但边框梁的截面宽度比暗梁宽。也就是说,边框梁的截面宽度大于墙身厚度,因而形成了凸出剪力墙面的一个边框。由于边框梁和暗梁都设置在楼板以下的部位,因此有了边框梁就可以不设暗梁。

2. 墙梁中配置的钢筋

从 22G101-1 图集可知,墙梁中配筋主要有纵筋、箍筋。如图 5.1.4 所示。

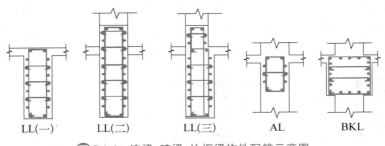

图 5.1.4 连梁、暗梁、边框梁构件配筋示意图

任务二 剪力墙平法施工图制图规则

一、剪力墙平法施工图的表示方法

1. 剪力墙平法施工图系在剪力墙平面布置图上采用列表注写方式或截面注写方式表达。

2. 剪力墙平面布置图可采用适当比例单独绘制,也可与柱或梁平面布置图合并绘制。当剪力墙较复杂或采用截面注写方式时,应按标准层分别绘制剪力墙平面布置图。

3. 在剪力墙平法施工图中,应注明各结构层的楼面标高、结构层高及相应的结构层号,尚应注明上部结构嵌固部位位置。

4. 对于轴线未居中的剪力墙(包括端柱),应注明其与定位轴线之间的关系。

二、列表注写方式

列表注写方式,系分别在剪力墙柱表、剪力墙身表和剪力墙梁表中,对应于剪力墙平面布置图上的编号,用绘制截面配筋图并注写几何尺寸与配筋具体数值的方式,来表达剪力墙平法施工图,如图 5.2.1 所示。

列表注写方式

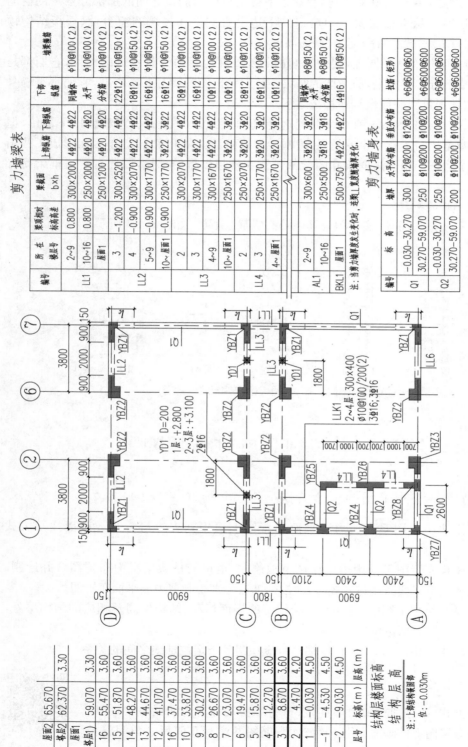

剪力墙梁表

编号	所在楼层号	梁顶相对标高高差	梁截面 b×h	上部纵筋	下部纵筋	侧面纵筋	箍筋	拉筋(矩形)
LL1	2~9	0.800	300×2000	4Φ22	4Φ22	同墙体水平分布筋	Φ10@100(2)	
	10~16	0.800	250×2000	4Φ20	4Φ20		Φ10@100(2)	
	屋面1		250×1200	4Φ20	4Φ20	分布筋	Φ10@100(2)	
LL2	3	-1.200	300×2520	4Φ22	4Φ22	22Φ12	Φ10@150(2)	
	4	-0.900	300×2070	4Φ22	4Φ22	18Φ12	Φ10@150(2)	
	5~9	-0.900	300×1770	4Φ22	4Φ22	16Φ12	Φ10@150(2)	
	10~屋面1	-0.900	250×1770	3Φ22	3Φ22	16Φ12	Φ10@150(2)	
LL3	2		300×2070	4Φ22	4Φ22	18Φ12	Φ10@100(2)	
	3		300×1770	4Φ22	4Φ22	16Φ12	Φ10@100(2)	
	4~9		300×1670	4Φ22	4Φ22	10Φ12	Φ10@100(2)	
	10~屋面1		250×1670	3Φ22	3Φ22	10Φ12	Φ10@120(2)	
LL4	2		250×2070	3Φ20	3Φ20	18Φ12	Φ10@120(2)	
	3		250×1770	4Φ20	4Φ20	16Φ12	Φ10@120(2)	
	屋面1		250×1670	4Φ20	4Φ20	10Φ12	Φ10@120(2)	
AL1	2~9		300×600	3Φ20	3Φ20	同墙体水平分布筋	Φ8@150(2)	
	10~16		250×500	3Φ18	3Φ18		Φ8@150(2)	
BKL1	屋面1		500×750	4Φ22	4Φ22	分布筋	Φ10@150(2)	

注:当剪力墙厚度发生变化时,连梁LL宽度随墙变化。

剪力墙身表

编号	标高	墙厚	水平分布筋	垂直分布筋	拉筋(矩形)
Q1	-0.030~30.270	300	Φ12@200	Φ12@200	Φ6@600@600
	30.270~59.070	250	Φ10@200	Φ10@200	Φ6@600@600
Q2	-0.030~30.270	250	Φ10@200	Φ10@200	Φ6@600@600
	30.270~59.070	200	Φ10@200	Φ10@200	Φ6@600@600

注:当剪墙厚度发生变化时,其余量表所示墙梁的楼面标高为本页平面图所示墙梁的楼面标高为

图5.2.1 -0.030~12.270 剪力墙平法施工图

层号	标高(m)	层高(m)	结构层高
屋面2(塔层2)	65.670	3.30	
16(塔层1)	62.370	3.30	
屋面1	59.070	3.60	
15	55.470	3.60	
14	51.870	3.60	
13	48.270	3.60	
12	44.670	3.60	
11	41.070	3.60	
10	37.470	3.60	
9	33.870	3.60	
8	30.270	3.60	
7	26.670	3.60	
6	23.070	3.60	
5	19.470	3.60	
4	15.870	3.60	
3	12.270	3.60	
2	8.670	4.20	
1	4.470	4.50	
-1	-0.030	4.50	
-2	-4.530	4.50	
	-9.030		

结构层楼面标高
结构层高
注:上部结构嵌固部
位:-0.030m

注:1. 可在"结构层楼面标高,结构层高"表中增加混凝土增加强度等级等栏目。
2. 本示例中 l_c 为约束边缘构件沿墙肢的长度(实际工程中应注明具体值)。
3. 本示例中,竖向粗线表示本页平面图所示剪力墙的起止标高为-0.030 m~12.27 m,所在层号为1~3层;横向粗线表示本页平面图所示墙梁的楼面标高为2~4层楼面标高为4.470 m,8.670 m,12.270 m。

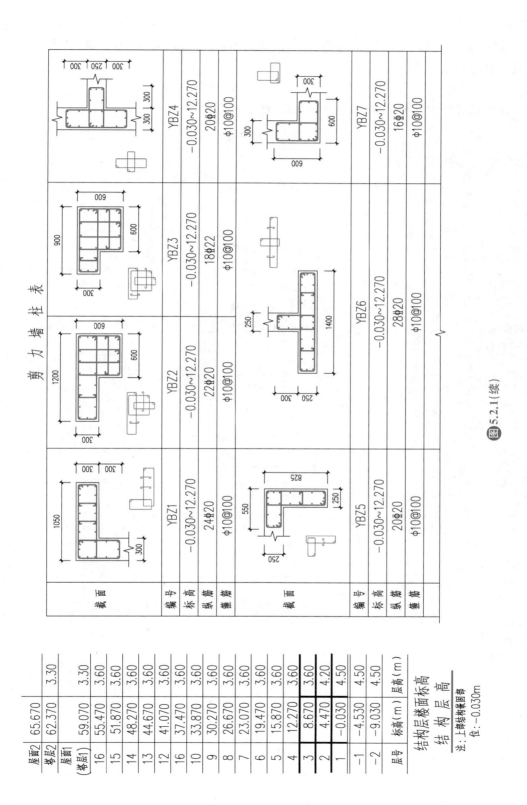

图 5.2.1（续）

1. 编号规定

在平法施工图中,将剪力墙按剪力墙柱、剪力墙身、剪力墙梁(简称为墙柱、墙身、墙梁)三类构件分别编号。

(1) 墙柱编号

由墙柱类型代号和序号组成,如表 5.2.1 所示。

表 5.2.1 墙柱编号

墙柱类型	代号	序号	平面图示
约束边缘构件	YBZ	××	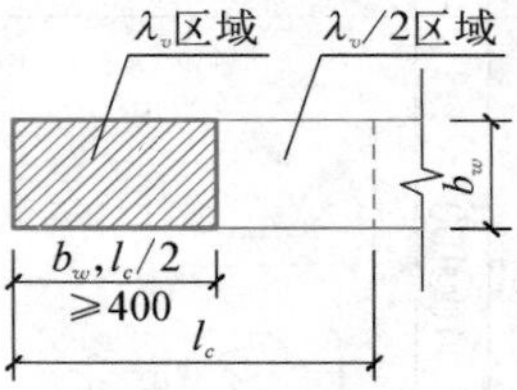 (a) 约束边缘暗柱 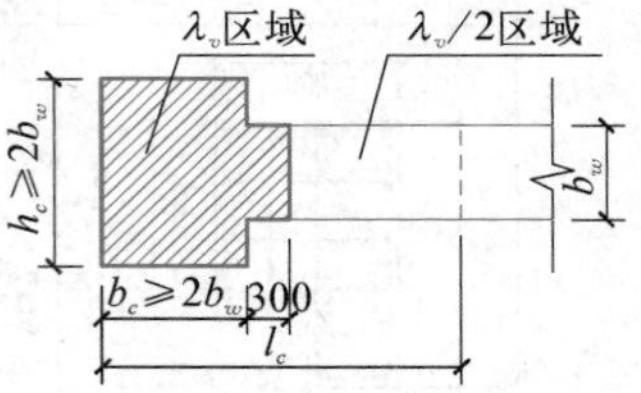 (b) 约束边缘端柱 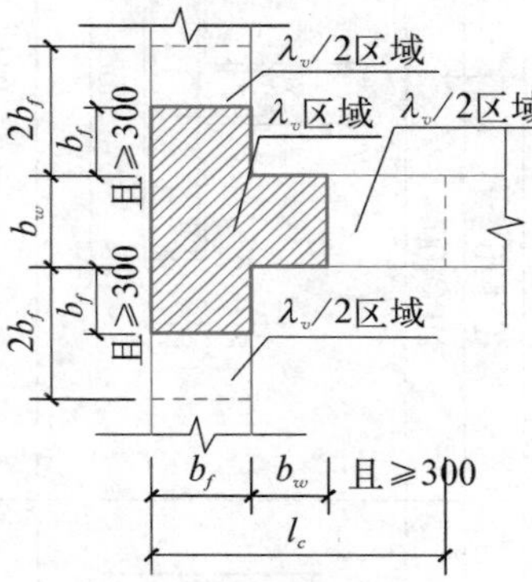 (c) 约束边缘翼墙 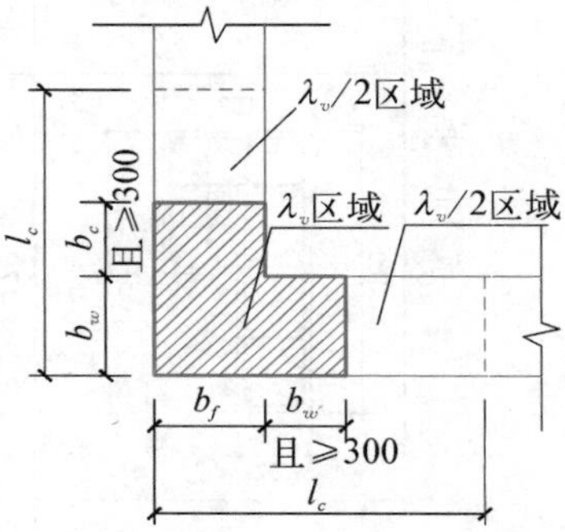 (d) 约束边缘转角墙
构造边缘构件	GBZ	××	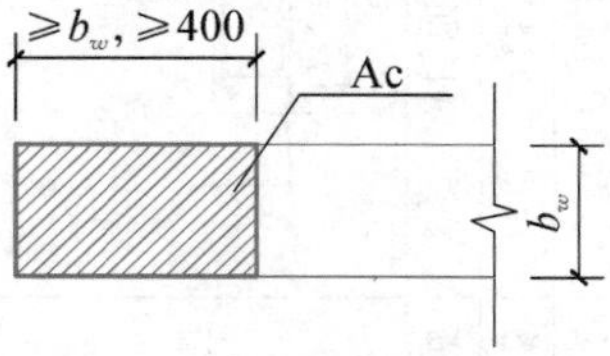 (a) 构造边缘暗柱 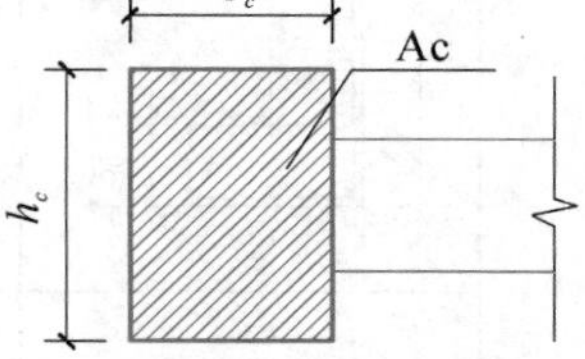 (b) 构造边缘端柱 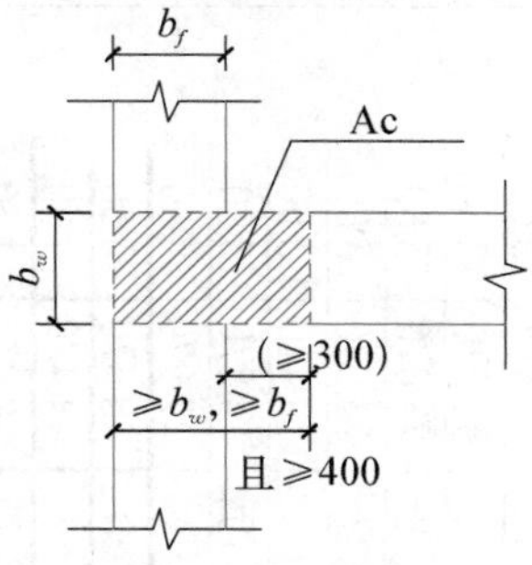 (c) 构造边缘翼墙 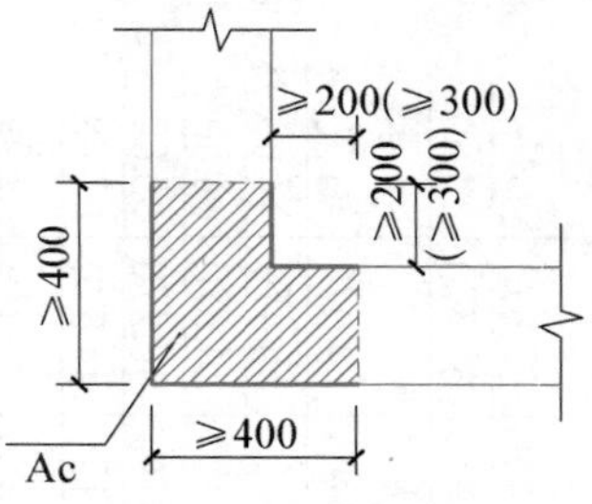 (d) 构造边缘转角墙

注:高层建筑尚需满足括号内数值

墙柱类型	代号	序号	平面图示
非边缘暗柱	AZ	××	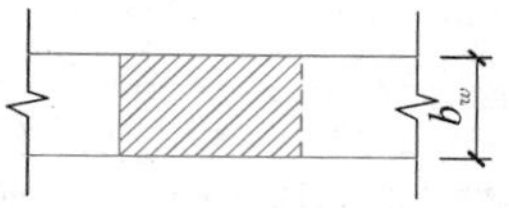
扶壁柱	FBZ	××	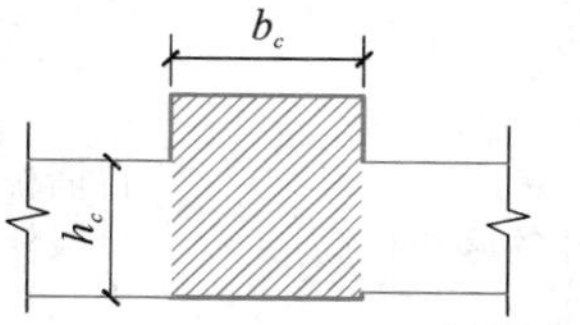

注:如若干墙柱的截面尺寸与配筋均相同,仅截面与轴线的关系不同时,可将其编为同一墙柱号。

（2）墙身编号

墙身编号由墙身代号、序号以及墙身所配置的水平与竖向分布钢筋的排数组成,其中排数注写在括号内。表达形式为:Q××(××排),具体如表5.2.2所示。

表5.2.2 墙身编号

墙身代号	序号	分布钢筋排数	示例
Q	××	(××排)	Q4(2 排)表示 4 号剪力墙身,配 2 排钢筋网片。

注:1. 如果若干墙身的厚度尺寸和配筋均相同,仅墙厚与轴线的关系不同或墙身长度不同时,也可将其编为同一墙身号,但应在图中注明与轴线的几何关系;
　　2. 当墙身所设置的水平与竖向分布钢筋的排数为 2 时可不注。

（3）墙梁编号

墙梁编号由墙梁类型代号和序号组成,表达形式应符合表5.2.3规定。

表5.2.3 墙梁编号

墙梁类型	代号	序号	备注
连梁	LL	××	
连梁(对角暗撑配筋)	LL(JC)	××	
连梁(交叉斜筋配筋)	LL(JX)	××	
连梁(集中对角斜筋配筋)	LL(DX)	××	在具体工程中,当某些墙身需设置暗梁或边框梁时,宜在剪力墙平法施工图或梁平法施工图中绘制暗梁或边框梁的平面布置图并编号,以明确其具体位置。
连梁(跨高比不小于 5)	LLK	××	
暗梁	AL	××	
边框梁	BKL	××	

2. 剪力墙柱表的内容

剪力墙柱表中应该表达的内容如表5.2.4所示。

表 5.2.4 剪力墙柱表内容

序号	应注写内容	备注
1	注写墙柱编号	
2	绘制墙柱截面配筋图,并标注墙柱的几何尺寸	(1) 约束边缘构件需注明阴影部分尺寸。 剪力墙平面布置图中应注明约束边缘构件沿墙肢长度l_c。 (2) 构造边缘构件需注明阴影部分尺寸。 (3) 扶壁柱及非边缘暗柱需标注几何尺寸。
3	注写各段墙柱的起止标高	自墙柱根部往上以变截面位置或截面未变但配筋改变处为界分段注写。墙柱根部标高一般指基础顶面标高。(部分框支剪力墙结构则为框支梁顶面标高)。
4	注写各段墙柱的纵向钢筋和箍筋	注写值应与在表中绘制的截面配筋图对应一致。纵向钢筋注总配筋值;墙柱箍筋的注写方式与柱箍筋相同。

设计施工时应注意:

① 在剪力墙平面布置图中需注写约束边缘构件非阴影区内布置的拉筋或箍筋直径,与阴影区箍筋直径相同时,可不注。

② 当约束边缘构件体积配箍率计算中计入墙身水平分布钢筋时,设计者应注明。施工时,墙身水平分布钢筋应注意采用相应的构造做法。

③ 101 图集约束边缘构件非阴影区拉筋是沿剪力墙竖向分布钢筋逐根设置。施工时应注意,非阴影区外圈设置箍筋时,箍筋应包住阴影区内第二列竖向纵筋(见 22G101 - 1 第2—24 页)。当设计采用与本构造详图不同的做法时,应另行注明。

④ 当非底部加强部位构造边缘构件采用墙身水平分布钢筋替代部分边缘构件时,设计者应注明。施工时,墙身水平分布钢筋应注意采用相应的构造做法。

3. 剪力墙身表的内容

在剪力墙身表中表达的内容如表 5.2.5 所示。

表 5.2.5 剪力墙身表内容

序号	应注写内容	备注
1	注写墙身编号	墙身编号含水平与竖向分布钢筋的排数,排数注写在括号内。
2	注写各段墙柱的起止标高	自墙身根部往上以变截面位置或截面未变但配筋改变处为界分段注写。 墙身根部标高一般指基础顶面标高(部分框支剪力墙结构则为框支梁的顶面标高)。
3	注写水平分布钢筋、竖向分布钢筋和拉结筋的具体数值	(1) 注写数值为一排水平分布钢筋和竖向分布钢筋的规格与间距,具体设置几排已经在墙身编号后面表达。 (2) 当内外排竖向分布钢筋配筋不一致时,应单独注写内、外排钢筋的具体数值。 (3) 拉结筋应注明布置方式"矩形"或"梅花"布置。用于剪力墙分布钢筋的拉结,如下图所示(图中 a 为竖向分布钢筋间距,b 为水平分布钢筋间距)。

序号	应注写内容	备注
		（a）拉结筋@3a3b 矩形 （a≤200、b≤200）　　（b）拉结筋@4a4b 梅花 （a≤150、b≤150）

4. 剪力墙梁表的内容

在剪力墙梁表中表达的内容如表 5.2.6 所示。

表 5.2.6　剪力墙梁表内容

序号	应注写内容
1	注写墙梁编号。
2	注写墙梁所在楼层号。
3	注写墙梁顶面标高高差；高差系指相对于墙梁所在结构层楼面标高的高差值。高于者为正值，低于者为负值，当无高差时不注。
4	注写墙梁截面尺寸 $b×h$，上部纵筋、下部纵筋和箍筋的具体数值。
5	当连梁设有对角暗撑时［LL(JC)××］，注写暗撑的截面尺寸（箍筋外皮尺寸）；注写一根暗撑的全部纵筋，并标注并标注"×2"表明有两根暗撑相互交叉；注写暗撑箍筋的具体数值。连梁设有对角暗撑时列表注写示例见表 5.2.7。
6	当连梁设有交叉斜筋时［LL(JX)××］，注写连梁一侧对角斜筋的配筋值，并标注"×2"表明对称设置；注写对角斜筋在连梁端部设置的拉筋根数、强度级别及直径，并标注"×4"表示四个角都设置；注写连梁一侧折线筋配筋值，并标注"×2"表明对称设置。连梁设有交叉斜筋时列表注写示例见表 5.2.8。
7	当连梁设有集中对角斜筋时［代号为 LL(DX)××］，注写一条对角线上的对角斜筋，并标注"×2"表明对称设置。连梁设有集中对角斜筋时列表注写示例见表 5.2.9。
8	跨高比不小于 5 的连梁，按框架梁设计时（代号为 LLk××），采用平面注写方式，注写规则同框架梁，可采用适当比例单独绘制，也可与剪力墙平法施工图合并绘制。
9	当设置双连梁、多连梁时，应分别表达在剪力墙平法施工图上。

墙梁侧面纵筋的配置，当墙身水平分布钢筋满足连梁、暗梁梁侧面纵向构造钢筋的要求时，该筋配置同墙身水平分布钢筋，表中不注，施工按标准构造详图的要求即可。

当墙身水平分布钢筋不满足连梁侧面纵向构造钢筋的要求时，应在表中补充注明设置的梁侧面纵筋的具体数值；纵筋沿梁高方向均匀布置；当采用平面注写方式时，梁侧面纵筋以大写字母"N"打头。

表 5.2.7　连梁设对角暗撑配筋表

编号	所在楼层号	梁顶相对标高高差	梁截面 $b \times h$	上部纵筋	下部纵筋	侧面纵筋	墙梁箍筋	对角暗撑		
								截面尺寸	纵筋	箍筋

表 5.2.8　连梁设交叉斜筋配筋表

编号	所在楼层号	梁顶相对标高高差	梁截面 $b \times h$	上部纵筋	下部纵筋	侧面纵筋	墙梁箍筋	交叉斜筋		
								对角斜筋	拉筋	折线筋

表 5.2.9　连梁设集中对角斜筋配筋表

编号	所在楼层号	梁顶相对标高高差	梁截面 $b \times h$	上部纵筋	下部纵筋	侧面纵筋	墙梁箍筋	交叉斜筋		
								对角斜筋	拉筋	折线筋

三、截面注写方式

截面注写方式

截面注写方式,系在按标准层绘制的剪力墙平面布置图上,以直接在墙柱、墙身、墙梁上注写截面尺寸和配筋具体数值的方式来表达剪力墙平法施工图。

选用适当比例原位放大绘制剪力墙平面布置图,其中对墙柱绘制配筋截面图;对所有墙柱、墙身、墙梁进行编号,并分别在相同编号的墙柱、墙身、墙梁中选择一根墙柱、一道墙身、一根墙梁进行注写,其注写方式按以下规定进行。

1. 注写内容

（1）墙柱

从相同编号的墙柱中选择一个截面,原位绘制墙柱截面配筋图,注明的内容有:

① 几何尺寸;

② 标注全部纵筋、箍筋。（在各配筋图上继其编号后标注全部纵筋及箍筋的具体数值。）

注:1. 约束边缘构件除需注明阴影部分具体尺寸外,尚需注明约束边缘构件沿墙肢长度 l_c。

2. 配筋图中需注明约束边缘构件非阴影区内布置的拉筋或箍筋直径,与阴影区箍筋直径相同时,可不注。

（2）墙身

从相同编号的墙身中选择一道墙身,按顺序引注的内容为:

① 墙身编号（应包括注写在括号内墙身所配置的水平与竖向分布钢筋的排数）;

② 墙厚尺寸;

③ 水平分布钢筋、竖向分布钢筋和拉筋的具体数值。

（3）墙梁

从相同编号的墙梁中选择一根墙梁,采用平面注写方式,按顺序引注的内容为:

① 注写墙梁编号、墙梁所在层及截面尺寸 bxh、墙梁箍筋、上部纵筋、下部纵筋和墙梁顶面标高高差的具体数值。

② 当连梁设有对角暗撑 [代号为 LL(JC)xx]、连梁设有交叉斜筋 [代号为 LL(JX)xx]、连梁设有集中对角斜筋 [代号为 LL(DX)xx]、按框架梁设计的跨高比不小于 5 的连梁 [代号为 LLKxx]时,其注写规则同列表注写。

当墙身水平分布钢筋不能满足连梁的侧面纵向构造钢筋的要求时,应补充注明梁侧面纵筋的具体数值;注写时,以大写字母 N 打头,接续注写梁侧面纵筋的总根数与直径。其在支座内的锚固要求同连梁中受力钢筋。

2. 截面注写示例

截面注写如图 5.2.2 所示。

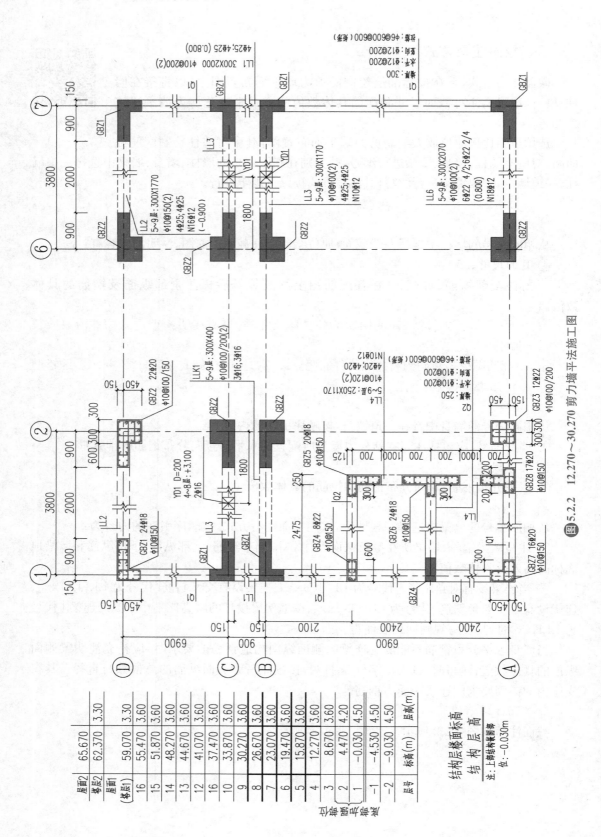

图5.2.2 12.270~30.270 剪力墙平法施工图

四、剪力墙洞口表示法

剪力墙
洞口表示法

无论采用列表注写方式还是截面注写方式,剪力墙上的洞口均可在剪力墙平面布置图上原位表达。

在剪力墙平面布置图上绘制洞口示意,并标注洞口中心的平面定位尺寸。在洞口中心位置引注依次为:① 洞口编号。② 洞口几何尺寸。③ 洞口所在层及洞口中心相对标高。④ 洞口每边补强钢筋,共四项内容,具体如表 5.2.10 所示。

表 5.2.10 洞口具体引注内容

序号		引注内容
1	洞口编号	矩形洞口为 JD×× (×× 为序号)
		圆形洞口为 YD×× (×× 为序号)
2	洞口几何尺寸	矩形洞口为洞宽×洞高($b×h$)
		圆形洞口为洞口直径 D
3	洞口所在层及洞口中心相对标高	相对标高指相对于本结构层楼(地)面标高的洞口中心高度,应为正值。
4	洞口每边补强钢筋	洞口每边补强钢筋,分以下几种不同情况: (1) 当矩形洞口的洞宽、洞高均不大于 800 时 　　此项注写为洞口每边补强钢筋的具体数值。当洞宽、洞高方向补强钢筋不一致时,分别注写沿洞宽方向、沿洞高方向补强钢筋,以"/"分隔。 (2) 当矩形或圆形洞口的洞宽或直径大于 800 时 　　在洞口的上、下需设置补强暗梁,此项注写为洞口上、下每边暗梁的纵筋与箍筋的具体数值。补强暗梁梁高一律定为 400,施工时按标准构造详图取值,设计不注。与构造做法不同时设计应另行注明。圆形洞口时尚需注明环向加强钢筋的具体数值。 　　当洞口上、下边为剪力墙连梁时,此项免注;洞口竖向两侧设置边缘构件时,亦不在此项表达(当洞口两侧不设置边缘构件时,设计者应给出具体做法)。 (3) 当圆形洞口设置在连梁中部 1/3 范围(且圆洞直径不应大于 1/3 梁高)时,需注写在圆洞上下水平设置的每边补强纵筋与箍筋。 (4) 当圆形洞口设置在墙身位置,且洞口直径不大于 300 mm 时。此项注写为洞口上下左右每边布置的补强纵筋的具体数值。 (5) 当圆形洞口直径大于 300 mm,但不大于 800 mm 时,此项注写为洞口上下左右每边布置的补强纵筋的具体数值,以及环向加强钢筋的具体数值。

序号	引注内容
举例	1. JD2　400×300　2～5层：+1.000　3±14 表示2～5层设置2号矩形洞口,洞宽400 mm、洞高300 mm,洞口中心距结构层楼面1 000 mm,洞口每边补强钢筋为3±14。 2. JD4　800×300　6层　+3.100　3±18/3±14 表示6层设置4号矩形洞口,洞宽800 mm、洞高300 mm,洞口中心距6层楼面3 100 mm,沿洞宽方向补强钢筋为3±18,沿洞高方向补强钢筋为3±14。 3. JD5 1 000×900　3层　+1.400　6±20　φ8@150(2) 表示3层设置5号矩形洞口,洞宽1 000 mm、洞高900 mm,洞口中心距3层楼面1 400 mm;洞口上下设补强暗梁,暗梁纵筋为6±20,上、下排对称设置,箍筋为φ8@150,双肢箍。 4. YD5　1 000　2～6层　+1.800　6±20　φ8@150(2) 2±16 表示2～6层设置5号圆形洞口,直径1 000 mm,洞口中心距结构层楼面1 800 mm,洞口上下设补强暗梁,暗梁纵筋为6±20,上、下排对称设置,箍筋为φ8@150,双肢箍,环向加强钢筋2±16。 5. YD5　600　5层　+1.800　2±20　2±16 表示5层设置5号圆形洞口,直径600 mm,洞口中心距5层楼面1 800 mm,洞口上下左右每边补强钢筋为2±20,环向加强钢筋2±16。

五、地下室外墙的表示方法

本节地下室外墙仅适用于起挡土作用的地下室外围护墙。地下室外墙中墙柱、连梁及洞口等的表示方法同地上剪力墙。

地下室外墙平面注写方式,包括集中标注和原位标注。集中标注墙体编号、厚度、贯通筋、拉筋等和原位标注附加非贯通筋等两部分内容。当仅设置贯通筋,未设置附加非贯通筋时,则仅做集中标注。

1. 集中标注

集中标注的内容如表5.2.11所示。

表5.2.11　地下室外墙集中标注内容

序号		注写内容
1	外墙编号	包括代号、序号、墙身长度(注为××～××轴),具体表达形式如下:DWQ××(××—××)
2	外墙厚度	bw=×××
3	贯通筋	注写地下室外墙的外侧、内侧贯通钢筋。 (1) 以OS代表外墙外侧贯通筋。其中,外侧水平贯通筋以H打头注写,外侧竖向贯通筋以V打头注写。 (2) 以IS代表外墙内侧贯通筋。其中,内侧水平贯通筋以H打头注写,内侧竖向贯通筋以V打头注写。
4	拉筋	以tb打头注写拉结筋直径、强度等级及间距,并注明"矩形"或"梅花"。
	应用举例	DWQ2(①～⑥),bw=300 0S:H±18@200, 　　V±20@200 IS:H±16@200, 　　V±18@200 tb φ6@400@400 矩形 　　表示2号外墙、长度范围为①～⑥之间,墙厚为300 mm;外侧水平贯通筋为±18@200,竖向贯通筋为±20@200;内侧水平贯通筋为±16@200,竖向贯通筋为±18@200;拉结筋为φ6,矩形布置,水平间距为400 mm,竖向间距为400 mm。

2. 原位标注

地下室外墙的原位标注,主要表示在外墙外侧配置的水平非贯通筋或竖向非贯通筋,具体如表 5.2.12 所示。

表 5.2.12 原位标注内容及具体表示方法

序号		原位标注内容及具体表示方法
1	水平非贯通筋	(1) 标注位置:在地下室墙体平面图上外墙外侧 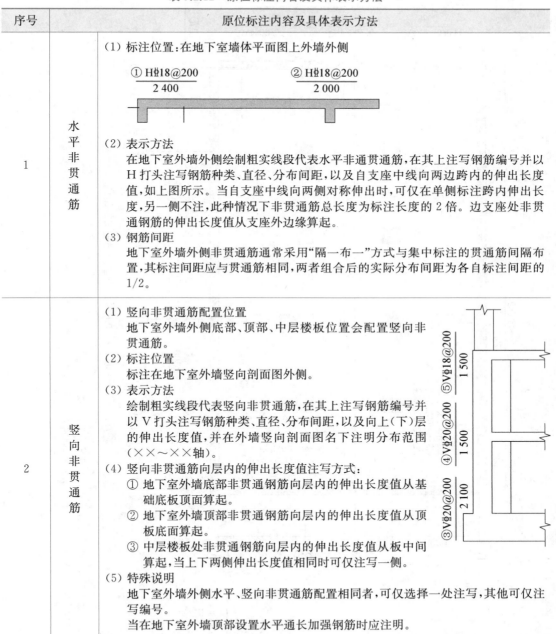 (2) 表示方法 在地下室外墙外侧绘制粗实线段代表水平非通贯通筋,在其上注写钢筋编号并以 H 打头注写钢筋种类、直径、分布间距,以及自支座中线向两边跨内的伸出长度值,如上图所示。当自支座中线向两侧对称伸出时,可仅在单侧标注跨内伸出长度,另一侧不注,此种情况下非贯通筋总长度为标注长度的 2 倍。边支座处非贯通钢筋的伸出长度值从支座外边缘算起。 (3) 钢筋间距 地下室外墙外侧非贯通筋通常采用"隔一布一"方式与集中标注的贯通筋间隔布置,其标注间距应与贯通筋相同,两者组合后的实际分布间距为各自标注间距的 1/2。
2	竖向非贯通筋	(1) 竖向非贯通筋配置位置 地下室外墙外侧底部、顶部、中层楼板位置会配置竖向非贯通筋。 (2) 标注位置 标注在地下室外墙竖向剖面图外侧。 (3) 表示方法 绘制粗实线段代表竖向非贯通筋,在其上注写钢筋编号并以 V 打头注写钢筋种类、直径、分布间距,以及向上(下)层的伸出长度值,并在外墙竖向剖面图名下注明分布范围(××~××轴)。 (4) 竖向非贯通筋向层内的伸出长度值注写方式: ① 地下室外墙底部非贯通钢筋向层内的伸出长度值从基础底板顶面算起。 ② 地下室外墙顶部非贯通钢筋向层内的伸出长度值从顶板底面算起。 ③ 中层楼板处非贯通钢筋向层内的伸出长度值从板中间算起,当上下两侧伸出长度值相同时可仅注写一侧。 (5) 特殊说明 地下室外墙外侧水平、竖向非贯通筋配置相同者,可仅选择一处注写,其他可仅注写编号。 当在地下室外墙顶部设置水平通长加强钢筋时应注明。

3. 地下室外墙平法施工图平面注写示例

地下室外墙平法施工图平面注写示例见图 5.2.3 所示。

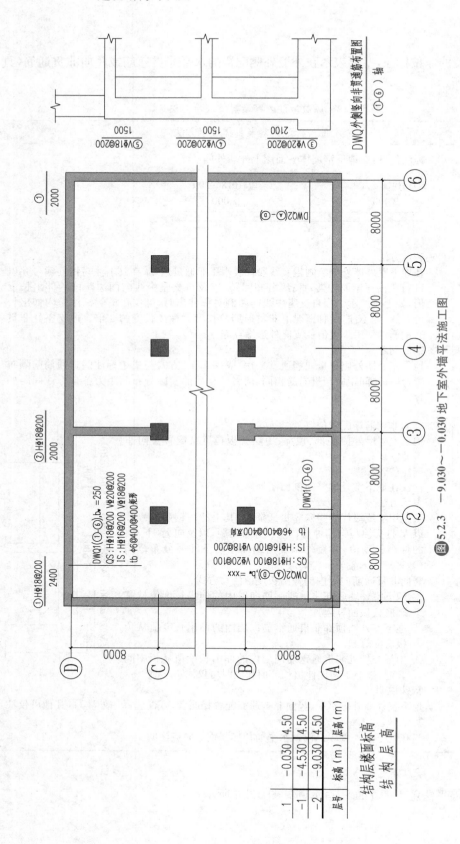

图 5.2.3 —9.030～—0.030 地下室外墙平法施工图

注：1. 可在"结构层楼面标高、结构层高"表中增加混凝土强度等级等栏目。
2. 层高表中，竖向粗线表示本页平面图所示地下室外墙的起止标高为—9.030 m～—0.030 m，所在层为地下 2 层～地下 1 层。

任务三　剪力墙身钢筋构造与计算

剪力墙身的钢筋设置包括水平分布筋、竖向分布筋（即垂直分布筋）和拉筋,这三种钢筋形成了剪力墙身的钢筋网。一般剪力墙身设置两层或两层以上的钢筋网,而各排钢筋网的钢筋直径和间距是一致的。剪力墙身采用拉筋把外侧钢筋网和内侧钢筋网连接起来。如果剪力墙身设置三层或更多层的钢筋网,拉筋还要把中间层的钢筋网固定起来。

一、剪力墙竖向分布筋

剪力墙竖向
分布筋构造

1. 剪力墙竖向分布筋一般构造

高层剪力墙结构的竖向和水平分布钢筋不应单排配置,剪力墙竖向钢筋的多排配筋构造要求如图 5.3.1 所示。剪力墙截面厚度不大于 400 mm 时,可采用双排配筋;大于 400 mm、但不大于 700 mm 时,宜采用三排配筋;大于 700 mm 时,宜采用四排配筋。各排分布钢筋之间拉结筋的间距不应大于 600 mm,直径不应小于 6 mm,具体规格、间距由设计给定。

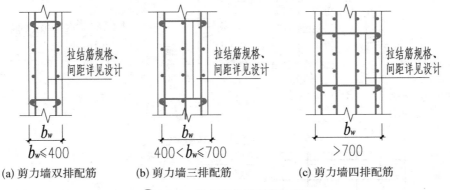

(a) 剪力墙双排配筋　　　(b) 剪力墙三排配筋　　　(c) 剪力墙四排配筋

图5.3.1　剪力墙多排配筋构造

2. 剪力墙竖向分布钢筋在基础中构造

剪力墙身竖向分布钢筋在基础中的构造如图 5.3.2 所示。

从图 5.3.2 中可知:墙身竖向分布钢筋在基础中构造与柱钢筋在基础中构造类似。主要分以下三类五种情况:

（1）当剪力墙竖向分布筋在基础中的保护层厚度大于 $5d$ 时

若基础高度 h_j 减去保护层大于等于剪力墙竖向分布筋的最小锚固长度 l_{aE},即基础高度满足直锚时,如 1—1 剖面图所示,此时竖向分布筋"隔二下一"伸至基础板底部,支承在底板钢筋网片上,也可支承在筏形基础的中间层钢筋网片上,伸至钢筋网片上的钢筋水平弯折长度为 $\max(6d,150)$,不伸至钢筋网片上的钢筋,保证直锚长度 $\geqslant l_{aE}$ 即可;基础内水平分筋间距 $\leqslant500$,且不少于两道水平分布钢筋与拉结筋。

若基础高度 h_j 减去保护层小于剪力墙竖向分布筋的最小锚固长度 l_{aE},即基础高度不满足直锚时如图 1a－1a 所示，竖向分布筋伸至基础板底部，支承在底板钢筋网片上，钢筋水平弯折长度为 15d；基础内水平分布筋间距≤500，且不少于两道水平分布钢筋与拉结筋。

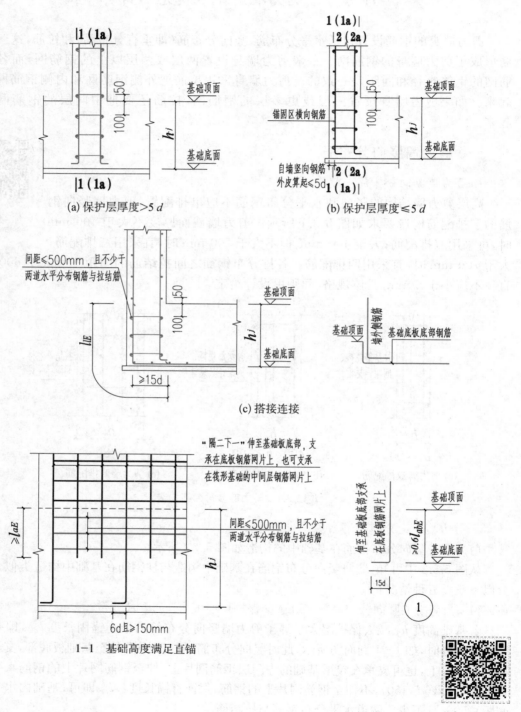

(a) 保护层厚度>5d

(b) 保护层厚度≤5d

(c) 搭接连接

1-1 基础高度满足直锚

墙身竖向钢筋在
基础中的构造

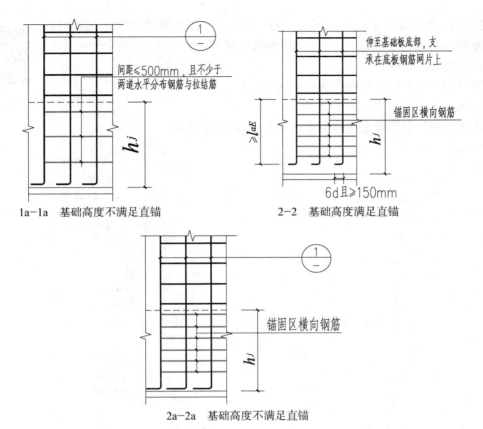

1a-1a 基础高度不满足直锚

2-2 基础高度满足直锚

2a-2a 基础高度不满足直锚

图5.3.2 墙身竖向分布钢筋在基础中构造详图

注:1. 图中 h_j 为基础底面至基础顶面的高度,墙下有基础梁时,h_j 为梁底面至顶面的高度。

2. 锚固区横向钢筋应满足直径 $> d/4$(d 为纵筋最大直径)、间距 $\leqslant 10d$(d 为纵筋最小直径)且 $\leqslant 100$ mm 的要求。

3. 当墙身竖向分布钢筋在基础中保护层厚度不一致(如分布筋部分位于梁中,部分位于板内),保护层厚度 $\leqslant 5d$ 的部分应设置锚固区横向钢筋。若已设置垂直于剪力墙竖向钢筋的其他钢筋(如筏板封边钢筋等),并满足锚固区横向钢筋直径与间距的要求,可不另设锚固区横向钢筋。

4. 当选用"墙身竖向分布钢筋在基础中构造"中图(c)搭接连接时,设计人员应在图纸中注明。

5. 图中 d 为墙身竖向分布钢筋直径。

6. 1-1 剖面,当施工采取有效措施保证钢筋定位时,墙身竖向分布钢筋伸入基础长度满足直锚即可。

（2）当剪力墙竖向分布筋在基础中的保护层厚度小于等于 $5d$ 时

墙内竖向分布筋构造有 1-1(1a-1a)、2-2(2a-2a),其中 1-1(1a-1a)见上面第(1)条相关内容。

若基础高度 h_j 减去保护层大于等于剪力墙竖向分布筋的最小锚固长度 l_{aE},即基础高度满足直锚时,剪力墙竖向分布筋伸至底部支承在钢筋网片上,水平弯折长度为 $\max(6d,150)$;如 2-2 所示。

若基础高度 h_j 减去保护层小于剪力墙竖向分布筋的最小锚固长度 l_{aE},即基础高度不满足直锚时,竖向分布筋伸至基础板底部,支承在底板钢筋网片上,钢筋水平弯折长度为 $15d$;如图 2a-2a 所示。

（3）墙外侧钢筋与底板纵筋搭接

墙外侧钢筋与底板纵筋搭接如图 5.3.2(c)所示。基础底板下部钢筋弯折段应伸至基础顶面标高处,墙外侧钢筋插至板底后弯锚、与底板下部纵筋搭接"l_{lE}",且弯钩水平段$\geqslant 15d$;而且,墙竖向分布筋在基础内设置"间距$\leqslant 500$且不少于两道水平分布钢筋与拉结筋"。

墙内侧竖向分布钢筋的插筋构造同上。

3. 剪力墙竖向分布钢筋连接构造

墙身竖向分布钢筋连接构造如图 5.3.3、图 5.3.4 所示。

竖向分布筋
连接构造

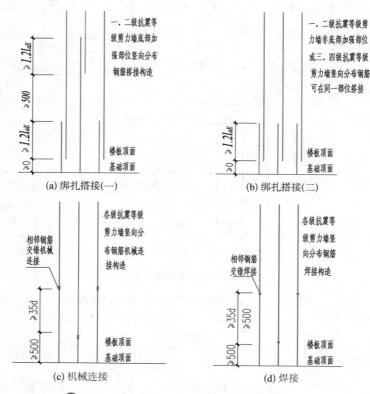

图5.3.3 剪力墙竖向分布筋钢筋连接构造(一)

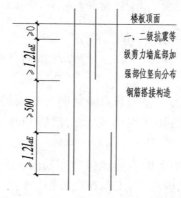

图5.3.4 剪力墙竖向分布筋钢筋连接构造(二)

(适用于剪力墙竖向分布钢筋上层钢筋直径大于下层钢筋直径时)

注:对于上层钢筋直径大于下层钢筋直径的情况,图中为绑扎搭接,也可采用机械连接或焊接连接,并满足相应连接区段长度的要求,对于一、二级抗震等级剪力墙非底部加强部位或三、四级抗震等级剪力墙竖向分布钢筋可在同一部位搭接。

（1）绑扎搭接构造

① 一、二级抗震等级剪力墙底部加强部位，剪力墙身竖向分布钢筋的搭接长度≥$1.2l_{aE}$，相邻竖向分布钢筋搭接与之错开净距≥500 mm。

② 一、二级抗震等级剪力墙非底部加强部位或三、四级抗震等级或非抗震剪力墙竖向分布钢筋可在同一部位进行搭接，搭接长度≥$1.2l_{aE}$。

（2）机械连接构造

剪力墙身中的竖向分布钢筋可在楼板顶面、基础顶面≥500 mm 处进行机械连接，相邻竖向分布钢筋的连接点错开≥35d 的距离。机械连接适用于各级抗震等级。

（3）焊接构造

剪力墙身中的竖向分布钢筋焊构造要求与机械连接类似，只是相邻竖向分布钢筋的连接点错开距离的要求，除了要求≥35d 外，还要求≥500 mm。焊接连接适用于各级抗震等级。

（4）剪力墙上层、下层竖向分布钢筋直径不同时构造

对于一、二级抗震等级剪力墙底部加强部位竖向分布钢筋，若上层钢筋直径大于下层钢筋直径时，连接时其上层竖向分布钢筋要伸至下层与下层竖向分布钢筋进行连接。

在 22G101－1 第 21 页中指出：当剪力墙中有偏心受拉墙肢时，无论采用何种直径的竖向钢筋，均应采用机械连接或焊接接长，设计者应在剪力墙平法施工图中加以注明。

4. 剪力墙竖向钢筋顶部构造

剪力墙竖向钢筋顶部构造如图 5.3.5 所示。

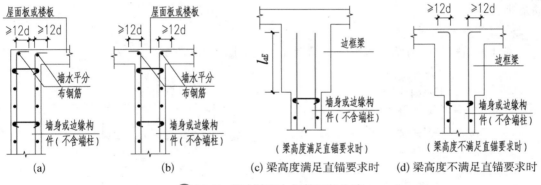

(a)　　　　(b)　　　　(c) 梁高度满足直锚要求时　　　(d) 梁高度不满足直锚要求时

图5.3.5　剪力墙竖向钢筋顶部构造

从图 5.3.5 中可知，墙身或边缘构件（不含端柱）竖向钢筋伸入屋面板或楼板顶部后弯折，弯折后水平段长度≥12d，如图 5.3.5(a)、(b)所示。

当墙体顶部设有边框梁时，如果梁高度满足直锚要求，墙身或边缘构件（不含端柱）竖向钢筋在边框梁内的锚固长度为 l_{aE}；如图 5.3.5(c)所示。如果梁高度不满足直锚要求，竖向钢筋伸至边框梁顶部后弯折 12d，如图 5.3.5(d)所示。

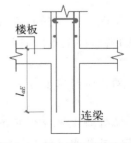

图5.3.6　剪力墙竖向分布钢筋锚入连梁构造

5. 剪力墙竖向分布钢筋锚入连梁构造

剪力墙竖向分布钢筋锚入连梁内的长度从楼板顶部算起长度为 l_{aE}，如图 5.3.6 所示。

二、剪力墙身水平分布筋

1. 剪力墙身水平分布筋一般构造

在剪力墙中,分平分布筋是主要的受力钢筋,因此水平分布筋布置在钢筋网的外侧,竖向分布筋布置在钢筋网的内侧,如图 5.3.7 所示。拉结筋用于剪力墙分布筋的拉结,当剪力墙配置的分布钢筋多于两排时,剪力墙拉结筋两端应同时勾住外排水平纵筋和竖向纵筋,还应与剪力墙内排水平纵筋和竖向纵筋绑扎在一起。

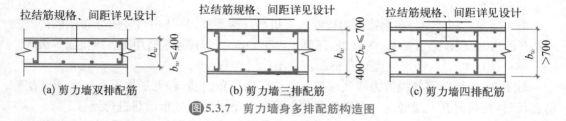

图 5.3.7 剪力墙身多排配筋构造图

2. 剪力墙身水平分布筋在基础中构造

根据图 5.3.2 可知,当水平分布筋在基础中的保护层厚度 $>5d$ 时,水平分布筋间距 <500,且不少于两道水平分布钢筋与拉结筋;当水平分布筋在基础中的保护层厚度 $\leqslant 5d$ 时,锚固区横向钢筋应满足直径 $>d/4$(d 为纵筋最大直径),间距为 $\min(10d,100)$(d 为纵筋最小直径)

3. 剪力墙水平分布筋端部暗柱中构造

端部有暗柱时剪力墙身水平分布筋端部构造如图 5.3.8 所示。

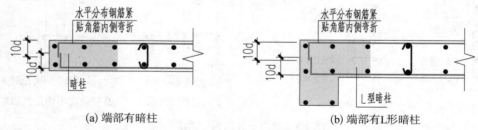

图 5.3.8 剪力墙水平分布筋端部暗柱中构造做法

由图 5.3.8 可知,剪力墙端部有暗柱时,其水平分布筋从暗柱纵筋的外侧插入暗柱,伸至暗柱端部纵筋内侧,然后弯 $10d$ 的直钩。

4. 剪力墙水平分布筋在转角墙中构造

剪力墙身水平分布钢筋在转角墙中的构造如图 5.3.9 所示。

(1)墙外侧水平分布钢筋连续通过转角且 $A_{s1}<A_{s2}$,如图 5.3.9(a)所示。

墙外侧水平分布钢筋连续通过转角,在转角墙核心部位以外与另一片剪力墙的外侧水平分布钢筋连接,且上下相邻两层水平分布钢筋在转角配筋量较小一侧交错搭接($A_{s1}\leqslant A_{s2}$),搭接长度 $\geqslant 1.2l_{aE}$,搭接范围错开间距 $\geqslant 500$ mm;

墙内侧水平分布钢筋伸至转角墙核心部位的外侧钢筋内侧,水平弯折 $15d$。

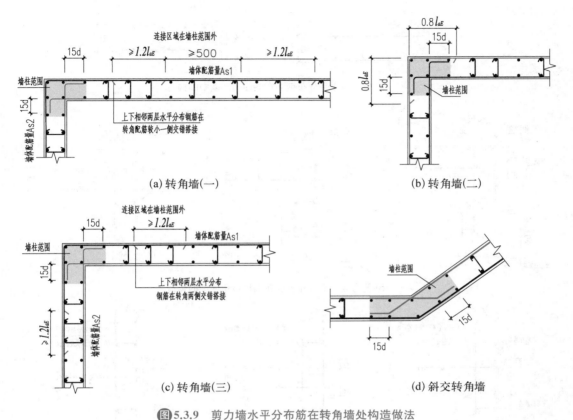

图 5.3.9 剪力墙水平分布筋在转角墙处构造做法

注:剪力墙分布钢筋配置若多于两排,中间排水平分布钢筋端部构造同内侧钢筋。水平分布筋宜均匀放置,竖向分布钢筋在保持相同配筋率条件下外排筋直径宜大于内排筋直径。

（2）墙外侧水平分布钢筋在转角处搭接,如图 5.3.9（b）所示。

搭接长度为两个转角方向各 $0.8l_{aE}$;墙外侧水平分布钢筋伸至另一片剪力墙的外侧后弯折至少 $0.8l_{aE}$。

墙内侧水平分布钢筋伸至转角墙核心部位的外侧钢筋内侧,水平弯折 $15d$。

（3）上下相邻两层水平分布钢筋在转角两侧交错搭接（$A_{s1}=A_{s2}$）,如图 5.3.9（c）所示。

墙外侧水平分布钢筋连续通过转角,在转角墙核心部位以外与另一片剪力墙的外侧水平分布钢筋连接,搭接长度 $\geqslant 1.2l_{aE}$;

墙内侧水平分布钢筋伸至转角墙核心部位的外侧钢筋内侧,水平弯折 $15d$。

（4）墙外侧水平分布钢筋连续通过斜交转角墙,如图 5.3.9（d）所示。

墙内侧水平分布钢筋伸至转角墙核心部位的外侧钢筋内侧,水平弯折 $15d$。

5. 剪力墙水平分布筋在端柱端部墙中的构造

剪力墙水平分布筋在端柱端部墙中的构造如图 5.3.10 所示。

水平分布筋
在端柱端部
墙中构造

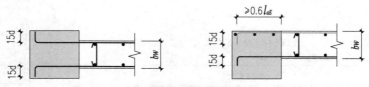

(a) 剪力墙水平分布钢筋在端柱端部墙中的构造

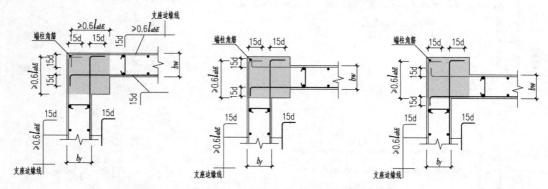

(b) 剪力墙水平分布钢筋在端柱转角墙中的构造

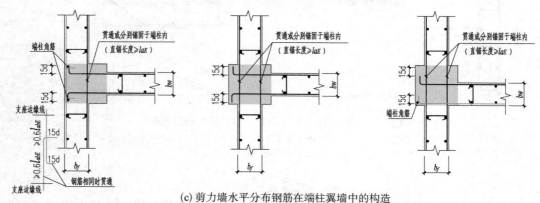

(c) 剪力墙水平分布钢筋在端柱翼墙中的构造

图5.3.10　剪力墙水平分布筋在端柱中的构造

注:1. 端柱节点中图示蓝色墙体水平分布钢筋应伸至端柱对边紧贴角筋弯折。

2. 位于端柱纵向钢筋内侧的墙水平分布钢筋(端柱节点中图示黑色墙体水平分布钢筋)伸入端柱的长度≥l_{aE}时,可直锚;弯锚时应伸至端柱对边后弯折。

(1) 剪力墙水平分布筋在端柱端部墙中的构造(图5.3.10(a))

当剪力墙端柱两侧都凸出墙时,水平分布筋伸至端柱对边后弯折15d;当端柱一侧与墙平齐时,水平分布筋伸至端柱对边角筋内侧(水平长度≥$0.6l_{abE}$)后弯15d直钩。

(2) 剪力墙水平分布筋在端柱转角墙中的构造(图5.3.10(b))

剪力墙水平分布钢筋在端柱转角墙中的构造按照端柱与墙的不同位置分三种,不论何种情况,靠近端柱外侧的剪力墙水平分布筋要伸至端柱对边角筋内侧(水平长度≥$0.6l_{abE}$)后弯15d直钩。其余水平分布筋伸至端柱对边弯15d直钩。

(3) 剪力墙水平分布筋在端柱翼墙中的构造(图5.3.10(c))

根据构造图可知,当端柱一边与翼墙外侧平齐时,若翼墙外侧的水平分布钢筋在端柱两侧的直径不同时,此时翼墙中的外侧水平分布钢筋应分别伸至端柱对边角筋内侧(要求伸入端柱中的长度≥0.6l_{abE})弯折15d；若翼墙外侧的水平分布钢筋在端柱两侧的直径相同，此时外侧分布钢筋贯通设置。其余两种情况下，剪力墙水平分布筋均要伸至端柱对边后弯15d直钩。

水平分布筋
在翼墙中构造

6. 剪力墙水平分布筋在翼墙中的构造

剪力墙水平分布筋在翼墙中的构造如图5.3.11所示。

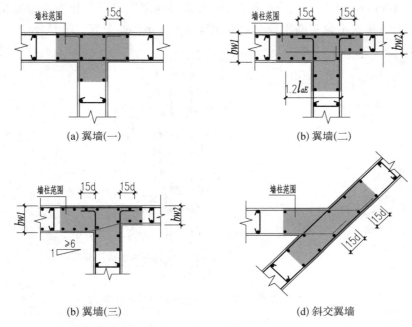

(a) 翼墙(一)　　　　　　　(b) 翼墙(二)

(b) 翼墙(三)　　　　　　　(d) 斜交翼墙

图 5.3.11　剪力墙水平分布筋在翼墙中的构造

（1）翼墙（一）

翼墙截面尺寸没有发生时，如图5.3.11(a)所示。剪力墙水平分布筋伸至墙柱对边弯15d直钩。

（2）翼墙（二）（$b_{w1}>b_{w2}$）

当剪力墙两侧的翼墙厚度发生变化时，如图5.3.11(b)所示。厚度小的墙体内一侧钢筋直锚入厚度大的剪力墙内，直锚长度为1.2l_{aE}。另一侧墙体水平分布筋伸至剪力墙竖向分布筋内侧后弯15d直钩。

（3）翼墙（三）（$b_{w1}>b_{w2}$）

当剪力墙两侧的翼墙厚度发生变化但变化的斜率小于等于1/6时，如图5.3.11(c)所示。剪力墙内水平分布筋斜弯通过后伸至另一边墙内。

（4）斜交翼墙

剪力墙内水平分布筋伸至与之斜交的翼墙对边内弯折15d。

7. 剪力墙水平分布筋搭接构造

剪力墙水平分布筋搭接构造如图5.3.12所

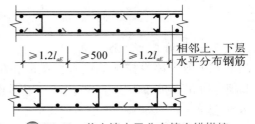

≥1.2l_{aE}　≥500　≥1.2l_{aE}　相邻上、下层水平分布钢筋

图 5.3.12　剪力墙水平分布筋交错搭接

示,搭接长度≥$1.2l_{aE}$,沿高度每隔一根错开搭接,相邻两个搭接区之间错开的净距离≥500 mm。

三、剪力墙身钢筋排布构造

1. 剪力墙身水平钢筋排布构造

根据图集 18G901-1 中相关内容可知:剪力墙层高范围最下一排水平分布筋距底部板顶 50 mm,最上一排水平分布筋距顶部边框梁底 100 mm。如图 5.3.13 所示。

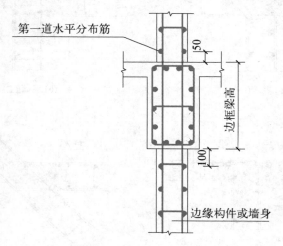

图5.3.13 剪力墙身的第一道水平分布筋的定位

2. 剪力墙身竖向钢筋排布构造

剪力墙身的第一道竖向分布筋的起步距离在图集 18G901-1 中表示为"距墙柱最外侧主筋中心竖向分布筋间距",如图 5.3.14 所示。

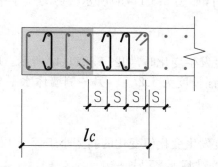

图5.3.14 剪力墙身的第一道竖向分布筋的定位

3. 剪力墙身拉结筋排布构造

(1) 剪力墙身拉结筋设有梅花形和矩形两种形式,见图 5.3.15。拉结筋的水平和竖向间距:梅花形排布不大于 800 mm,矩形排布不大于 600 mm;当设计未注明时,宜采用梅花形排布。

(2) 拉结筋排布:在层高范围内,由底部板顶向上第二排水平分布筋处开始设置,至顶部板底(梁底)向下第一排水平分布筋处终止。剪力墙水平钢筋拉结筋起始位置为墙柱范围外第一列竖向分布筋处。

（3）拉结筋应与剪力墙每排的水平分布钢筋和竖向分布钢筋绑扎。

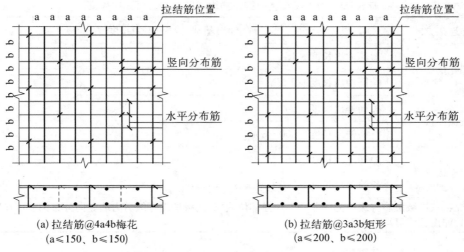

(a) 拉结筋@4a4b梅花
(a≤150、b≤150)

(b) 拉结筋@3a3b矩形
(a≤200、b≤200)

图5.3.15　剪力墙拉结筋排布构造详图

四、剪力墙身钢筋计算

插筋计算

1. 剪力墙身竖向分布钢筋计算

（1）基础层剪力墙竖向钢筋(插筋)长度计算

由于相邻竖向钢筋的接头要相互错开，因此剪力墙竖向钢筋有长短之分，为方便起见，我们把长的剪力墙竖向钢筋称为长筋，短的剪力墙竖向钢筋称为短筋，其在基础中的长度计算公式如下：

$$插筋长度＝锚固长度＋伸出基础顶面的长度 \qquad (5.3.1)$$

① 锚固长度

剪力墙身竖向分布钢筋在基础中的锚固长度见表5.3.1所示。

表5.3.1　竖向分布钢筋在基础中的锚固长度

序号	h_j-C 与 l_{aE} 的关系	竖向钢筋在基础中的锚固长度
1	$h_j-C \geq l_{aE}$ 时	（1）第一种情况：不带弯钩 锚固长度＝l_{aE}
		（2）第二种情况：带弯钩 锚固长度＝基础高度 h_j －基础内钢筋底部保护层厚度＋水平弯折长度 $\max(6d,150)$
2	$h_j-C < l_{aE}$ 时	锚固长度＝基础高度 h_j －基础内钢筋底部保护层厚度＋水平弯折长度 $15d$

说明：如果角部钢筋支承在筏形基础的中间层网片上时，要根据基础的具体数据来计算角部钢筋长度。

② 伸出基础(楼板)顶面的长度

剪力墙竖向钢筋伸出基础(楼板)顶面的长度与钢筋的连接方式有关,伸出基础(楼板)顶面的长短筋长度具体如表 5.3.2 所示。

表 5.3.2　剪力墙身竖向钢筋伸出基础(楼板)顶面的长度

钢筋连接方式	伸出基础(楼板)顶面长度
绑扎搭接	短筋伸出长度 $=1.2l_{aE}$
	长筋伸出长度 $=2.4l_{aE}+500$
机械连接	短筋伸出长度 $=500$
	长筋伸出长度 $=500+35d$
焊接	短筋伸出长度 $=500$
	长筋伸出长度 $=500+\max(35d,500)$

特殊情况:一、二级抗震等级剪力墙非底部加强部位或三、四级抗震等级剪力墙竖向分布钢筋可在同一部位搭接。伸出长度可均为 $1.2l_{aE}$

(2) 中间层竖向钢筋计算

根据图 5.3.3 剪力墙竖向分布钢筋连接构造可知,中间层钢筋的长度与竖向钢筋的连接方式有关,具体计算公式如下:

当采用绑扎连接时

$$中间层竖向钢筋长度 = 中间层层高 + 1.2\,l_{aE} \tag{5.3.2}$$

当竖向钢筋采用机械连接或焊接时

$$中间层竖向钢筋长度 = 中间层层高 \tag{5.3.3}$$

(3) 顶层竖向钢筋计算

墙身顶层竖向钢筋分两批,顶层的长筋就是与短筋连接的钢筋,短筋就是与长筋相连的钢筋。

① 顶层墙身竖向分布筋长度计算

根据图 5.3.3、图 5.3.5 可知,剪力墙竖向分布钢筋长度计算公式如下:

a. 顶部为边框梁且边框梁的高度满足直锚要求时

$$长筋长度 = 顶层层高 - 边框梁高度 + l_{aE} - 下层钢筋伸出顶层楼板的短筋长度 \tag{5.3.4}$$

$$短筋长度 = 顶层层高 - 边框梁高度 + l_{aE} - 下层钢筋伸出顶层楼板的长筋长度 \tag{5.3.5}$$

b. 顶部为边框梁但边框梁的高度不满足直锚要求时

$$长筋长度 = 顶层层高 - 边框梁的保护层 + 12d - 下层钢筋伸出顶层楼板的短筋长度 \tag{5.3.6}$$

短筋长度＝顶层层高－边框梁的保护层＋12d－下层钢筋伸出顶层楼板的长筋长度

$$(5.3.7)$$

c. 顶部为暗梁时

长筋长度＝顶层层高－屋面板的保护层＋12d－下层钢筋伸出顶层楼板的短筋长度

$$(5.3.8)$$

短筋长度＝顶层层高－屋面板的保护层＋12d－下层钢筋伸出顶层楼板的长筋长度

$$(5.3.9)$$

下层钢筋伸出顶层楼板的长度与钢筋的连接方式有关,具体如表5.3.2所示。

（4）墙身竖向分布筋根数计算

由图5.3.14可知:

$$墙身竖向分布筋根数 = \left[\frac{剪力墙净长度 - \sum 起步距离}{墙身竖向分布筋间距} - 1 \right] \times 排数 \quad (5.3.10)$$

2. 剪力墙身水平分布筋计算

（1）基础层剪力墙身水平分布筋

水平分布筋的计算包括长度与根数的计算。

① 水平分布筋长度计算

剪力墙水平分布筋有外侧钢筋与内侧钢筋两种形式,当剪力墙有两排以上钢筋网时,最外一层按外侧钢筋计算,其余均按内侧钢筋计算。在计算时应根据剪力墙两端的具体情况计算其水平分布筋的长度,具体如下:

若剪力墙的端部为暗柱、端柱或翼墙时,则

$$水平筋长度 = 墙外侧长度 - 2c_墙 + \sum 弯折段长度 \quad (5.3.11)$$

当剪力墙的端部为暗柱时,弯折长度为10d,当剪力墙的端部为端柱、翼墙时,弯折长度为15d。其中$c_墙$为墙的保护层厚度;若端柱满足水平分布钢筋直锚的条件时,则内侧分布钢筋伸入端柱内的长度≥l_{aE}即可。

若剪力墙的端部为转角墙时,则要根据具体情况计算其内外侧水平分布钢筋的长度,在此不具体讲解。

② 水平分布筋根数计算

基础层水平筋根数计算公式为:

$$基础层水平筋根数 = \left[\frac{基础高度 - 基础保护层 - 100}{分布筋间距} + 1 \right] \times 排数 \quad (5.3.12)$$

计算水平分布筋根数需考虑剪力墙身钢筋网的排数,剪力墙基础层水平分布筋间距的构造要求为:间距小于等于500 m,且不少于两道水平分布筋。

（2）中间层、顶层剪力墙身水平分布筋计算

① 长度计算

中间层剪力墙身水平分布筋长度与墙身是否有洞口有关系。若墙身无洞口时,其计算

方法同基础层水平分布筋长度。若有洞口时应将洞口宽度减去,水平分布钢筋伸至洞口边缘弯折 $15d$。其水平分布筋长度计算公式如下:

$$外侧水平筋长度＝墙外侧长度－洞口长度－2\,c_{墙}＋15d×2＋15d×n \qquad (5.3.13)$$

外侧水平分布筋通常在墙体转角部分连续贯通,若没有转角时 $n＝2$,当有一个转角时 $n＝1$,当有两个转角时 $n＝0$。

$$内侧水平筋长度＝墙外侧长度－洞口长度－2\,c_{墙}＋15d_{内}×2$$

$$或\ 内侧水平筋长度＝墙外侧长度－洞口长度－2\,c_{墙}＋15d_{内}×2－2d_{外}－25×2 \qquad (5.3.14)$$

② 水平分布筋根数计算

根据图 5.3.13 可知,水平分布筋根数计算公式如下:

$$水平分布筋根数＝\left[\dfrac{布筋范围－50－100}{墙身水平筋间距}＋1\right]×排数 \qquad (5.3.15)$$

墙体内水平分布筋通常从楼面或地面起 50 mm 的位置开始设置。外侧水平筋排数为 1 排,内侧水平筋排数为剪力墙身钢筋网总排数减 1。求水平筋根数时的布筋范围要考虑墙面是否布置洞口,若有洞口要根据具体情况再计算。

3. 剪力墙身拉结筋计算

剪力墙中的拉结筋有两种形式,其构造如图 5.3.16 所示:

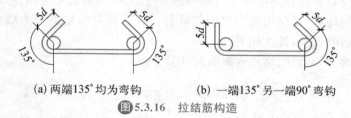

(a) 两端135°均为弯钩　　　　(b) 一端135°另一端90°弯钩

图 5.3.16　拉结筋构造

(1) 拉结筋长度计算

由图 5.3.16 可知,(a)图中拉结筋的长度计算公式如下:

$$拉结筋长度＝墙厚－2\,c_{墙}＋2d＋6.9d(或\,7.89d)×2 \qquad (5.3.16)$$

(b) 图中拉结筋的长度计算公式如下:

$$拉结筋长度＝墙厚－2\,c_{墙}＋2d＋6.9d(或\,7.89d)＋5.5d \qquad (5.3.17)$$

(2) 拉结筋根数计算

剪力墙拉结筋(矩形布置)根数常用的计算公式如下:

$$根数＝\text{ceil}\dfrac{剪力墙净长×净高}{间距×间距}＋1 \qquad (5.3.18)$$

如果是梅花型布置,根数在公式 5.3.18 的基础上乘 2。

但是不述公式计算结果不尽准确,要想精确计算,应按有拉结筋点行数与有拉结点的列数来计算。

任务四 墙柱钢筋构造与计算

墙柱包括暗柱与端柱，其中端柱竖向钢筋和箍筋的构造与框架柱相同。矩形截面独立墙肢，当截面高度不大于截面厚度的 4 倍时，其竖向钢筋和箍筋的构造要求与框架柱相同或按设计要求设置。

一、边缘构件纵向钢筋构造与计算

1. 边缘构件纵向钢筋构造

（1）边缘构件纵向钢筋在基础中构造，如图 5.4.1 所示。

边缘构件
纵向钢筋构造

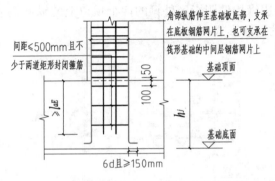

(a) 保护层厚度＞5 d；基础高度满足直锚

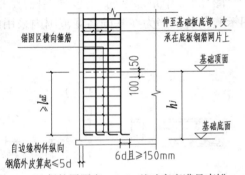

(b) 保护层厚度≤5 d；基础高度满足直锚

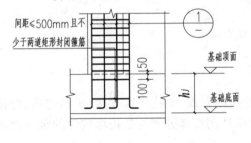

(c) 保护层厚度＞5 d；基础高度不满足直锚

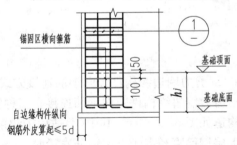

(d) 保护层厚度≤5 d；基础高度不满足直锚

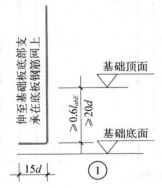

图 5.4.1 边缘构件纵向钢筋在基础中构造

① 锚固区横向钢筋的设置要求

锚固区横向钢筋应满足直径≥$d/4$（d 为纵筋最大直径），间距≤$10d$（d 为纵筋最小直径）且≤100 的要求。

当边缘构件纵筋在基础中保护层厚度不一致（如纵筋部分位于梁中，部分位于板内），保护层厚度不大于 $5d$ 的部分应设置锚固区横向钢筋。

当边缘构件（包括端柱）一侧纵筋位于基础外边缘（保护层厚度≤$5d$，且基础高度满足直锚）时，边缘构件内所有纵筋均按图 5.4.1(b)构造；对于端柱锚固区横向钢筋要求应按柱纵向钢筋在基础中构造要求，其他情况端柱纵筋在基础中构造按柱纵向钢筋在基础中构造要求。

② 角部纵筋下伸构造做法

伸至钢筋网上的边缘构件角部纵筋（不包含端柱）之间间距不应大于 500，不满足时应将边缘构件其他纵筋伸至钢筋网上。

图 5.4.2 中角部纵筋（不包含端柱）是指边缘构件阴影区外箍的四个顶角上的纵向钢筋，图示蓝色的箍筋为在基础高度范围内采用的箍筋形式。

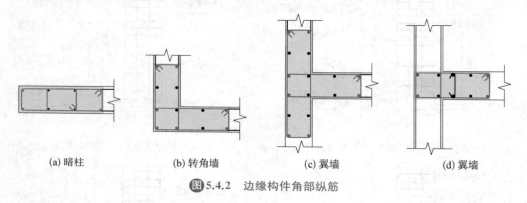

(a) 暗柱　　　　　(b) 转角墙　　　　　(c) 翼墙　　　　　(d) 翼墙

图5.4.2　边缘构件角部纵筋

(2) 剪力墙边缘构件竖向钢筋连接构造

① 剪力墙边缘构件竖向钢筋连接方式

剪力墙边缘构件竖向钢筋连接有三种常用的连接方式，绑扎搭接连接、机械连接、焊接，其构造如图 5.4.3 所示，其中(d)适用于约束边缘构件阴影部分和构造边缘构件的竖向钢筋，当上层钢筋直径大于下层钢筋直径时。

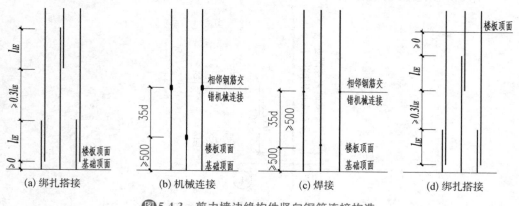

(a) 绑扎搭接　　　　(b) 机械连接　　　　(c) 焊接　　　　(d) 绑扎搭接

图5.4.3　剪力墙边缘构件竖向钢筋连接构造

绑扎搭接

若采用绑扎搭接时,剪力墙边缘构件纵向钢筋可在距离楼板顶面、基础顶面$\geqslant l_{lE}$处进行连接,相邻纵向钢筋接头错开净距离不小于$0.3l_{lE}$。

机械连接

若采用机械连接时,剪力墙边缘构件纵向钢筋可在距离楼板顶面、基础顶面$\geqslant 500$ mm处进行连接,机械连接接头错开距离不小于$35d$。

焊接

若采用焊接时,剪力墙边缘构件纵向钢筋可在距离楼板顶面、基础顶面$\geqslant 500$ mm 处进行连接,焊接接头错开距离不小于 $35d$ 且不小于 500。

对于上层钢筋直径大于下层钢筋直径的情况,图(d)中为绑扎搭接,也可采用机械连接或焊接连接,并满足相应连接区段长度的要求,对于一、二级抗震等级的剪力墙非底部加强部位或三、四级抗震等级剪力墙竖向分布钢筋可在同一部位搭接。

② 剪力墙竖向钢筋构造相关说明

端柱竖向钢筋和箍筋的构造与框架柱相同。矩形截面独立墙肢,当截面高度不大于截面厚度的 4 倍时,其竖向钢筋和箍筋的构造要求与框架柱相同或按设计要求设置。

约束边缘构件阴影部分、构造边缘构件、扶壁柱且非边缘暗柱的纵筋搭接长度范围内,箍筋直径应不小于纵向搭接钢筋最大直径的 0.25 倍,箍筋间距不大于 100。

(3) 边缘构件竖向钢筋顶部构造

边缘构件竖向钢筋顶部构造同墙身竖向钢筋顶部构造。

(4) 剪力墙上起边缘构件纵筋构造

剪力墙上起边缘构件纵筋锚入剪力墙中的长度从楼板顶部算起为 $1.2l_{aE}$,如图 5.4.4 所示。

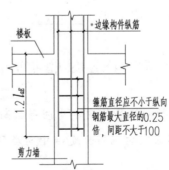

图5.4.4　剪力墙上起边缘构件纵筋构造

2. 边缘构件纵向钢筋计算

(1) 基础层边缘构件竖向钢筋(插筋)长度计算

边缘构件竖向钢筋(插筋)在基础中的长度计算公式如下

$$插筋长度＝锚固长度＋伸出基础顶面的长度 \qquad (5.4.1)$$

边缘构件
纵向钢筋计算

① 锚固长度

边缘构件竖向钢筋在基础中的锚固长度见表 5.4.1 所示。

表 5.4.1 竖向钢筋在基础中的锚固长度

序号	基础高度 $h_j - C$ 与 l_{aE} 的关系	竖向钢筋在基础中的锚固长度
1	基础高度满足直锚时即：$h_j - C \geq l_{aE}$ 时	（1）第一种情况：不带弯钩 锚固长度 $= l_{aE}$
		（2）第二种情况：带弯钩 锚固长度 = 基础高度 h_j - 基础内钢筋底部保护层厚度 + 水平弯折长度 $\max(6d, 150)$
2	基础高度不满足直锚时即：$h_j - C < l_{aE}$ 时	锚固长度 = 基础高度 h_j - 基础内钢筋底部保护层厚度 + 水平弯折长度 $15d$

说明：如果角部钢筋支承在筏形基础的中间层网片上时，要根据基础的具体数据来计算角部钢筋长度。

② 伸出基础（楼板）顶面的长度

边缘构件竖向钢筋伸出基础（楼板）顶面的长度与钢筋的连接方式有关，伸出基础（楼板）顶面的长短筋长度具体如表 5.4.2 所示。

表 5.4.2 边缘构件竖向钢筋伸出基础（楼板）顶面的长度

钢筋连接方式	伸出基础（楼板）顶面长度
绑扎搭接	短筋伸出长度 $= l_{lE}$
	长筋伸出长度 $= 2.3 l_{lE}$
机械连接	短筋伸出长度 $= 500$
	长筋伸出长度 $= 500 + 35d$
焊接	短筋伸出长度 $= 500$
	长筋伸出长度 $= 500 + \max(35d, 500)$

（2）中间层竖向钢筋计算

根据图 5.4.3 剪力墙边缘构件纵向钢筋连接构造可知，中间层钢筋的长度与钢筋的连接方式有关，具体计算公式如下：

绑扎连接时：　　　　中间层竖向钢筋长度 = 中间层层高 $+ l_{lE}$ 　　　　　　　　　(5.4.2)

机械连接、焊接时：　　中间层竖向钢筋长度 = 中间层层高 　　　　　　　　　　(5.4.3)

（3）顶层竖向钢筋计算

边缘构件中顶层竖向钢筋分两批，顶层的长筋就是与短筋连接的钢筋，短筋就是与长筋相连的钢筋。

根据图 5.3.5、图 5.4.3 可知，边缘构件纵向钢筋长度计算公式如下：

① 顶部为边框梁且边框梁的高度满足直锚要求时

长筋长度 = 顶层层高 - 边框梁高度 $+ l_{aE}$ - 下层钢筋伸出顶层楼板的短筋长度

(5.4.4)

短筋长度 = 顶层层高 - 边框梁高度 $+ l_{aE}$ - 下层钢筋伸出顶层楼板的长筋长度

(5.4.5)

② 顶部为边框梁但边框梁的高度不满足直锚要求时

$$长筋长度＝顶层层高－边框梁的保护层＋12d－下层钢筋伸出顶层楼板的短筋长度$$

$$(5.4.6)$$

$$短筋长度＝顶层层高－边框梁的保护层＋12d－下层钢筋伸出顶层楼板的长筋长度$$

$$(5.4.7)$$

③ 顶部为暗梁时

$$长筋长度＝顶层层高－屋面板的保护层＋12d－下层钢筋伸出顶层楼板的短筋长度$$

$$(5.4.8)$$

$$短筋长度＝顶层层高－屋面板的保护层＋12d－下层钢筋伸出顶层楼板的长筋长度$$

$$(5.4.9)$$

下层钢筋伸出顶层楼板的长度与钢筋的连接方式有关,具体如表 5.4.2 所示。

二、构造边缘构件 GBZ 构造

1. 构造边缘构件
（1）构造边缘构件构造
如图 5.4.5、图 5.4.6、图 5.4.7、图 5.4.8 所示。

构造边缘暗柱

① 构造边缘暗柱

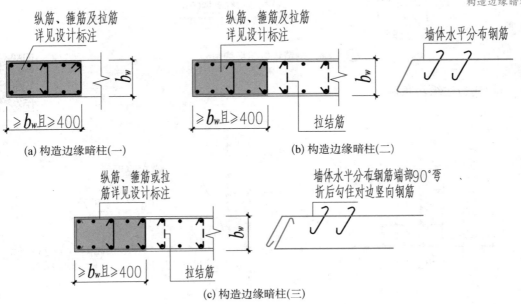

（a）构造边缘暗柱（一）　　　　（b）构造边缘暗柱（二）

（c）构造边缘暗柱（三）

图5.4.5　构造边缘暗柱构造

② 构造边缘翼墙

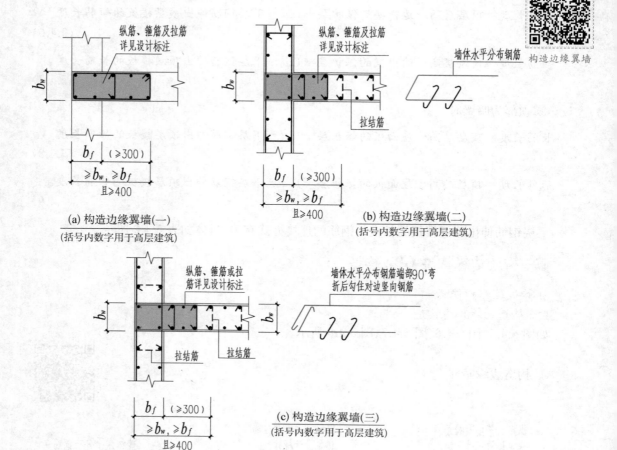

(a) 构造边缘翼墙(一)
(括号内数字用于高层建筑)

(b) 构造边缘翼墙(二)
(括号内数字用于高层建筑)

(c) 构造边缘翼墙(三)
(括号内数字用于高层建筑)

图5.4.6　构造边缘翼墙构造

③ 构造边缘转角墙

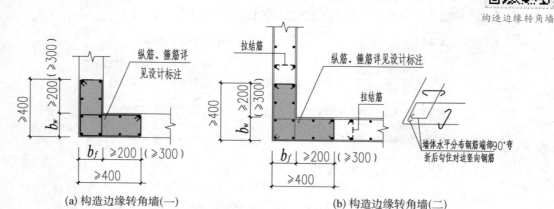

(a) 构造边缘转角墙(一)

(b) 构造边缘转角墙(二)

图5.4.7　构造边缘转角墙构造
(括号内数字用于高层建筑)

④ 构造边缘端柱

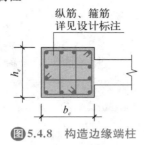

图 5.4.8 构造边缘端柱

构造边缘端柱

（2）构造做法

① 构造边缘暗柱（一）、构造边缘翼墙（一）、构造边缘转角墙（一）、构造边缘端柱在构造边缘阴影部分配置了柱的纵筋、箍筋和拉筋，但纵筋、箍筋和拉筋要详见设计标注。

② 构造边缘暗柱（二）、构造边缘翼墙（二）中剪力墙水平分布筋连续绕过边缘构件阴影区的外墙，取代边缘构件的箍筋。

③ 构造边缘暗柱（三）、构造边缘翼墙（三）中墙体两侧、构造边缘转角墙（二）中内侧墙体水平分布筋端部 90°弯折后勾住对边竖向钢筋。

（3）构造要求

① 构造边缘构件（二）、（三）用于非底部加强部位，当构造边缘构件内箍筋、拉筋位置（标高）与墙体水平分布筋相同时采用，此构造做法应由设计者指定后使用。计入的墙水平分布钢筋不应大于边缘构件箍筋总体积（含箍筋、拉筋以及符合构造要求的水平分布钢筋）的 50%。

② 墙体水平分布筋宜错开搭接，连接做法详见图 5.3.12。当施工条件受限时，构造边缘暗柱（二）、构造边缘翼墙（二）中墙体水平分布筋可在同一截面搭接，搭接长度不应小于 l_{lE}。

三、扶壁柱 FBZ、非边缘暗柱 AZ 构造

扶壁柱 FBZ、非边缘暗柱 AZ 的构造如图 5.4.9 所示。在阴影区域内其纵筋、箍筋按设计要求配置。

扶壁柱、非边缘暗柱构造

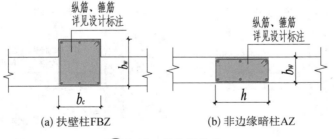

(a) 扶壁柱FBZ (b) 非边缘暗柱AZ

图 5.4.9 非边缘构件

四、约束边缘构件 YBZ 构造

约束边缘构件 YBZ 有约束边缘暗柱、约束边缘端柱、约束边缘翼墙、约束边缘转角墙。

约束边缘暗柱构造

1. 约束边缘构件构造

(1) 约束边缘暗柱构造如图 5.4.10 所示。

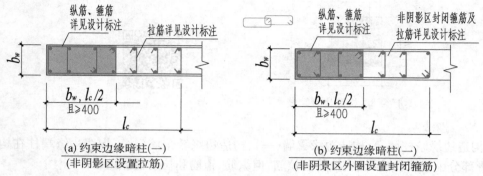

(a) 约束边缘暗柱(一)
(非阴影区设置拉筋)

(b) 约束边缘暗柱(一)
(非阴景区外圈设置封闭箍筋)

图5.4.10 约束边缘暗柱构造

(2) 约束边缘端柱构造如图 5.4.11 所示。

约束边缘端柱伸出的翼缘长度,若设计上有明确标注时,按设计要求来处理,若设计上没有明确标注时,按图集上的要求长度 300 mm 来确定。

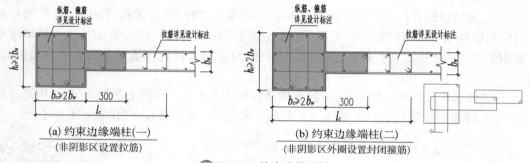

(a) 约束边缘端柱(一)
(非阴影区设置拉筋)

(b) 约束边缘端柱(二)
(非阴影区外圈设置封闭箍筋)

图5.4.11 约束边缘端柱

(3) 约束边缘翼墙构造如图 5.4.12 所示。

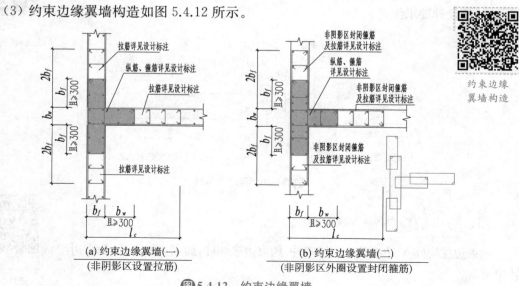

约束边缘
翼墙构造

(a) 约束边缘翼墙(一)
(非阴影区设置拉筋)

(b) 约束边缘翼墙(二)
(非阴影区外圈设置封闭箍筋)

图5.4.12 约束边缘翼墙

（4）约束边缘转角墙构造如图 5.4.13 所示。

约束边缘
转角墙构造

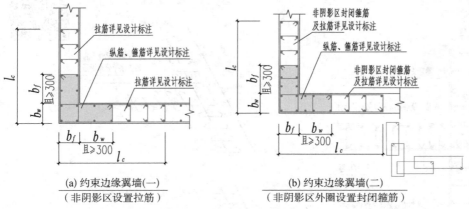

(a) 约束边缘翼墙(一)
（非阴影区设置拉筋）

(b) 约束边缘翼墙(二)
（非阴影区外圈设置封闭箍筋）

图5.4.13　约束边缘转角墙

2. 构造要求

（1）构件内纵筋、箍筋及拉筋由设计人员标注确定。

（2）几何尺寸 l_c 见具体工程设计，非阴影区箍筋、拉筋竖向间距同阴影区。

（3）当约束边缘构件内箍筋、拉筋位置（标高）与墙体水平分布筋相同时可采用详图（一）或（二），不同时应采用详图（二）。

五、剪力墙水平分布筋计入约束边缘构件体积配箍率的构造做法

1. 具体构造

（1）约束边缘暗柱具体构造如图 5.4.14 所示。

约束边缘
暗柱具体构造

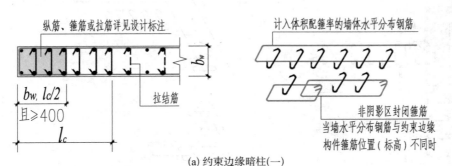

(a) 约束边缘暗柱(一)

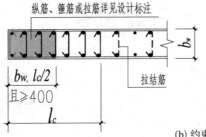

(b) 约束边缘暗柱(二)

图5.4.14　约束边缘暗柱

（2）约束边缘翼墙具体构造如图 5.4.15 所示。

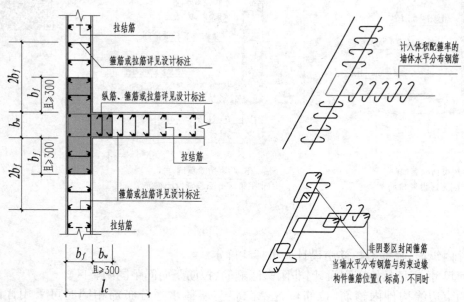

(a) 约束边缘翼墙(一)

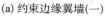

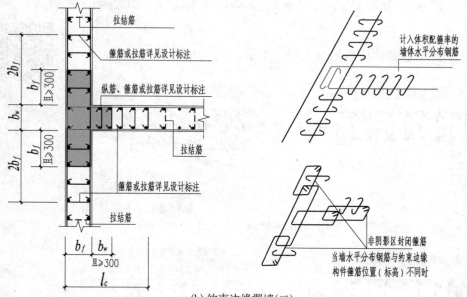

(b) 约束边缘翼墙(二)

图 5.4.15　约束边缘翼墙

（3）约束边缘转角墙具体构造如图 5.4.16 所示。

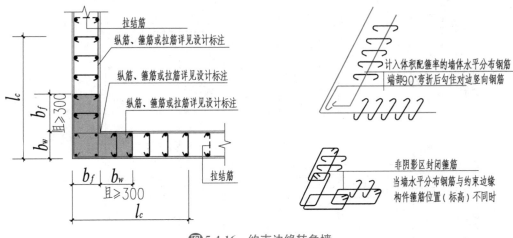

图5.4.16　约束边缘转角墙

2. 构造要求

（1）计入墙体的水平分布钢筋的体积配箍率不应大于总体积配箍率的 30%。

（2）约束边缘端柱水平分布钢筋的构造做法参照约束边缘暗柱。

（3）墙体水平分布钢筋应在 l_c 范围外搭接，一、二级抗震等级剪力墙非底部加强部位或三级抗震等级剪力墙，当施工条件受限时，详图（一）中墙体水平分布钢筋可在同一截面搭接，搭接长度不小于 l_{lE}。

（4）构造做法应由设计指定后使用。

任务五　墙梁钢筋构造与计算

剪力墙中有三种墙梁：连梁、边框梁、暗梁。由于墙梁是剪力墙的一个组成部分，因此在墙梁高度范围内有水平分布钢筋、拉结筋、梁纵筋、侧面钢筋、箍筋等。

一、剪力墙连梁配筋构造与计算

1. 连梁配筋构造

（1）连梁是一种特殊的墙身，它是上下楼层窗洞口之间的那部分水平的窗间墙，其配筋构造如图 5.5.1 所示。

由图 5.5.1 可知：楼层连梁的箍筋仅在洞口范围内布置，第一个箍筋在距支座边缘50 mm 处设置；顶层连梁的箍筋在全梁范围内布置，洞口范围内的第一个箍筋在距支座边缘50 mm 处设置；支座范围内的第一个箍筋在距支座边缘 100 mm 处设置，在"连梁表"中定义的箍筋直径和间距指的是跨中的间距，而支座范围内箍筋间距就是 150 mm。

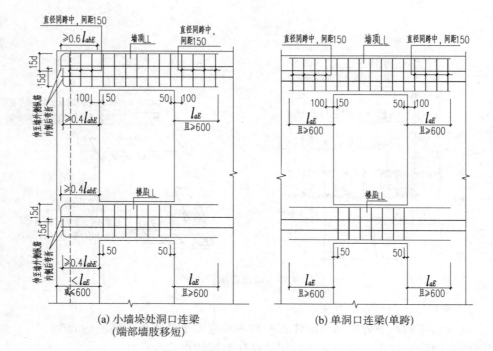

(a) 小墙垛处洞口连梁
(端部墙肢移短)

(b) 单洞口连梁(单跨)

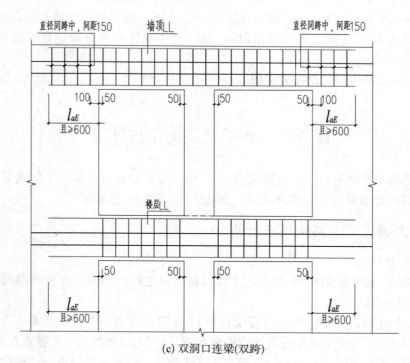

(c) 双洞口连梁(双跨)

图 5.5.1　连梁 LL 配筋构造

注:1. 当端部洞口连梁的纵向钢筋在端支座的直锚长度 $\geqslant l_{aE}$ 且 $\geqslant 600$ mm 时可不必往上(下)弯折;

2. 洞口范围内的连梁箍筋详见具体工程设计;

3. 连梁的侧面纵向钢筋单独设置时,侧面纵向钢筋沿梁高度方向均匀布置。

4. 连梁设有交叉斜筋、对角暗撑及集中对角斜筋的做法见图 5.5.5、图 5.5.6、图 5.5.7。

（2）连梁侧面纵筋及拉筋构造

剪力墙身水平分布筋从暗梁的外侧通过连梁,其侧面纵筋和拉筋构造如图5.5.2所示。

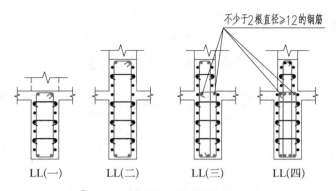

图5.5.2　连梁侧面纵筋和拉筋构造

注:连梁拉结筋直径与间距:当梁宽≤350 mm时为6 mm,梁宽>350 mm时为8 mm,拉结筋间距为2倍箍筋间距,当设有多排拉筋时,上下两排拉筋竖向错开设置。

由图5.2.2可知,当楼板以下连梁的宽度较大,楼板以上的连梁宽度较小时,在变梁宽处设置不少于2根直径不小于12的附加钢筋。

2. 连梁钢筋计算

（1）剪力墙单洞口连梁钢筋计算

① 中间层、顶层单洞口连梁钢筋长度计算方法:

$$连梁纵筋长度＝左锚固长度＋洞口宽度＋右锚固长度 \qquad (5.5.1)$$

锚固长度取值:

当墙肢长度$\geqslant\max(l_{aE},600)$,采用直锚形式,锚固长度$＝\max(l_{aE},600)$。

墙肢长度$<\max(l_{aE},600)$,采用弯形式,锚固长度＝支座宽度－保护层＋$15d$

② 箍筋与拉筋的计算

由于箍筋和拉筋的长度计算方法参考框架箍筋和单肢箍计算方法,此处只介绍箍筋和拉筋根数的计算方法。

$$楼层连梁箍筋根数＝\frac{洞口宽度－2\times50}{间距}＋1 \qquad (5.5.2)$$

$$墙顶连梁箍筋根数＝左墙肢内箍筋根数＋洞口上箍筋根数＋右墙肢内箍筋根数$$

$$＝\frac{左侧锚固长度水平段－100}{150}＋\frac{洞口宽度－2\times50}{间距}$$

$$\frac{右侧锚固长度－100}{150}＋3 \qquad (5.5.3)$$

（2）剪力墙双洞口连梁钢筋计算

① 长度计算

$$连梁纵筋长度＝左锚固长度＋\sum洞口宽度＋洞口间墙宽度＋右锚固长度 (5.5.4)$$

锚固长度取值同单洞口连梁要求。

② 根数计算

$$楼层连梁箍筋根数 = \frac{洞口1宽度 - 2 \times 50}{间距} + \frac{洞口2宽度 - 2 \times 50}{间距} + 2 \tag{5.5.5}$$

$$墙顶连梁箍筋根数 = \frac{左侧锚固长度 - 100}{150} + \frac{洞口1宽度 - 2 \times 50}{间距} +$$

$$\frac{洞口间墙宽度 + 2 \times 50}{间距} + \frac{洞口2宽度 - 2 \times 50}{间距} + \frac{右侧锚固长度 - 100}{150} + 3$$

$$\tag{5.5.6}$$

（3）剪力墙连梁拉筋计算

$$根数 = \left(\frac{连梁净长 - 2 \times 50}{箍筋间距 \times 2} + 1 \right) \times 排数 \tag{5.5.7}$$

二、剪力墙连梁 LLK 构造与计算

1. 剪力墙连梁 LLK 构造

剪力墙连梁 LLK 是一种"跨度/梁高≥5"的连梁。其具体构造如图 5.5.3 所示。

LLK 构造与计算

（1）连梁 LLK 纵向配筋构造要求为：

① 梁上部通长钢筋与非贯通钢筋直径相同时，连接位置宜位于跨中 $l_n/3$ 范围内，梁下部钢筋连接位置宜位于支座 $l_n/3$ 范围内，且在同一连接区段内钢筋接头面积百分率不宜大于 50%。

② 钢筋连接要求见图 1.3.7。

③ 梁侧面构造钢筋做法同连梁。

④ 连梁 LLK 上部纵筋、下部纵筋在支座内的直锚长度为 $\max(600, l_{aE})$。

⑤ 当梁纵筋（不包括架立筋）采用绑扎搭接接长时，搭接内箍筋直径及间距要求见图 1.3.8。

（2）箍筋加密区范围要求

从图 5.5.4 连梁 LLK 箍筋加密区范围可知，LLK 的加密区范围算法与框架梁相同，抗震等级为一级：≥$2.0h_b$ 且≥500；抗震等级为二～四级：≥$1.5h_b$ 且≥500。

2. 连梁 LLK 钢筋计算

$$上（下）部纵筋长度 = 2\max(600, l_{aE}) + 洞口宽度 \tag{5.5.8}$$

$$第一排非贯通钢筋长度 = \max(600, l_{aE}) + l_n/3 \tag{5.5.9}$$

$$第二排非贯通钢筋长度 = \max(600, l_{aE}) + l_n/4 \tag{5.5.10}$$

$$架立筋长度 = 洞口宽度 - 2l_n/3 \tag{5.5.11}$$

侧面构造钢筋参照连梁，箍筋计算方法参照框架梁。

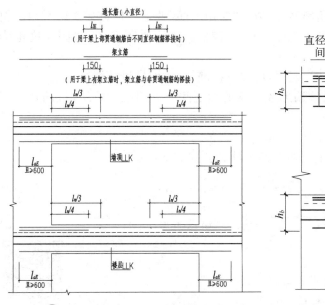

图 5.5.3　连梁 LLK 纵向配筋构造

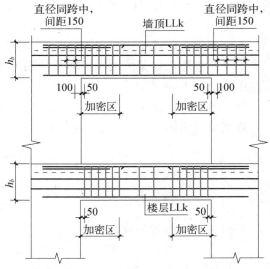

加密区：抗震等级为一级：$\geqslant 2.0h_b$ 且 $\geqslant 500$

　　　　抗震等级为二～四级：$\geqslant 1.5h_b$ 且 $\geqslant 500$

图 5.5.4　连梁 LLK 箍筋加密区范围

三、连梁交叉斜筋 LL(JX)、连梁集中对角斜筋 LL(DX)、连梁对角暗撑 LL(JC)配筋构造与计算

当洞口连梁截面宽度不小于 250 mm 时，可采用交叉斜筋配筋；当连梁截面宽度不小于 400 mm 时，可采用集中对角斜筋配筋或对角暗撑配筋。

连梁交叉斜筋
配筋构造

1. 连梁交叉斜筋 LL(JX)配筋构造与计算

(1) 连梁交叉斜筋 LL(JX)配筋构造如图 5.5.5 所示。

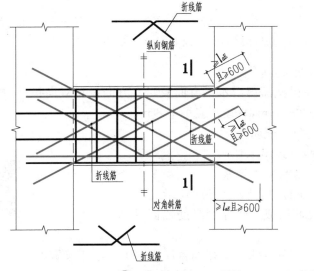
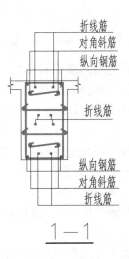

图 5.5.5　连梁交叉斜筋 LL(JX)配筋构造

连梁交叉斜筋由"折线筋"和"对角斜筋"组成。"对角斜筋"就是一根贯穿连梁对角的斜筋,锚固长度为"$\geq l_{aE}$且≥ 600";"折线筋"的一半为斜筋,一半为水平筋,其锚固长度也为"$\geq l_{aE}$且≥ 600"。

交叉斜筋配筋连梁的对角斜筋在梁端部位应设置拉筋,具体值见设计标注。

交叉斜筋配筋连梁的水平钢筋及箍筋形成的钢筋网之间应采用拉筋拉结,拉筋直径不宜小于 6 mm,间距不宜大于 400 mm。

(2)连梁交叉斜筋 LL(JX)配筋计算

连梁交叉斜筋 LL(JX)的对角斜筋与折线筋的计算公式如下:

$$对角斜筋长度=\sqrt{l^2+h^2}+2\max(600,l_{aE}) \tag{5.5.12}$$

$$折线筋长度=\frac{1}{2}\sqrt{l^2+h^2}+\frac{1}{2}l+2\max(600,l_{aE}) \tag{5.5.13}$$

连梁集中对角
斜筋配筋构造

斜向交叉钢筋的根数为 2 根。

2. 连梁集中对角斜筋 LL(DX)配筋构造与计算

(1)连梁集中对角斜筋 LL(DX)配筋构造如图 5.5.6 所示。

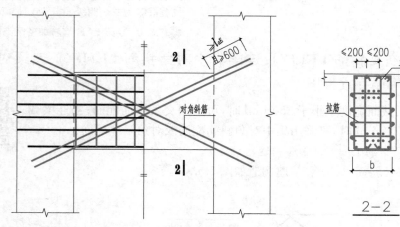

图5.5.6 连梁集中对角斜筋 LL(DX)配筋构造

对角斜筋的锚固长度"$\geq l_{aE}$且≥ 600"。

集中对角斜筋配筋连梁应在梁截面内沿水平方向及竖直方向设置双向拉筋,拉筋应勾住外侧纵向钢筋,间距不应大于 200 mm,直径不应小于 8 mm。

(2)连梁集中对角斜筋 LL(DX)配筋计算

对角斜筋长度计算公式参照公式(5.5.12)。

3. 连梁对角暗撑 LL(JC)配筋构造与计算

(1)连梁对角暗撑 LL(JC)配筋构造如图 5.5.7 所示。

每根暗撑由纵筋、箍筋和拉筋组成。暗撑的纵筋锚固长度为"$\geq l_a$且≥ 600"。

连梁对角暗撑
配筋构造

对角暗撑配筋连梁中暗撑箍筋的外缘沿梁截面宽度方向不宜小于梁宽的一半,另一方向不宜小于梁宽的 1/5;对角暗撑约束箍筋肢距不应大于 350 mm。

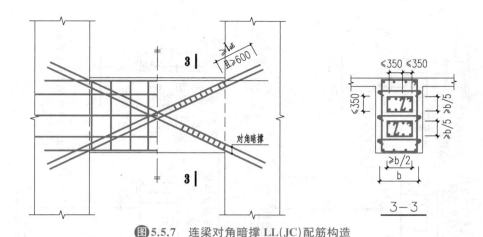

图5.5.7　连梁对角暗撑 LL(JC)配筋构造

对角暗撑配筋连梁的水平钢筋及箍筋形成的钢筋网之间应采用拉筋拉结,拉筋直径不宜小于 6 mm,间距不宜大于 400 mm。

（2）连梁对角暗撑 LL(JC)配筋计算

对角斜筋长度计算公式参照公式(5.5.12)。

四、剪力墙边框梁 BKL 或暗梁 AL 与连梁 LL 重叠时的配筋构造

剪力墙边框梁或暗梁与连梁重叠时的配筋构造如图 5.5.8 所示。

1. 纵筋构造

从图 5.5.8 中可以看出,当 BKL 与 AL、LL 重叠时,当连梁上部纵筋计算面积大于 BKL、AL 时需要设置附加纵筋;在顶层边框梁的支座边框柱处,边框梁的节点做法同框架结构;

连梁上部附加纵筋、连梁下部纵筋的直锚长度为 $\max(l_{aE}, 600)$。当 AL 与 LL 重叠时,连梁箍筋可兼作 AL 箍筋。

2. 梁内的钢筋计算

可参照连梁、框架梁的相应部分。

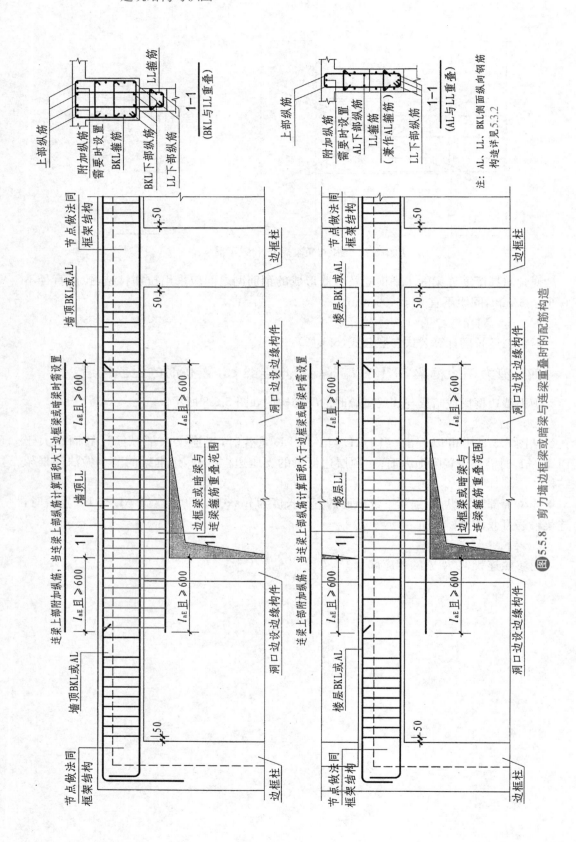

图 5.5.8 剪力墙边框梁或暗梁与连梁重叠时的配筋构造

任务六　洞口补强钢筋构造与计算

本部分内容中所说的"洞口"是剪力墙身上面开的小洞,它不应该是众多的门窗洞口,因为在剪力墙结构中门窗洞口周围常由连梁和暗柱所构成。

剪力墙洞口钢筋种类包括:补强钢筋或补强暗梁纵向钢筋、箍筋、拉筋。同时,引起剪力墙纵横钢筋的截断或连梁箍筋的截断。

一、剪力墙矩形洞口补强钢筋构造与计算

1.剪力墙矩形洞口宽度和高度均不大于800 mm

（1）构造

剪力墙矩形洞口宽度、高度均不大于800 mm 时洞口需补强钢筋,其构造如图 5.6.1（a）所示。

矩形洞口补强
钢筋构造与计算

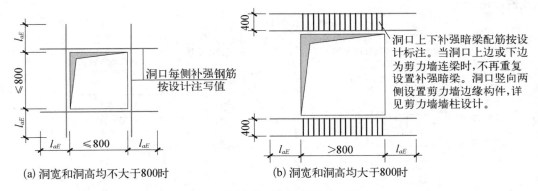

（a）洞宽和洞高均不大于800时　　（b）洞宽和洞高均大于800时

图5.6.1　剪力墙矩形洞口补强钢筋构造

洞口每侧补强钢筋按设计注写值,补强钢筋每边伸过洞口 l_{aE}。

（2）补强纵筋长度计算公式如下：

$$水平方向补强纵筋长度＝洞口宽度＋2l_{aE} \tag{5.6.1}$$

$$竖直方向补强纵筋长度＝洞口高度＋2l_{aE} \tag{5.6.2}$$

2.剪力墙矩形洞口宽度和高度均大于800 mm

（1）构造

剪力墙矩形洞口宽度或高度均大于800 mm 时的洞口需补强暗梁,如图 5.6.1（b）所示,配筋具体数值按设计要求。补强暗梁纵筋每边伸过洞口 l_{aE}。补强暗梁箍筋的外围高度为400 mm,箍筋从洞口内侧 50 mm 处开始设置。暗梁宽度同所在的剪力墙,暗柱和端柱详见具体的工程设计。

若洞口上边或下边为剪力墙连梁时,不再重复设置补强暗梁,洞口竖向两侧设置剪力墙边缘构件,详见剪力墙墙柱设计。

（2）补强暗梁纵筋、箍筋计算

补强暗梁纵筋长度计算公式参照公式(5.6.1)。

补强暗梁箍筋长度计算公式如下：

$$长度＝(400＋墙厚-2\times c-2\times d_1)\times 2+1.9d(或\ 2.89d)\times 2+2\max(75,10d) \tag{5.6.3}$$

其中 c 为墙保护层厚度，d_1 为墙水平分布筋直径，d 为箍筋直径。

$$箍筋的根数＝\frac{洞口宽度-50\times 2}{间距}+1 \tag{5.6.4}$$

二、剪力墙圆形洞口补强钢筋构造与计算

1. 剪力墙圆形洞口直径不大于 300 mm

（1）构造

剪力墙圆形洞口直径不大于 300 mm 时的洞口需补强钢筋，构造如图 5.6.2(a)所示。

圆形洞口补强
钢筋构造与计算

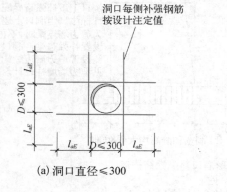

(a) 洞口直径≤300

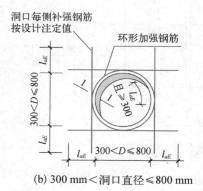

(b) 300 mm＜洞口直径≤800 mm

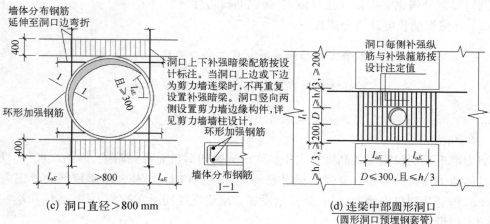

(c) 洞口直径＞800 mm

(d) 连梁中部圆形洞口
（圆形洞口预埋钢套管）

图 5.6.2 剪力墙圆形洞口补强钢筋构造

洞口每侧补强钢筋按设计注写值,补强钢筋每边伸过洞口 l_{aE}。

(2)补强纵筋长度计算公式如下:

$$补强纵筋长度＝洞口直径＋2l_{aE} \tag{5.6.5}$$

2. 300 mm＜剪力墙圆形洞口直径≤800 mm

(1)构造

300 mm＜剪力墙圆形洞口直径≤800 mm 时需补强钢筋,构造如图 5.6.2(b)所示。

此时有两种补强筋:一种是直的补强钢筋,每边伸过洞口 l_{aE};一种是环形加强钢筋,环形加强钢筋搭接长度为 $\max(l_{aE},300)$。

(2)补强纵筋长度计算

直的补强纵筋长度参照公式(5.6.5)

$$环形加强钢筋长度＝\pi(D＋2c＋d)＋\max(l_{aE},300) \tag{5.6.6}$$

3. 剪力墙圆形洞口直径＞800 mm 时

(1)构造

剪力墙圆形洞口直径＞800 mm 时,构造如图 5.6.2(c)所示。此时需截断过洞口的钢筋,洞口上下设强暗梁,补强暗梁纵筋每边伸过洞口 l_{aE}。洞口竖向两侧设置剪力墙边缘构件,洞口边缘设置"环形加强钢筋"。

(2)补强纵筋长度计算

暗梁纵筋长度计算参照公式(5.6.5),暗梁箍筋长度计算参照公式(5.6.3)

$$箍筋的根数＝\frac{洞口直径－50\times2}{间距}＋1 \tag{5.6.7}$$

4. 连梁中部圆形洞口补强钢筋构造与计算

(1)构造

连梁中部圆形洞口补强钢筋构造如图 5.6.2(d)所示。由图 5.6.2(d)可知,连梁圆形洞口不能开得太大,其直径 $D≤300$ mm,而且不能大于连梁高度的 1/3,连梁圆形洞口必须开在连梁的中部位置,洞口到连梁上下边缘的净距离不能小于 200 mm 且不能小于 1/3 的梁高。

补强纵筋每边伸过洞口 l_{aE}。

(2)连梁中部圆形洞口补强钢筋计算

补强纵筋长度计算参照公式(5.6.5)

补强箍筋根据洞口中心标高和洞口高度进行计算。

任务七　剪力墙钢筋计算案例

【案例 5.7.1】　某工程信息见下表,剪力墙保护层厚度为 15 mm,其平法施工图如图 5.7.1 所示,试计算 Q2、GBZ1、LL3 的钢筋工程量。

表 5.7.1

层号	墙顶标高(m)	层高(m)
8	29.650	3.6
7	26.050	3.6
6	22.450	3.6
5	18.850	3.6
4	15.250	3.6
3	11.650	3.6
2	8.050	3.6
1	4.450	4.5
基础	—1.050	基顶到一层地面1.0

剪力墙、基础混凝土强度等级为 C30,抗震等级为三级,基础保护层厚度为 40 mm,现浇板厚为 100 mm。钢筋直径 $d \leqslant 14$ mm 时采用绑扎搭接,$d > 14$ mm 时采用焊接。结构一层层高度为 $4.5+1.0=5.5$(m)

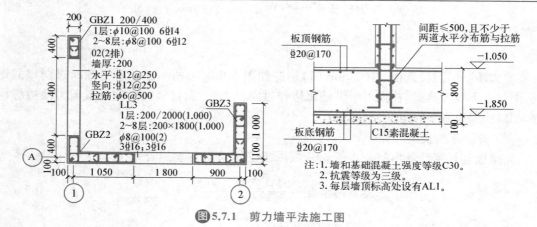

图 5.7.1　剪力墙平法施工图

解

(1) Q2 钢筋计算

Q2 水平分布筋和竖向分布筋简图,见图 5.7.2,水平分布筋一端锚固在直墙暗柱内,另一端锚固在转角墙内。

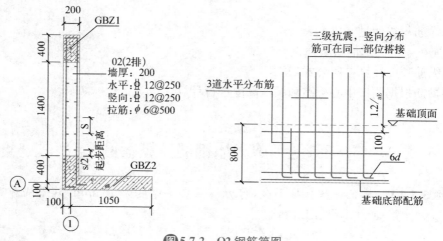

图 5.7.2　Q2 钢筋简图

表 5.7.2　Q2 钢筋计算表

钢筋名称	计算内容	计算式	长度(m)	备注
水平分布筋 Φ12@250	长度	$L=$ 墙净长 $+$ 锚固长度 $=$ 墙长 $-2c_{墙}+10d+15d$ $=400+1\ 400+500-2\times15+25\times12=2\ 570$ mm	704.18	内外侧水平筋长度相同
	根数	因 $h_j=800$ mm$>l_{aE}=37d=37\times12=444$ mm, 基础高度满足直锚,故在 l_{aE} 范围内布置横向钢筋 基础内:$n=\max\{2,[(444-100-40-2\times20)/$ $500+1]\}=2$ 1 层:$n=($ 层高 $-50)/$ 间距 $+1=(5\ 500-50)/250+1=23$ 2～8 层:$n=(3\ 600-50)/250+1=16$ 总根数 $=$ 单侧根数 $\times$ 排数 $=(2+23+16\times7)\times2=274$		
	总长度	总长度 $=2\ 570\times274=704\ 180$ mm		
竖向分布筋 Φ12@250	长度	因保护层厚度 $>5d$,且 $h_j=800$ mm$>l_{aE}=37d=37\times$ $12=444$ mm,故采用墙插筋在基础中锚固构造(一),弯 折长度为 $\max(6d,150)=\max(72,150)=150$ mm 弯锚:$L=$ 弯折长度 $+(h_j-c_基-dx_基-dy_基)+$ 上层 搭接长度 $=150+(800-40-20-20)+1.2\times444$ $=1\ 403$ mm 直锚:$l_{aE}+1.2l_{aE}=2.2\times444=977$ mm 1 层:$L=$ 层高 $+$ 上层搭接长 $=5\ 500+1.2\times444$ $=6\ 033$ mm 2～7 层:$L=6\times(3\ 600+1.2\times444)=24\ 797$ mm 8 层(顶层):$L=$ 层高 $-c+12d=3\ 600-15+12\times12$ $=3\ 729$ mm	428.14	本工程抗震等级为三级,故竖向分布筋可在同一部位搭接
竖向分布筋 C12@250	根数	基础内弯锚钢筋$(1/3)\times12=4$ 根,直锚钢筋$(2/3)\times$ $12=8$ 根。 单侧:$n=($ 墙净长 $-2\times$ 起步距离$)/$ 间距 $+1$ $=(1\ 400-250)/250+1=6$ 总根数 $=$ 单侧根数 $\times$ 排数 $=6\times2=12$		
	总长度	总长度 $=(4\times1\ 403+8\times977)+12\times(6\ 033+24\ 797+$ $3\ 729)=428\ 136$ mm		
拉筋 A6@500	长度	$L=b-2c-150+4.8d=200-2\times15+150+4.8\times6$ $=349$ mm	64.22	基础内拉筋根数少,不能用近似公式计算,要画草图一一数出来
	根数	双向拉筋:$n=$ 净墙面积$/($ 横向间距 $\times$ 竖向间距$)$ 基础内:$n=6$ 1 层:$n=(1\ 400\times5\ 500)/(500\times500)=31$ 2～8 层:$n=7\times[(1\ 400\times360)/(500\times500)]=147$ 总根数 $=6+31+147=184$		
	总长度	总长度 $=349\times184=64\ 216$ mm		

合计长度:Φ12:1 137.46 m;A6:64.22 m

合计质量:Φ12:1 010.061 kg;A6:14.256 kg

注:1. 计算钢筋根数时,每个商取整数,只入不舍;

　　2.质量 $=$ 长度 $\times$ 钢筋单位理论质量。

（2）GBZ1 钢筋计算

GBZ1 钢筋简图见图 5.7.3。GBZ1 是直墙暗柱，保护层厚度按柱取值 $c=20$ mm。

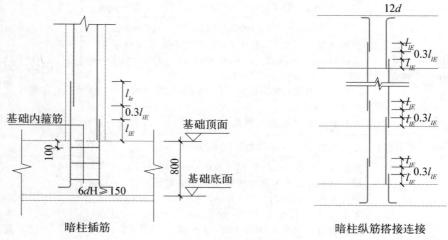

图 5.7.3 GBZ1 钢筋简图

表 5.7.3 GBZ1 钢筋计算表

钢筋	计算部位	计算式	长度(m)	备注
纵筋	一层及以下 6⌀14	因保护层厚度＞5d，$h_j=800$ mm＞$l_{aE}=37d=37×$ $14=518$ mm，故采用墙柱插筋在基础中锚固构造(a)， 共有 4 根角部纵筋弯锚，2 根非角部纵筋直锚。 弯折长度为 max(6d，150) = max(84，150)=150 mm 搭接长 $l_{lE}=52×14=728$ mm 基础内锚固长＝$h_j-c_基-dx_基-dy_基=800-40-$ 　　　　　　$20-20=720$ mm 弯锚：$L=4×(150+800-40-2×20)+2×2.3×$ 　　　　$728+2×728=8\ 285$ mm 直锚：$L=2×518+728+2.3×728=3\ 438$ mm	49.09	
		一层：$L=$层高＋上层搭接长＝$6×(5\ 500+728)$ 　　　$=37\ 368$ mm		
	2～7 层 6⌀12	$l_{lE}=52×12=624$ mm $L=$层高＋上层搭接长＝$6×6×(3\ 600+624)$ 　　$=152\ 064$ mm	152.06	d 取相连钢筋较小直径
	8 层 6⌀12	顶层纵筋伸到顶部弯折 $12d$ 顶层：$L=$层高$-c+12d-$钢筋起点高度 　　$=6×(3\ 600-20+12×12)-3×1.3×624$ 　　$=19910$ mm	19.91	

续　表

钢筋	计算部位	计算式	长度(m)	备注
箍筋	一层及以下 φ10@100	长度：$L = 2(b+h) - 8c + 19.8d$ $= 2(200+400) - 8 \times 20 + 19.8 \times 10 = 1\ 238$ mm 基础内：$n = \max\{2, [(518-100-40-2\times20)/500+1]\} = 2$ 1层：绑扎区域加密箍筋数＋非加密箍筋数 $= (5\ 500-50)/100+1 = 56$ 总根数 $n = 3 + 56 = 59$ 总长度 $L = 1\ 238 \times 59 = 73\ 042$ mm	73.042	
	2～8层 φ8@100	长度：$L = 2(b+h) - 8c + 19.8d$ $= 2(200+400) - 8 \times 20 + 19.8 \times 8 = 1\ 198$ mm 每层根数 $n = (3\ 600-50)/100+1 = 37$ 总根数 $n = 7 \times 37 = 259$ 总长度 $L = 1\ 198 \times 259 = 318\ 668$ mm	318.67	
拉筋	一层 φ10@100	长度：$L = b - 2c + 24.8d = 200 - 2 \times 20 + 24.8 \times 10$ $= 408$ mm 一层以下无拉筋，故一层拉筋根数同一层箍筋 根数 $n = 56$ 总长度 $L = 408 \times 56 = 22\ 848$ mm	22.85	
	2～8层 φ8@100	长度：$L = b - 2c + 24.8d = 200 - 2 \times 20 + 24.8 \times 8 = 358$ mm 根数同箍筋 $n = 259$ 总长度 $L = 3\ 588 \times 259 = 95\ 228$ mm	95.23	

合计长度：$\Phi 14$：49.09 m；$\Phi 12$：171.97 m；$\phi 10$：95.89 m；$\phi 8$：413.90 m
合计质量：$\Phi 14$：51.30 kg；$\Phi 12$：152.71 kg；$\phi 10$：59.16 kg；$\phi 8$：163.49 kg

注：1. 计算钢筋根数时，每个商取整数，只入不舍；
　　2. 质量＝长度×钢筋单位理论质量。

（3）LL3 钢筋计算

LL3 钢筋简图，见图 5.7.4。连梁保护层厚度按墙取值 $c = 15$ mm，保护层针对墙身水平分布筋而言。

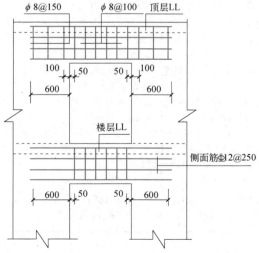

图 5.7.4　LL3 钢筋简图

表 5.7.4　LL3 钢筋计算表

钢筋	计算内容	计算式	长度(m)	备注
纵筋	1～8 层 上下纵筋 各 3Φ16	左右锚固长： $\max(l_{aE},600)=\max(l_{aE}=37\times16=592,600)=600$ mm $L=$ 洞口宽＋左锚固长＋右锚固长＝1 800＋600＋600 　＝3 000 mm 总长度 $L=8\times6\times3\ 000=144\ 000$ mm	144.00	
箍筋	一层 200×2 000 ϕ8@100	长度：$L=2(b+h)-8c+19.8d-4d_{水}$ 　　　$=2\times(200+2\ 000)-8\times15+19.8\times8-4\times12$ 　　　$=4\ 390$ mm 根数：$n=($洞门宽$-2\times50)/$间距$+1$ 　　　$=(1\ 800-100)/100+1=18$ 总长度 $L=18\times4\ 390=79\ 020$ mm	79.02	每个区段内箍筋根数取整数后再继续计算
	2～8 层 200×1 800 ϕ8@100	长度：$L=2\times(200+1\ 800)-8\times15+19.8\times8-4\times12$ 　　　$=3\ 990$ mm 2～7 层根数：$n=6\times18=108$ 8 层根数：$n=2\times$锚固区根数＋洞门范围根数 　　　$=2\times(600-100)/150+(1\ 800-100)/100+1$ 　　　$=2\times4+18=26$ 总长度 $L=(108+26)\times3\ 990=534\ 660$ mm	534.66	
侧面筋	按水平分布 筋确定 Φ12@250	$\max(l_{aE},600)=\max(l_{aE}=37\times12=444,600)$ 　　　　　　　　$=600$ mm 长度：$L=$ 洞口宽＋左锚固长＋右锚固长 　　　$=1\ 800+600+600=3\ 000$ mm 一侧根数：$n=($连梁高$-2c)/$水平筋间距-1 1 层一侧：$n=(2\ 000-2\times15)/250-1=7$ 2～8 层一侧：$n=(1\ 800-2\times15)/250-1=6$ 总根数 $n=2\times(7+7\times6)=98$ 总长度 $L=98\times3\ 000=294\ 000$ mm	294.00	
拉筋	ϕ6	长度：$L=b-2c+4.8d=200-2\times15+150+4.8\times6$ 　　　$=349$ mm 横向根数：$n=($洞口宽$-2\times50)/2\times$箍筋间距$+1$ 　　　　　$=(1\ 800-2\times50)/2\times100+1=10$ 竖向根数：$n=($连梁高$-2c)/$水平筋间距-1 1 层：$n=(2\ 000-2\times15)/250-1=7$ 2～8 层：$n=[(1\ 800-2\times15)/250-1]\times7=42$ 总根数 $n=(7+42)\times10=490$ 总长度 $L=490\times349=171\ 010$ mm	171.01	

合计长度：Φ16:144.00 m;Φ12:294.00 m;ϕ8:613.68 m;ϕ6:171.01 m

合计质量：Φ16:227.23 kg;Φ12:261.07 kg;ϕ8:242.40 kg;ϕ6:37.96 kg

注:1. 计算钢筋根数时,每个商取整数,只入不舍;
　　2. 质量＝长度×钢筋单位理论质量。

【案例 5.7.2】 剪力墙连梁和端柱,结构抗震等级为三级,混凝土强度等级 C30,墙柱保护层厚度为 30 mm,轴线居中,基础顶标高为－1.000,基础高度为 1 000 mm,墙柱采用机械连接,墙身采用绑扎搭接,其他条件如图 5.7.5 所示。试算图中 Q1、GDZ1 和 LL1 的钢筋量。

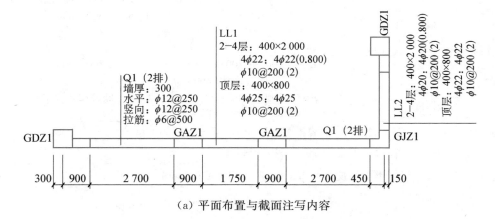

（a）平面布置与截面注写内容

截面	GDZ1 截面图
编号	GDZ1
标高	基础顶～15.450
纵筋	22B22
箍筋	φ10@100

（b）墙柱表注写内容

屋面	15.450	
4	11.350	4.1
3	7.750	3.6
2	4.150	3.6
1	－0.050	4.2
层号	标高(m)	层高(m)

（c）结构层楼面标高和结构层高

图 5.7.5　剪力墙平法施工图

解

（1）Q1 钢筋计算

Q1 水平分布筋和竖向分布筋简图,见图 5.7.6。

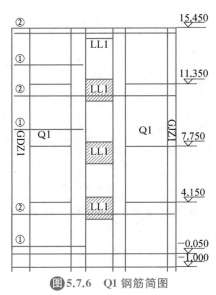

图 5.7.6　Q1 钢筋简图

表 5.7.5　Q1 钢筋计算表

钢筋名称	计算内容		计算式
水平钢筋 $\phi12@250$	①号钢筋	长度	$L=1\,200+2\,700+900-2\times30+15\times12\times2=5\,100$ mm
		根数	$n=[(4\,150+1\,000-1\,200-250)/250+1]+[(3\,600-2\,000-250)/250+1]\times2+[(4\,100-800-800-250)/250+1]=16+17\times2+10=40$
		总长度	总长度 $=5\,100\times40=204\,000$ mm
	②号钢筋	长度	$L=1\,200+2\,700+900+1\,750+900+2\,700+600-2\times15+15\times12\times2=10\,360$ mm
		根数	$n=[(1\,000-40)/500+1]+[(2\,000-250)/250]\times3+[(800-250)/250]=3+21+3=27$
		总长度	总长度 $=10\,360\times27=279\,720$ mm
竖向钢筋 $\phi12@250$	基础插筋	锚固长度	$l_{aE}=34d=34\times12=408$ mm
		搭接长度	$1.2l_{aE}=1.2\times408=489.6$ mm
		弯折钢筋长度 $4\phi12$	$1.2l_{aE}+1\,000-40+150=1\,599.6$ mm
		直锚钢筋长度 $7\phi12$	$1.2l_{aE}+408=897.6$ mm
	中间层纵筋	中间层 $11\phi12$	$L=11\,350+1\,000+3\times1.2l_{aE}=13\,818.8$ mm
	顶层纵筋	顶层 $11\phi12$	$L=4\,100-100+l_{aE}=4\,408$ mm
	根数		$n=(2\,700-250)/250+1=11$

（2）GDZ1 钢筋计算

GDZ1 箍筋示意图见图 5.7.7。

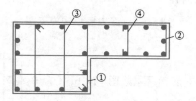

图 5.7.7　GDZ1 箍筋示意图

表 5.7.6　GDZ1 钢筋计算表

钢筋	计算部位	计算式
纵筋	基础插筋部位	$h-c=1\,000-40=960$ mm，$d=22$ mm，$l_{aE}=34d=748$ mm
	基础插筋角筋 7 ⚊ 22	$L=500+960+150=1\,610$ mm
	基础插筋中部钢筋 15 ⚊ 22	$L=500+748=1\,248$ mm
	中间层钢筋 22 ⚊ 22	$L=11\,350+1\,000+500-500=12\,350$ mm
	顶层钢筋 22 ⚊ 22	$L=15\,450-11\,350-500-100+748=4\,248$ mm

续　表

钢筋	计算部位	计算式
箍筋	①号箍筋长度	$L=(600-2×30+2×10)×4+2×11.9×10=2\ 478\ mm$
	②号箍筋长度	$L=(1\ 200-2×30+2×10+300-2×30+2×10)×2+2×11.9×10$ $=3\ 078\ mm$
	③号箍筋长度	$L=[(600-2×30-22)/3+22+2×10+600-2×30+2×10]×$ $2+2×11.9×10=1\ 787\ mm$
	④号箍筋长度	$L=300-2×30+2×10+2×10+2×11.9×10=518$（mm）
	根数	$n=(1\ 000-40)/500+1+(5\ 150-2×50)/100+1+[(3\ 600-$ $2×50)/100+1]×2+(4\ 100-2×50)/100+1=168$

（3）LL1 钢筋计算

表 5.7.7　LL1 钢筋计算表

钢筋	计算内容	计算式
纵筋 32 Φ 22	锚固长度	连梁纵筋的锚固为 $l_{aE}=34d=34×22=748\ mm$
	剪力墙连梁锚入墙肢内的长度	$L=\max(600,l_{aE})=748\ mm$
	纵筋长度	$L=1\ 750+2×748=3\ 246\ mm$
箍筋	2~4 层箍筋长度 30φ10	$L=(400-2×30+2×10+2\ 000-2×30+2×10)×2+$ $2×11.9×10=4\ 878\ mm$
	2~4 层箍筋根数	$n=[(1\ 750-2×50)/200+1]×3=28$
	顶层箍筋长度 30φ10	$L=(400-2×30+2×10+800-2×30+2×10)×2+2×11.9×10$ $=2\ 478\ mm$
	顶层箍筋根数	$n=[(1\ 750-2×50)/100+1]+[(748-100)/150+1]×2=29$

答案扫一扫

自 测 题

一、读图题

根据图 5.2.2,回答下列问题:

1. 剪力墙身 Q1 的墙厚是 _____ mm,竖向分布筋是 _____ 排,水平分布筋是 _____ 排,水平分布筋间距为 _____,拉筋的布置方式是 _____。

2. 若该剪力墙平面图位于 26.670 处,YD1 的中心标高为 _____。

3. GBZ2 是剪力墙的 _____ 构件,加密区长度是 _____,非加密区长度是 _____。

4. 5 层 LL2 的尺寸为 _____,梁面标高是 _____。

二、计算题

1. 如图 5.7.8 所示用截面注写方式表达的剪力墙施工图。三级抗震,剪力墙和基础混凝土强度等级均为 C25,剪力墙和板的保护层厚度均为 15 mm,基础保护层厚度为 40 mm。

GBZ 柱保护层厚度为 20 mm,各层楼板厚度均为 100 mm,基础厚度为 1 200 mm,钢筋连接采用绑扎搭接方式,试计算墙身钢筋工程量。

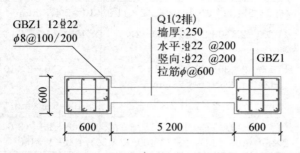

屋面	9.570	
3	6.370	3.200
2	3.170	3.200
1	−0.030	3.200
层号	标高(m)	层高(m)

图5.7.8　剪力墙平法施工图截面注写方式

项目六 现浇混凝土基础

学习目标

1. 掌握现浇钢筋混凝土独立基础、有梁式筏形基础平法施工图制图规则。
2. 掌握独立基础、有梁式筏形基础钢筋构造与计算。

基础指建筑底部与地基接触的承重构件,是建筑的重要组成部分。它的作用是把建筑上部的荷载传给地基。因此,基础必须坚固、稳定而可靠。基础按使用材料分为:灰土基础、砖基础、毛石基础、混凝土基础、钢筋混凝土基础。由于刚性角的限制,灰土基础、砖基础、毛石基础、混凝土基础等用刚性材料制作的基础在实际工程中受到很多限制,因此实际工程中广泛采用钢筋混凝土基础。混凝土基础按构造形式分,钢筋混凝土基础分为独立基础、条形基础、筏形基础、箱形基础、桩基础,如图 6.0.1 所示。本项目中主要介绍独立基础与有梁式筏形基础。

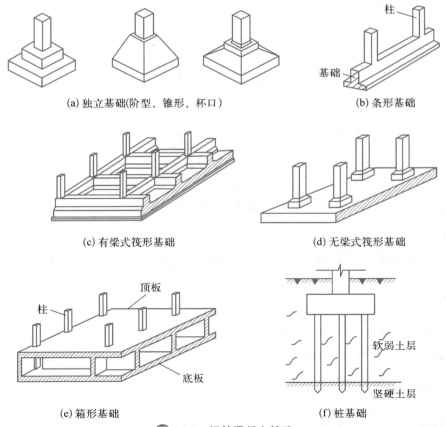

(a) 独立基础(阶型、锥形、杯口)　　　　　　　　　(b) 条形基础

(c) 有梁式筏形基础　　　　　　　　　　(d) 无梁式筏形基础

(e) 箱形基础　　　　　　　　　　(f) 桩基础

图 6.0.1　钢筋混凝土基础

任务一 基础平法施工图制图规则

一、独立基础平法施工图制图规则

(一) 独立基础平法施工图的表示方法

独立基础平法施工图,有平面注写、截面注写和列表注写三种表达方式,设计者可根据具体工程情况选择一种,或两种方式相结合进行独立基础的施工图设计。

当绘制独立基础平面布置图时,应将独立基础平面与基础所支承的柱一起绘制。当设置基础联系梁时,可根据图面的疏密情况,将基础联系梁与基础平面布置图一起绘制或将基础联系梁布置图单独绘制。

在独立基础平面布置图上应标注基础定位尺寸;当独立基础的柱中心线或杯口中心线与建筑轴线不重合时,应标注其定位尺寸。编号相同且定位尺寸相同的基础,可仅选择一个进行标注。

(二) 独立基础的平面注写方式

独立基础的平面注写方式,分为集中标注和原位标注两部分内容。注写方式示意如图6.1.1 所示。

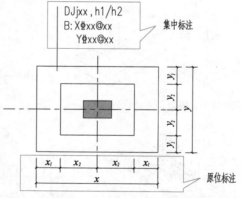

图6.1.1 普通独立基础平面注写方式示意图

1. 集中标注

集中标注系在基础平面图上集中引注三项必注内容及两项选注内容。具体如表 6.1.1 所示。

表 6.1.1 独立基础平面注写内容

集中标注	必注内容	(1) 基础编号
		(2) 截面竖向尺寸
		(3) 配筋
	选注内容	(1) 基础底面标高
		(2) 必要的文字注解

注:素混凝土普通独立基础的集中标注,除无基础配筋内容外均与钢筋混凝土普通独立基础相同。

（1）基础编号（必注内容）

独立基础编号由代号和序号组成，具体规定如表 6.1.2 所示。

表 6.1.2 独立基础编号

类型	基础底板截面形状	代号	序号	示例
普通独立基础	阶形	DJ_j	××	DJ_j01 表示阶形截面独立基础 1
	锥形	DJ_z	××	DJ_z03 表示锥形截面独立基础 3
杯口独立基础	阶形	BJ_j	××	BJ_j05 表示阶形截面杯口基础 5
	锥形	BJ_z	××	BJ_z01 表示锥形截面杯口基础 1

（2）截面竖向尺寸（必注内容）

普通独立基础，竖向尺寸注写为 $h_1/h_2/\cdots\cdots$。

杯口独立基础其竖向尺寸分两组，一组表达杯口内，另一组表达杯口外，两组尺寸以"，"分隔，注写为 a_0/a_1，$h_1/h_2/\cdots\cdots$，其中 a_0 为杯口深度，具体如表 6.1.3 所示

表 6.1.3 独立基础竖向尺寸

基础形式		截面竖向尺寸	竖向尺寸标注示意图
普通独立基础	阶形截面普通独立基础	$h_1/h_2/\cdots\cdots$	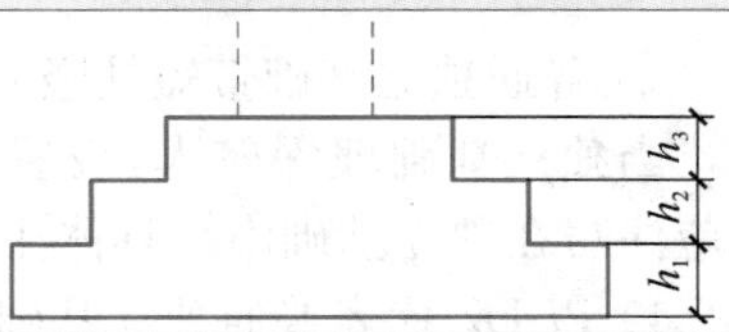
	锥形截面普通独立基础		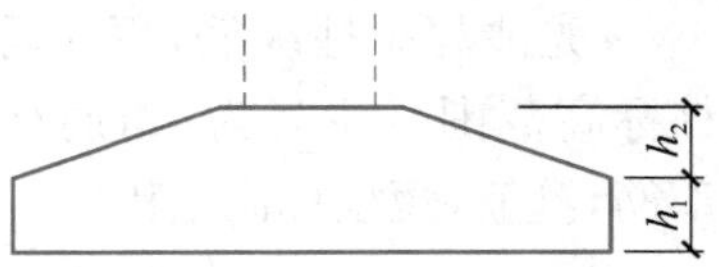
杯口独立基础	阶形截面杯口独立基础	a_0/a_1，$h_1/h_2/\cdots\cdots$	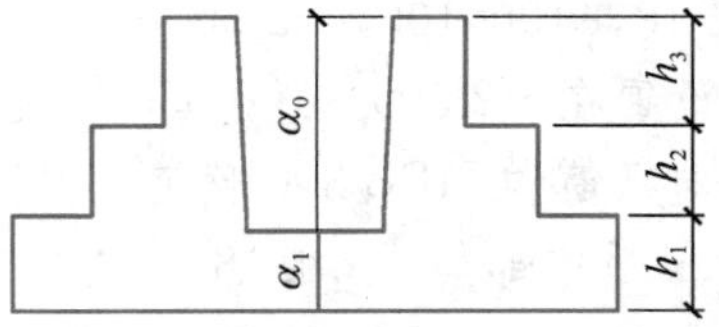
	锥形截面高杯口独立基础		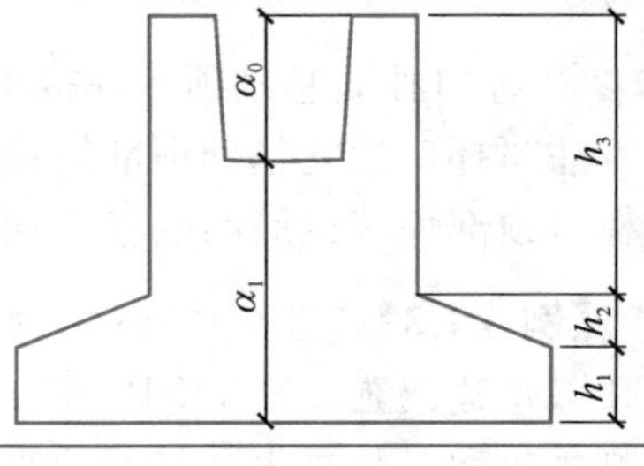

（3）配筋（必注内容）

独立基础的配筋有五种情况，如表 6.1.4 所示：

表 6.1.4　独立基础中的钢筋种类

独立基础中的钢筋种类	① 独立基础底板钢筋 B
	② 普通独立基础带短柱配筋 DZ
	③ 杯口独立基础顶部焊接钢筋网 Sn
	④ 高杯口独立基础的短柱配筋 O
	⑤ 多柱独立基础底板顶部配筋和基础梁配筋

① 独立基础底板钢筋

无论是普通独立基础还是杯口独立基础,其底部双向配筋注写规定如下:

1) 以 B 代表各种独立基础底板的底部配筋。

2) X 向配筋以 X 打头、Y 向配筋以 Y 打头注写;当两向配筋相同时,则以 X&Y 打头注写。

【例 6.1.1】　当独立基础底板配筋标注为: B:XΦ16@150,YΦ16@200;表示基础底板底部配 HRB 400 级钢筋,X 向钢筋直径为 14,间距 150;Y 向钢筋直径为 16,间距 200。如图 6.1.2 所示:

② 普通独立基础带短柱竖向尺寸及钢筋。

当独立基础埋深较大,设置短柱时,短柱配筋应注写在独立基础中。具体注写规定如下:

1) 以 DZ 代表普通独立基础短柱。

2) 先注写短柱纵筋,再注写箍筋,最后注写短柱标高范围。注写为:角筋/x 边中部筋/y 边中部筋,箍筋,短柱标高范围。

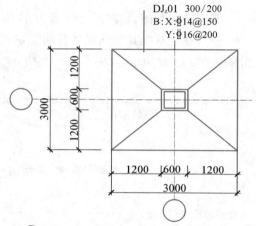

図6.1.2　独立基础底板配筋识读示意图

【例 6.1.2】　当短柱配筋标注为:DZ:4Φ20/5Φ18/5Φ18,ϕ10@100,−2.500～−0.050;表示独立基础的短柱设置在−2.500～−0.050 高度范围内,配置 HRB 400 竖向纵筋和 HPB 300 箍筋。其竖向纵筋为:角筋为 4Φ20、x 边中部筋为 5Φ18、y 边中部筋为 5Φ18;其箍筋直径为 10 mm,间距 100 mm,见图 6.1.3 所示

③ 杯口独立基础顶部焊接钢筋网

注写杯口独立基础顶部焊接钢筋网。以 Sn 打头引注杯口顶部焊接钢筋网的各边钢筋。

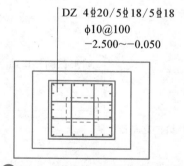

図6.1.3　独立基础短柱配筋示意图

【例 6.1.3】　当杯口独立基础顶部钢筋网标注为:Sn2Φ14,若基础为单杯口基础表示杯口顶部每边配置 2 根 HRB 400 级直径为 14 mm 的焊接钢筋网。若基础为双杯口基础表示杯口每边和双杯口中是杯壁的顶部均配置 2 根 HRB 400 级直径为 14 mm 的焊接钢筋网。具体如表 6.1.5 所示。

表 6.1.5　杯口独立基础顶部焊接钢筋网示意图

基础顶部钢筋网引注内容	单杯口独立基础顶部焊接钢筋网示意	双杯口独立基础顶部焊接钢筋网示意
Sn2 Φ 14	**Sn 2Φ14**	**Sn 2Φ14**

注意:当双杯口独立基础中间杯壁厚度小于 400 mm 时,在中间杯壁中配置构造钢筋见相应标准构造详图,设计不注。

④ 高杯口独立基础侧的短柱配筋(亦适用于杯口独立基础杯壁有配筋的情况)。具体注写规定如下:

1)以 O 代表短柱配筋。

2)先注写短柱纵筋,再注写箍筋。注写为:角筋/x 边中部筋/y 边中部筋,箍筋(两种间距,短柱杯口壁内箍筋间距/短柱其他部位箍筋间距)。

【例 6.1.4】　当高杯口独立基础的短柱配筋标注为 O:4Φ20/Φ16@220/Φ16@200,φ10@150/300;表示高杯口独立基础的短柱配置 HRB 400 竖向纵筋和 HPB 300 箍筋。其竖向纵筋为:角筋 4Φ20、x 边中部筋 5Φ16,y 边中部筋 5Φ16;其箍筋直径为 10 mm,短柱杯口壁内间距 150 mm,短柱其他部位间距 300 mm,如图 6.1.4 所示。(本图只表示基础短柱纵筋与矩形箍筋)。

双高杯口独立基础的短柱配筋,注写形式与单高杯口相同。如图 6.1.4(b)所示。(本图只表示基础短柱纵筋与矩形箍筋)。

当双高杯口独立基础中间杯壁厚度小于 400 mm 时,在中间杯壁中配置构造钢筋见相应标准构造详图,设计不注。

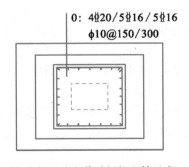

(a)高杯口独立基础短柱配筋示意　　**(b)双高杯口独立基础短柱配筋示意**

图6.1.4　杯口独立基础短柱配筋示意图

⑤ 双柱独立基础底板顶部配筋和基础梁配筋

独立基础通常为单柱独立基础,也可为双柱独立基础。双柱独立基础的编号、几何尺寸和配筋的标注方法与单柱独立基础相同。

当为双柱独立基础且柱距较小时,通常仅配置基础底部钢筋;当柱距较大时,除基础底部配筋外,尚需在两柱间配置基础顶部钢筋或设置基础梁。

双柱独立基础顶部配筋和基础梁的注写方法规定如下:

1) 注写双柱独立基础底板顶部配筋。

双柱独立基础的顶部配筋,通常对称分布在双柱中心线两侧。以大写字母"T"打头,注写为:双柱间纵向受力钢筋/分布钢筋。当纵向受力钢筋在基础底板顶面非满布时,应注明其总根数。

【例 6.1.5】 T:9 Φ 18@100/ϕ10@200 表示独立基础顶部配置 HRB 400 纵向受力钢筋,直径为 18 mm,设置 9 根,间距 100 mm;配置 HPB 300 分布筋,直径为 10 mm,间距 200 mm,如图 6.1.5 所示。

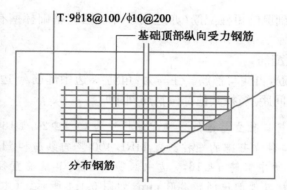

图6.1.5 双柱独立基础底板顶部配筋示意图

2) 注写双柱独立基础的基础梁配筋。

当双柱独立基础为基础底板与基础梁相结合时,基础梁集中标注内容如下:

基础梁的编号:如 JLxx(1)表示该基础梁为 1 跨,两端无外伸;JLxx(1A)表示该基础梁为 1 跨,一端有外伸;JLxx(1B)表示该基础梁为 1 跨,两端均有外伸;通常情况下,双柱独立基础宜采用端部有外伸的基础梁。

基础梁截面几何尺寸:b×h,基础梁宽度宜比柱截面宽出不小 100 mm(每边不小于 50 mm)。

基础梁配筋:T:×Φ××;B:×Φ××,T:×Φ××表示基础梁上部配筋,B:×Φ××表示基础梁底部配筋;G:×Φ××表示基础梁侧面配置的构造筋。

3) 注写双柱独立基础的底板配筋。双柱独立基础底板配筋的注写,可以按条形基础底板的注写规定(详见本规则第 3 章的相关内容),也可以按独立基础底板的注写规定,注写示意图如图 6.1.6 所示。

4) 注写配置两道基础梁的四柱独立基础底板顶部配筋。当四柱独立基础已设置两道平行的基础梁时,根据内力需要可在双梁之间及梁的长度范围内配置基础顶部钢筋,注写为:梁间受力钢筋/分布钢筋。

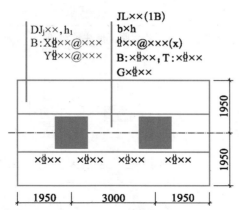

图6.1.6　双柱独立基础的基础梁配筋注写示意图

【例 6.1.6】　T:Φ 16@120/Φ 10@200；表示在四柱独立基础顶部两道基础梁之间配置 HRB 400 钢筋，直径为 16 mm，间距 120 mm；分布筋为 HPB 300 钢筋，直径为 10 mm，间距 200 mm。如图 6.1.7 所示。

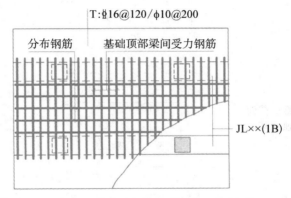

图6.1.7　四柱独立基础底板顶部基础梁间配筋注写示意图

平行设置两道基础梁的四柱独立基础底板配筋，也可按双梁条形基础底板配筋的注写规定。具体可参照图集上的相关内容。

（4）基础底面标高（选注内容）

当独立基础的底面标高与基础底面基准标高不同时，应将独立基础底面标高直接注写在"（　　　）"内。

（5）必要的文字注解（选注内容）

当独立基础的设计有特殊要求时，宜增加必要的文字注解。例如，基础底板配筋长度是否采用减短方式等，可在该项内注明。

2.原位标注

钢筋混凝土和素混凝土独立基础的原位标注，系在基础平面布置图上标注独立基础的平面尺寸。对相同编号的基础，可选择一个进行原位标注；当平面图形较小时，可将所选定进行原位标注的基础按比例适当放大；其他相同编号者仅注编号。原位标注的具体内容及示意图如表 6.1.6 所示。

表 6.1.6　独立基础原位标注

序号	基础类型	基础原位标注示意图	原位标注相关规定
1	普通独立基础	对称阶形截面普通独立基础	(1) x、y 为普通独立基础两向边长; (2) x_i、y_i 为阶宽或锥形平面尺寸(当设置短柱时,尚应标注短柱对轴线的定位情况,用 x_{DZi} 表示)。
		带短柱独立基础	
		对称锥形截面普通独立基础	
2	杯口独立基础	阶形截面杯口独立基础	(1) x、y 为杯口独立基础两向边长; (2) x_u、y_u 为杯口上口尺寸,x_{ui}、y_{ui} 为杯口上口边到轴线的尺寸; (3) t_i 为杯壁上口厚度,下口厚度为 t_i+25 mm; (4) x_i、y_i 为阶宽或锥形截面尺寸。 注:杯口上口 x_u、y_u,按柱截面边长两侧双向各加 75 mm,杯口下口尺寸按标准构造详图(为插入杯口的相应柱截面边长尺寸,每边各加 50 mm),设计不注。
		锥形截面杯口独立基础	

（三）独立基础的截面注写方式

1. 独立基础采用截面注写方式,应在基础平面布置图上对所有基础进行编号,标注独立基础的平面尺寸,并用剖面号引出对应的截面图;对相同编号的基础,可选择一个进行标注,见表6.1.2。

2. 对单个基础进行截面标注的内容和形式,与传统"单构件正投影表示方法"基本相同。对于已在基础平面布置图上原位标注清楚的该基础的平面几何尺寸,在截面图上可不再重复表达,具体表达内容可参照相应的标准构造。

（四）独立基础的列表注写方式

1. 独立基础采用列表注写方式,应在基础平面布置图上对所有基础进行编号,见表6.1.2。

2. 对多个同类基础,可采用列表注写(结合平面和截面示意图)的方式进行集中表达。表中内容为基础截面的几何数据和配筋等,在平面和截面示意图上应标注与表中栏目相对应的代号。列表的具体内容规定如下:

（1）普通独立基础。普通独立基础列表集中注写栏目为:

① 编号:应符合表6.1.2的规定。

② 几何尺寸:水平尺寸 x、y、x_i、y_i、$i=1$、2、3……;竖向尺寸 $h_1/h_2/$……。

③ 配筋:B:XΦxx@xxx,YΦxx@xxx。

普通独立基础列表格式见表6.1.7所示。

表 6.1.7 普通独立基础几何尺寸和配筋表

基础编号/截面号	截面几何尺寸						底部配筋（B）	
	x	y	x_i	y_i	h_1	h_2	X向	Y向

注:表中可根据实际情况增加栏目。例如:当基础底面标高与基础底面基准标高不同时,加注基础底面标高;当为双柱独立基础时,加注基础顶部配筋或基础梁几何尺寸和配筋;当设置短柱时增加短柱尺寸及配筋等。

（2）杯口独立基础

杯口独立基础列表集中注写栏目为:

① 编号:应符合表6.1.2的规定。

② 几何尺寸:水平尺寸 x、y,x_u、y_u,x_{ui}、y_{ui},t_i,x_i、y_i,$i=1$、2、3……;竖向尺寸 a_0、a_1,$h_1/h_2/\ h_3$……。

③ 配筋:B:XΦxx@xxx,YΦxx@xxx,Sn xΦxx

O:xΦxx / xΦxx / xΦxx,ϕxx@xxx/xxx。

杯口独立基础列表格式见表6.1.8所示。

表 6.1.8　杯口独立基础几何尺寸和配筋表

基础编号/截面号	截面几何尺寸								底部配筋（B）		杯口顶部钢筋网 Sn	短柱配筋（O）	
												角筋/x 边中部筋/y 边中部筋	杯口壁箍筋/其他部位箍筋
	x	y	x_i	y_i	a_0	a_1	h_1	h_2	x 向	y 向			

注：1. 表中可根据实际情况增加栏目。如当基础底面标高与基础底面基准标高不同时，加注基础底面标高；或增加说明栏目等。
　　2. 短柱配筋适用于高杯口独立基础，并适用于杯口独立基础杯壁有配筋的情况。

（五）独立基础平法施工图识读案例

【例 6.1.7】　请识读图 6.1.8 中②/Ⓑ上独立基础的信息。

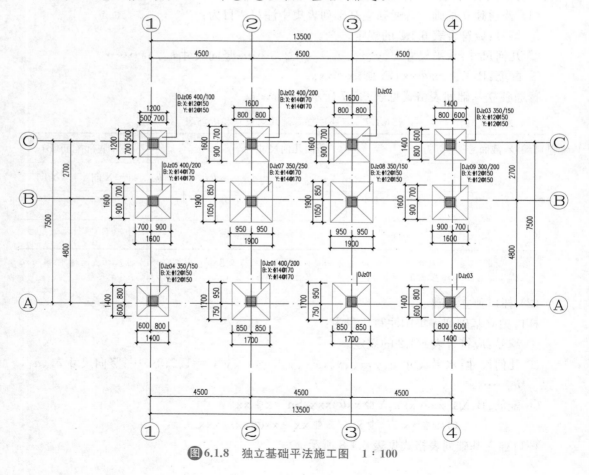

图 6.1.8　独立基础平法施工图　1：100

解：

1. ②/Ⓑ轴相交处的基础集中标注信息识读

（1）$DJ_z7\ 350/250$　表示该基础为编号为 7 的锥形独立基础，基础从下往上的高度分别是 350 mm，250 mm，总高度一共为 600 mm。

（2）B：X：$\Phi14@170$；Y：$\Phi14@170$：表示独立基础底板配置的钢筋为：

X 方向钢筋直径为 14，间距为 170 mm；Y 方向钢筋直径为 14，间距为 170 mm。

2. 原位标注信息识读

水平方向标注的信息表示独立基础 X 方向底宽为 1 900 mm，Y 方向底宽为 1 900 mm，基础上边缘距离Ⓑ轴线为 850 mm，下边缘距离 B 轴线为 1 050 mm，左边缘距离②轴线为 950 mm，右边缘距离②轴线为 950 mm。

二、梁板式筏形基础平法施工图制图规则

（一）梁板式筏形基础平法施工图的表示方法

1. 梁板式筏形基础平法施工图

梁板式筏形基础平法施工图，系在基础平面布置图上采用平面注写方式进行表达。

2. 梁板式筏形基础平法施工图表示方法

（1）当绘制基础平面布置图时，应将梁板式筏形基础与其所支承的柱、墙一起绘制。梁板式筏形基础以多数相同的基础平板底面标高作为基础底面基准标高。当基础底面标高不同时，需注明与基础底面基准标高不同之处的范围和标高。

（2）通过选注基础梁底面与基础平板底面的标高高差来表达两者间的位置关系，可以明确其"高板位"（梁顶与板顶一平，如图 6.1.9(a)所示）、"低板位"（梁底与板底一平，如图 6.1.9(b)所示），以及"中板位"（板在梁的中部）三种不同位置组合的筏形基础，方便设计表达。

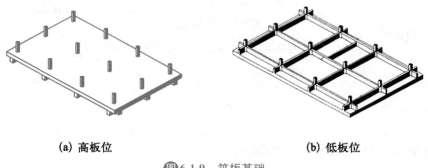

(a) 高板位　　　　　　　　　　**(b) 低板位**

图 6.1.9　筏板基础

（3）对于轴线未居中的基础梁，应标注其定位尺寸。

（二）梁板式筏形基础构件的类型与编号

梁板式筏形基础由基础主梁，基础次梁，基础平板等构成。其编号如表 6.1.9 所示。

表 6.1.9 梁板式筏形基础构件编号

构件类型	代号	序号	跨数及有无外伸	
基础主梁（柱下）	JL	xx	（xx）或（xxA）或（xxB）	
基础次梁	JCL	xx	（xx）或（xxA）或（xxB）	
梁板式筏形基础平板	LPB	xx	—	

注：1.（xxA）为一端有外伸，（xxB）为两端有外伸，外伸不计入跨数。
    例：JL7（5B）表示第 7 号基础主梁，5 跨，两端有外伸。
   2. 梁板式筏形基础平板跨数及是否有外伸分别在 x、y 两向的贯通纵筋之后表达。图面从左至右为 x 向，从下至上为 y 向。
   3. 按图集的规定，基础次梁 JCL 表示端支座为铰接；当基础次梁 JCL 端支座下部钢筋为充分利用钢筋的抗拉强度时，用 JCLg 表示。

（三）基础主梁与基础次梁的平面注写方式

基础主梁与基础次梁的平面注写方式，分为集中标注和原位标注两部分内容，标注的内容如表 6.1.10 所示：

表 6.1.10 基础梁平面注写内容

标注类型		标注内容	备注
集中标注	必注项	① 基础梁编号	当集中标注中的某项数值不适用于梁的某部位时，则将该项数值采用原位标注，施工时，原位标注优先。
		② 截面尺寸	
		③ 配筋	
	选注项	④ 基础梁底面标高高差（相对于筏形基础平板底面标高）	
原位标注		① 梁支座的底部纵筋	
		② 基础梁的附加箍筋或吊筋	
		③ 基础梁外伸部位截面高度变化时标注	
		④ 修正内容	

1. 基础梁的集中标注

（1）基础梁编号

基础主梁，基础次梁的编号见表 6.1.9。

（2）基础梁的截面尺寸

以 $b \times h$ 表示梁截面宽度与高度；当为竖向加腋梁时，用 $b \times h$ Y $c_1 \times c_2$ 表示，其中 c_1 为腋长，c_2 为腋高。

（3）基础梁配筋

基础梁中的配筋有：箍筋与基础梁的底部、顶部及侧面纵向钢筋。基础梁箍筋注写内容与规则如表 6.1.11 所示。

表 6.1.11 基础梁配筋注写内容与规则

序号	钢筋类型	注写规则	
1	箍筋	1. 当采用一种箍筋间距时,注写钢筋级别、直径、间距与肢数(写在括号内)。	【例】 9Φ16@100/Φ1@200(6),表示配置 HRB 400,直径为 16 的箍筋。间距为两种,从梁两端起向跨内按箍筋间距 100 mm 每端各设置 9 道,梁其余部位的箍筋间距为 200 mm,均为 6 肢箍。
		2. 当采用两种箍筋时,用"/"分隔不同箍筋,按照从基础梁两端向跨中的顺序注写。先注写第 1 段箍筋(在前面加注箍数),在斜线后再注写第 2 段箍筋(不再加注箍数)。	
		施工时应注意:两向基础主梁相交的柱下区域,应有一向截面较高的基础主梁箍筋贯通设置;当两向基础主梁高度相同时,任选一向基础主梁箍筋贯通设置。	
2	基础梁的底部、顶部及侧面纵向钢筋	1. 以 B 打头,先注写梁底部贯通纵筋(不应少于底部受力钢筋总截面面积的1/3)。当跨中所注根数少于箍筋肢数时,需要在跨中加设架立筋以固定箍筋,注写时,用加号"+"将贯通纵筋与架立筋相联,架立筋注写在加号后面的括号内。	【例】 B4Φ23;T7Φ32,表示梁的底部配置 4Φ32 的贯通纵筋,梁的顶部配置 7Φ32 的贯通纵筋。
		2. 以 T 打头,注写梁顶部贯通纵筋值。注写时用分号";"将底部与顶部纵筋分隔开,如有个别跨与其不同,按原位标注的相关规定处理。	【例】 梁底部贯通纵筋注写为 B8Φ28 3/5,则表示上一排纵筋为 3Φ28,下一排纵筋为 5Φ28。
		3. 当梁底部或顶部贯通纵筋多于一排时,用斜线"/"将各排纵筋自上而下分开。	【例】 G8Φ16,表示梁的两个侧面共配置 8Φ16 的纵向构造钢筋,每侧各配置 4Φ16。
		4. 以大写字母 G 打头注写基础梁两侧面对称设置的纵向构造钢筋的总配筋值(当梁腹板高度 h_w 不小于 450 mm 时,根据需要配置)。当需要配置抗扭纵向钢筋时,梁两个侧面设置的抗扭纵向钢筋以 N 打头。	【例】 N8Φ16,表示梁的两个侧面共配置 8Φ16 的纵向抗扭钢筋,沿截面周边均匀对称设置。

（4）基础梁底面标高高差

基础梁底面标高高差系指相对于筏形基础平板底面标高的高差值,该项为选注值。有高差时需将高差写入括号内(如"高板位"与"中板位"基础梁的底面与基础平板底面标高的高差值),无高差时不注(如"低板位"筏形基础的基础梁)。

2. 基础梁的原位标注

基础主梁与基础次梁原位标注规定如下:

（1）梁支座的底部纵筋

梁支座的底部纵筋,系指包含贯通纵筋与非贯通纵筋在内的所有纵筋。具体注写规则如表 6.1.12 所示:

表 6.1.12　梁支座的底部纵筋注写规则

序号	注写规则	应用举例
1	当底部纵筋多于一排时,用"/"将各排纵筋自上而下分开。	【例】　梁端(支座)区域底部纵筋注写为10Φ22 4/6,则表示上一排纵筋为4Φ22,下一排纵筋为6Φ22。
2	当同排纵筋有两种直径时,用加号"+"将两种直径的纵筋相联。	
3	当梁中间支座两边的底部纵筋配置不同时,需在支座两边分别标注;当梁中间支座两边的底部纵筋相同时,可仅在支座的一边标注配筋值。	【例】　梁端(支座)区域底部纵筋注写为4Φ25 +2Φ22,表示一排纵筋由两种不同直径钢筋组合。
4	当梁端(支座)区域的底部全部纵筋与集中注写过的贯通纵筋相同时,可不再重复做原位标注。	【例】　竖向加腋梁端(支座)处注写为Y4Φ25,表示竖向加腋部位斜纵筋为4Φ25。
5	竖向加腋梁加腋部位钢筋,需在设置加腋的支座处以Y打头注写在括号内。	

施工及预算方面应注意:当底部贯通纵筋经原位修正注写后,两种不同配置的底部贯通纵筋应在两毗邻跨中配置较小一跨的跨中连接区域连接(即配置较大一跨的底部贯通纵筋需越过其跨数终点或起点伸至毗邻跨的跨中连接区域)。

（2）基础梁的附加箍筋或吊筋

注写基础梁的附加箍筋或(反扣)吊筋。将其直接画在平面图中的主梁上,用线引注总配筋值(附加箍筋的肢数注在括号内),当多数附加箍筋或(反扣)吊筋相同时,可在基础梁平法施工图上统一注明,少数与统一注明值不同时,再原位引注。

施工时应注意:附加箍筋或(反扣)吊筋的几何尺寸应按照标准构造详图,结合其所在位置的主梁和次梁的截面尺寸确定。

（3）基础梁外伸部位截面高度变化时标注

当基础梁外伸部位变截面高度时,在该部位原位注写 $b×h_1/h_2$,h_1 为根部截面高度,h_2 为尽端截面高度。

（4）修正内容

当在基础梁上集中标注的某项内容(如梁截面尺寸、箍筋、底部与顶部贯通纵筋或架立筋、梁侧面纵向构造钢筋、梁底面标高高差等)不适用于某跨或某外伸部分时,则将其修正内容原位标注在该跨或该外伸部位,施工时原位标注取值优先。

当在多跨基础梁的集中标注中已注明竖向加腋,而该梁某跨根部不需要竖向加腋时,则应在该跨原位标注等截面的 $b×h$,以修正集中标注中的加腋信息。

3.基础梁底部非贯通纵筋的长度规定

为方便施工,凡基础主梁柱下区域和基础次梁支座区域底部非贯通纵筋的伸出长度 a_0 值,当配置不多于两排时,在标准构造详图中统一取值为自支座边向跨内伸出至 $l_n/3$ 位置;当非贯通纵筋配置多于两排时,从第三排起向跨内的伸出长度值应由设计者注明。l_n 的取值规定为:边跨边支座的底部非贯通纵筋,l_n 取本边跨的净跨长度值;中间支座的底部非贯通纵筋,l_n 取支座两边较大一跨的净跨长度值。

基础主梁与基础次梁外伸部位底部第一排纵筋伸出至梁端头并全部上弯;其他排伸至梁端头后截断。

（四）梁板式筏形基础平板的平面注写方式

梁板式筏形基础平板 LPB 的平面注写，分为集中标注、原位标注两部分内容。标注的内容见表 6.1.13。

表 6.1.13 梁板式筏形基础平板平面标注内容

序号	标注类型	标注内容
1	集中标注	① 基础平板的编号
		② 基础平板的截面尺寸
		③ 配筋
2	原位标注	① 原位注写位置及内容
		② 修正内容
		③ 非贯通纵筋配置相同时的处理方法

1. 梁板式筏形基础平板 LPB 的集中标注

梁板式筏形基础平板贯通纵筋的集中标注，应在所表达的板区双向均为第一跨（x 与 y 双向首跨）的板上引出（图面从左至右为 x 向，从下至上为 y 向），如图 6.1.10 所示。

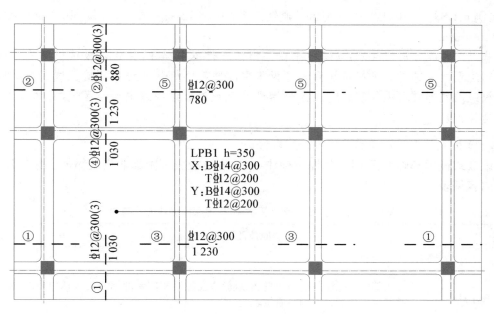

图 6.1.10 有梁式筏形基础基础平板注写示意图

板区划分条件：板厚相同、基础平板底部与顶部贯通纵筋配置相同的区域为同一板区。

（1）基础平板的编号

基础平板编号见表 6.1.9。

（2）基础平板的截面尺寸

注写基础平板的截面尺寸。注写 $h=\times\times\times$ 表示板厚。

（3）配筋

注写基础平板的底部与顶部贯通纵筋及其跨数及外伸情况。先注写 X 向底部（B 打头）贯通纵筋与顶部（T 打头）贯通纵筋及纵向长度范围；再注写 Y 向底部（B 打头）贯通纵筋与顶部（T 打头）贯通纵筋及其跨数及外伸情况（图面从左至右为 X 向，从下至上为 Y 向）。

贯通纵筋的跨数及外伸情况注写在括号中，注写方式为"跨数及有无外伸"，其表达形式为：（××）（无外伸）、（××A）（一端有外伸）或（××B）（两端有外伸）。

注：基础平板的跨数以构成柱网的主轴线为准，两主轴线之间无论有几道辅助轴线（例如框筒结构中混凝土内筒中的多道墙体）均可按一跨考虑。

【例 6.1.7】　X：B⩟22@150；T⩟20@150；（5B）
　　　　　　　Y：B⩟20@200；T⩟20@150；（7A）

表示基础平板 X 向底部配置⩟22 间距 150 mm 的贯通纵筋，顶部配置⩟20 间距150 mm 的贯通纵筋，共 5 跨两端有外伸；Y 向底部配置⩟20 间距 200 mm 的贯通纵筋，顶部配置⩟18 间距 150 mm 的贯通纵筋，共 7 跨一端有外伸。

当贯通筋采用两种规格钢筋"隔一布一"方式时，表达为 φxx/yy@xxx，表示直径 xx 的钢筋和直径 yy 的钢筋之间的间距分别为 xxx 的 2 倍。

【例 6.1.8】　⩟10/12@100 表示贯通纵筋为⩟10、⩟12 隔一布一，相邻⩟10 与⩟12 之间距离为 100 mm。

施工及预算方面应注意：当基础平板分板区进行集中标注，且相邻板区板底一平时，两种不同配置的底部贯通纵筋应在两毗邻板跨中配筋较小板跨的跨中连接区域连接（即配置较大板跨的底部贯通纵筋需越过板区分界线伸至毗邻板跨的跨中连接区域，具体位置见标准构造详图）。

2. 梁板式筏形基础平板 LPB 的原位标注

梁板式筏形基础平板 LPB 的原位标注，主要表达板底部附加非贯通纵筋。原位注写位置及内容见表 6.1.14。

表 6.1.14　板式筏形基础平板 LPB 的原位标注方式与内容

序号	原位注写相关规定	
1	原位注写位置及内容	
	注写位置	板底部原位标注的附加非贯通纵筋，应在配置相同跨的第一跨表达（当在基础梁悬挑部位单独配置时则在原位表达）。
	注写方式	在配置相同跨的第一跨（或基础梁外伸部位），垂直于基础梁绘制一段中粗虚线（当该筋通长设置在外伸部位或短跨板下部时，应画至对边或贯通短跨）。
	注写内容	在虚线上注写编号（如①、②等）、配筋值、横向布置的跨数及是否布置到外伸部位。注：(xx)为横向布置的跨数，（××A）为横向布置的跨数及一端基础梁外伸部位，（××B）为横向布置的跨数及两端基础梁外伸部位。

序号	注写方式及内容	
1	相关规定	板底部附加非贯通纵筋自支座中线向两边跨内的伸出长度值注写在线段的下方位置。当该筋向两侧对称伸出时,可仅在一侧标注,另一侧不注;当布置在边梁下时,向基础平板外伸部位一侧的伸出长度与方式按标准构造,设计不注。底部附加非贯通筋相同者,可仅注写一处,其他只注写编号。
		横向连续布置的跨数及是否布置到外伸部位,不受集中标注贯通纵筋的板区限制。 【例】　在基础平板第一跨原位注写底部附加非贯通纵筋Φ18@300(4A),表示在第一跨至第四跨且包括基础梁外伸部位横向配置Φ18@300底部附加非贯通纵筋。伸出长度值略。
		原位注写的底部附加非贯通纵筋与集中标注的底部贯通钢筋,宜采用"隔一布一"的方式布置,即基础平板(X向或Y向)底部附加非贯通纵筋与贯通纵筋间隔布置,其标注间距与底部贯通纵筋相同(两者实际组合后的间距为各自标注间距的1/2)。 【例】　原位注写的基础平板底部附加非贯通纵为⑤Φ22@300(3),该3跨范围集中标注的底部贯通纵筋为BΦ22@300,在该3跨支座处实际横向设置的底部纵筋合计为Φ22@150。其他与⑤号筋相同的底部附加非贯通纵筋可仅注编号⑤。 【例】　原位注写的基础平板底部附加非贯通纵为②Φ25@300(4),该4跨范围集中标注的底部贯通纵筋为BΦ22@300,表示该4跨支座处实际横向设置的底部纵筋为Φ25和Φ22间隔布置,相邻Φ25与Φ22之间距离为150 mm。
2	注写修正内容	
	当集中标注的某些内容不适用于梁板式筏形基础平板某板区的某一板跨时,应由设计者在该板跨内注明,施工时应按注明内容取用。	
3	当若干基础梁下基础平板的底部附加非贯通纵筋配置相同时(其底部、顶部的贯通纵筋可以不同),可仅在一根基础梁下做原位注写,并在其他它梁上注明"该梁下基础平板底部附加非贯通纵筋同××基础梁"。	

3. 应在图中注明的其他内容

（1）当在基础平板周边沿侧面设置纵向构造钢筋时,应在图中注明。

（2）应注明基础平板外伸部位的封边方式,当采用 U 形钢筋封边时应注明其规格、直径及间距。

（3）当基础平板外伸变截面高度时,应注明外伸部位的 h_1/h_2,h_1 为板根部截面高度,h_2 为板尽端截面高度。

（4）当基础平板厚度大于 2 m 时,应注明具体构造要求。

（5）当在基础平板外伸阳角部位设置放射筋时,应注明放射筋的强度等级、直径、根数以及设置方式等。

（6）板的上、下部纵筋之间设置拉筋时,应注明拉筋的强度等级、直径、双向间距等。

（7）应注明混凝土垫层厚度与强度等级。

（8）结合基础主梁交叉纵筋的上下关系,当基础平板同一层面的纵筋相交叉时,应注明何向纵筋在下,何向纵筋在上。

（9）设计需注明的其他内容。

答案扫一扫

自 测 题

一、单项选择题

1. 普通独立基础的（　　），系在基础平面图上集中引注：基础编号、截面竖向尺寸、配筋三项必注内容，以及基础底面标高（与基础底面基准标高不同时）和必要的文字注解两项选注内容。

A. 集中标注　　　　　B. 原位标注　　　　　C. 截面标注　　　　　D. 列表注写

2. 普通独立基础的集中标注中不属于必注内容的是（　　）。

A. 基础编号　　　　　　　　　　　B. 截面竖向尺寸

C. 配筋　　　　　　　　　　　　　D. 基础底面标高

3. l_{aE} 表示（　　）。

A. 受拉钢筋基本锚固长度　　　　　B. 抗震设计时受拉钢筋基本锚固

C. 受拉钢筋锚固长度　　　　　　　D. 受拉钢筋抗震锚固长度

4. 如图 6.1.11 所示独立基础编号可注写为（　　）。

A. BJ_j01　　　　　B. BJ_z01　　　　　C. DJ_j01　　　　　D. DJ_z01

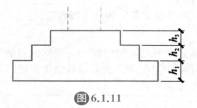

图6.1.11

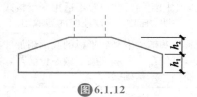

图6.1.12

5. 如图 6.1.12 所示，当坡形截面普通独立基础 DJ_z01 的竖向尺寸注写为 350/300 时，表示 $h_1=$（　　），$h_2=$（　　），基础高度为（　　）。

A. 300,350,650　　　　　　　　　B. 350,300,650

C. 300,350,350　　　　　　　　　D. 300,350,300

6. 独立基础底板双向交叉钢筋布置时（　　）。

A. 长向设置在下，短向设置在上

B. 长向设置在上，短向设置在下

C. 仅布置长向钢筋即可

D. 长向、短向设置无要求

7. 如图 6.1.13 所示，原位标注中的 x_u、y_u 指的是（　　）。

A. 柱截面尺寸

B. 第三阶截面尺寸

C. 短柱的截面尺寸

D. 独立基础两向边长

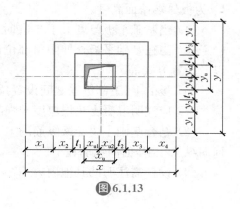

图6.1.13

二、填空题

1. 已知某建筑的基础平面图如图 6.1.14 所示,请根据已知条件回答下列问题。

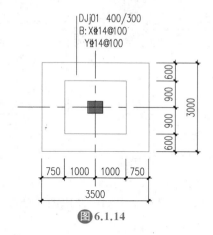

DJj01 400/300
B: X⏀14@100
Y⏀14@100

图 6.1.14

(1) 该独立基础的编号为_____,截面形状为_____,x 向边长为_____ mm,y 向边长为_____ mm。

(2) 该独立基础第一阶阶高为_____ mm,第二阶阶高为_____ mm,基础高度为_____ mm。

(3) 在该独立基础底板的底部配筋中,X 向配筋为_____;Y 向钢筋间距为_____ mm。

任务二　独立基础底板配筋构造与计算

一、独立基础底板配筋构造

1. 独立基础构造要求

(1) 钢筋混凝土基础宜设置混凝土垫层,基础底部的钢筋混凝土保护层厚度应从垫层顶面算起,且不应小于 40 mm;无垫层时,不应小于 70 mm。

(2) 独立基础底板双向交叉钢筋长向设置在下,短向设置在上。

(3) 底板内第一根钢筋距底板边缘为 min(75,板筋间距/2)。

(4) 当柱下钢筋混凝土独立基础的边长大于或等于 2.5 m 时,除外侧钢筋外,底板配筋长度可取相应方向底板长度的 0.9 倍,并宜交错布置,四边最外侧钢筋不缩短。

2. 独立基础边长<2 500 mm 时的底板配筋构造及计算

(1) 底板配筋构造如图 6.2.1 所示,独立基础底板配筋构造适用于普通独立基础和杯口独立基础。

(2) 底板配筋长度计算

根据图 6.2.1 可知:当独立基础的底板边长<2 500 mm 时,其底板钢筋布置到基础底板边缘,每边留一个保护层厚度,其钢筋长度计算方法如下:

独立基础底板
配筋构造与计算

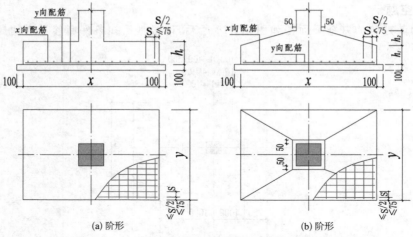

(a) 阶形   (b) 阶形

图 6.2.1 独立基础 DJ_j、DJ_z、BJ_j、BJ_z 底板配筋构造

① 长度计算

钢筋为螺纹钢，即为非 HPB 300 级别钢筋时：

$$x \text{ 向}(y \text{ 向}) \text{钢筋长度} = \text{基础长 } x(\text{宽 } y) - 2 \times \text{保护层} \tag{6.2.1}$$

钢筋为 HPB 300 级别时

$$x \text{ 向}(y \text{ 向}) \text{钢筋长度} = \text{基础长 } x(\text{宽 } y) - 2 \times \text{保护层} + 6.25d \times 2 \tag{6.2.2}$$

② 钢筋根数计算

$$x(y) \text{方向钢筋根数} = \frac{y(x) - 2 \min\left(75, \dfrac{s'(s)}{2}\right)}{s'(s)} + 1 \tag{6.2.3}$$

2. 对称独立基础边长≥2 500 mm 时的底配筋构造及钢筋计算

(1) 底板配筋构造如图 6.2.2 所示。

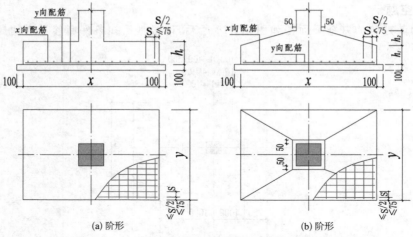

图 6.2.2 对称独立基础底板配筋长度减短 10% 构造

（2）底板配筋计算

根据图 6.2.2 可知：当独立基础底板的边长≥2 500 mm 时，钢筋有长筋与短筋之分，其长度与根数计算公式如下：

① 长度计算

$$x(y) \text{向长筋} = \text{基础长} \ x(\text{宽} \ y) - 2 \times \text{保护层} (+ 6.25d \times 2) \tag{6.2.4}$$

$$x(y) \text{向短筋} = 0.9 \times \text{基础长} \ x(\text{宽} \ y) (+ 6.25d \times 2) \tag{6.2.5}$$

② 根数计算

当基础为对称独立基础时

x 向长筋：2 根

y 向长筋：2 根

$$x(y) \text{方向短筋根数} = \frac{y(x) - 2\min\left(75, \frac{s'(s)}{2}\right)}{s'(s)} - 1 \tag{6.2.6}$$

二、独立基础底板配筋计算案例

【例 6.2.1】 某独立基础平面图如图 6.2.3 所示，已知基础的钢筋混凝土保护层为 40 mm，请计算基础底板钢筋的长度与数量。

解：

（1）X 向钢筋

钢筋长度＝基础长度－2×保护层＝2.000－2×0.040＝1.920 m

钢筋根数＝[布筋范围－2 min(75,s'/2)]/s'＋1

    ＝[2 000－2×min(75,150/2)]/150＋1＝14 根

（2）Y 向钢筋

钢筋长度＝基础长度－2×保护层＝2.000－2×0.040＝1.920 m

钢筋根数＝[布筋范围－2 min(75,s/2)]/s＋1

    ＝[2 000－2×min(75,150/2)]/150＋1＝14 根

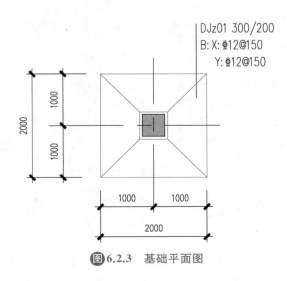

图 6.2.3 基础平面图

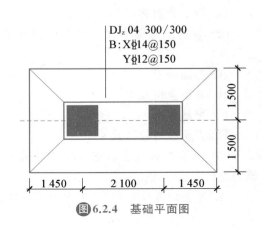

图 6.2.4 基础平面图

【例 6.2.2】 某独立基础平面图如图 6.2.4 所示,已知基础的钢筋混凝土保护层为 40 mm,请计算基础底板钢筋的长度与数量。

解:

(1)X 向钢筋

长筋长度＝基础长度－2×保护层＝5.0－2×0.04＝4.92 m

钢筋根数＝2 根

短筋长度＝基础长度×0.9＝5.0×0.9＝4.5 m

$$钢筋根数＝\frac{布筋范围－2\min\left(75,\frac{s'}{2}\right)}{s'}－1＝\frac{3\,000－150}{150}－1$$

$$＝18\,根$$

(2) Y 向钢筋

长筋长度＝基础长度－2×保护层＝3.0－2×0.04＝2.92 m

钢筋根数＝2 根

短筋长度＝基础长度×0.9＝3.0×0.9＝2.7 m

$$钢筋根数＝\frac{布筋范围－2\min\left(75,\frac{s}{2}\right)}{s}－1＝\frac{5\,000－150}{150}－1$$

$$＝32\,根$$

自 测 题

答案扫一扫

1. 已知某建筑的 DJ_z02 配筋如图 6.2.5 所示,混凝土强度等级为 C35,保护层为 50 mm,抗震等级为二级。请根据已知条件回答下列问题。

(1) 该独立基础类型为(   )。

A. 二阶普通独立基础

B. 二阶杯口独立基础

C. 锥形截面普通独立基础

D. 锥形截面杯口独立基础

(2) 该独立基础平面图的集中标注中不包括哪些信息(   )。

A. 基础编号

B. 截面竖向尺寸

C. 配筋信息

D. 支承柱的截面尺寸

(3) 以下对该独立基础底板钢筋布置的描述正确的是(   )。

A. X 向钢筋设置在上,Y 向钢筋设置在下

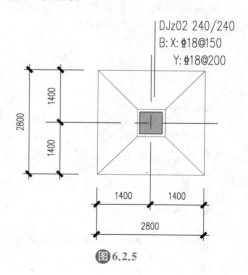

图 6.2.5

B. X 向钢筋设置在下,Y 向钢筋设置在上

C. 钢筋布置间距较小的设置在下

D. 钢筋布置间距较小的设置在上

(4) 基础底板配筋中,上部第一根水平钢筋布置位置应为(　　)。

A. 距离基础底板上边缘 50 mm

B. 距离基础底板上边缘 75 mm

C. 距离基础底板上边缘 100 mm

D. 距离基础底板上边缘 150 mm

(5) 该独立基础底板配筋是否可采取配筋长度减短 10% 构造?(　　)。

A. 是　　　　　　　　　　　　　　　　　　B. 否

(6) 该独立基础的编号为_____,基础高度为_____ mm,该独立基础底板配筋中 X 向钢筋为_____,Y 向钢筋为_____。

(7) 该独立基础底板配筋中,上部第一根钢筋的长度为_____ mm。

A. [2 800－min(75,150/2)×2]×90%＝2 385 mm

B. 2 800×90%＝2 520 mm

C. 2 800－min(75,150/2)×2＝2 650 mm

D. 2 800－50×2＝2 700 mm

(8) 该独立基础的 X 向钢筋中,配筋长度可减短 10% 的钢筋单长计算表达式中正确的是_____。

A. 2 500×90%＝2 250 mm

B. 2 800×90%＝2 520 mm

C. [2 500－min(75,150/2)×2]×90%＝2 115 mm

D. [2 800－min(75,150/2)×2]×90%＝2 385 mm

(9) 该独立基础的 X 向钢筋中,配筋长度不减短 10% 的钢筋共有_____根。

A. 0

B. 2

C. [2 500－min(75,150/2)×2]/150＋1＝17 根

D. [2 500－min(75,150/2)×2]/150＋1－2＝15 根

(10) 该独立基础的 Y 向钢筋中,配筋长度可减短 10% 的钢筋根数计算表达式中正确的是_____。

A. [2 800－50×2]/200＋1＝15 根

B. [2 800－50×2]/200＋1－2＝13 根

C. [2 800－min(75,200/2)×2]/200＋1＝15 根

D. [2 800－min(75,200/2)×2]/200－1＝13 根

2. 某独立基础平面图如图 6.2.6 所示,已知基础底板的底部保护层为 40 mm,顶面与侧面保护层为 25 mm,请计算基础底板钢筋的长度与数量。

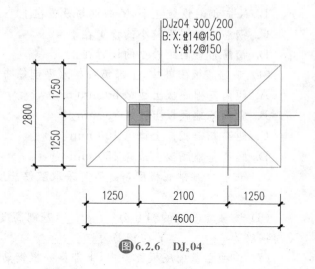

图 6.2.6　DJ$_z$04

3. 某独立基础平面图如图 6.2.7 所示,已知基础底板的底部保护层为 40 mm,顶面与侧面保护层为 30 mm,请计算基础底板钢筋的重量。

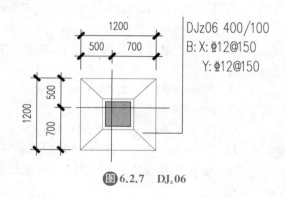

图 6.2.7　DJ$_z$06

任务三　梁板式筏形基础配筋构造与计算

梁板式筏形基础配筋构造分两部分,一部分是梁板式筏形基础梁(包括基础梁 JL、基础次梁 JCL)配筋构造,一部分是梁板式筏形平板 LPB 配筋构造。

一、梁板式筏形基础主梁配筋构造

1. 梁板式筏形基础主梁端部构造

梁板式筏形基础梁 JL 端部有外伸和不外伸之分,其端部构造如图 6.3.1 所示。

梁板式筏形基础
主梁配筋构造

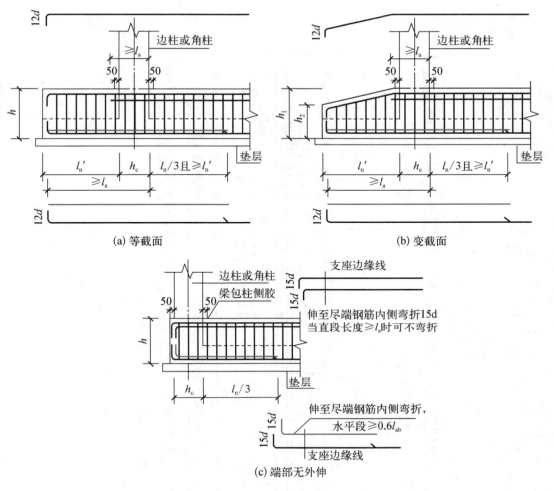

(a) 等截面　　　　　　　　　　(b) 变截面

(c) 端部无外伸

图 6.3.1　梁板式筏形基础梁端部构造

梁板式筏形基础梁端部构造要求如下:

(1) 基础梁下部钢筋

第一排钢筋伸至端部后向上 90°弯折,弯折后竖直段取值如下:

当从柱内边算起的端部外伸长度满足直锚时(即直段长度≥l_a 时),竖向弯折长度为 12d。

当从柱内边算起的端部外伸长度不满足直锚时,(包括端部有外伸但直段长度<l_a,也包括无外伸的情况),竖向弯折长度为 15d。

第二排钢筋伸至端部,无需弯折。

(2) 基础梁上部钢筋

当基础梁端部外伸时,第一排钢筋伸至端部后向下 90°弯折,弯折后竖直段长度为 12d。第二排钢筋从柱内侧算起水平段长度≥l_a。

当基础梁端部无外伸时,当直段长度≥l_a 时可不弯折;当直段长度<l_a 时,无论是第一排钢筋还是第二排钢筋都伸至尽端钢筋内侧向下弯折 15d。

2. 梁板式筏形基础主梁 JL 纵向钢筋与箍筋构造

梁板式筏形基础主梁 JL 纵向钢筋与箍筋构造如图 6.3.2 所示。其构造要求如下:

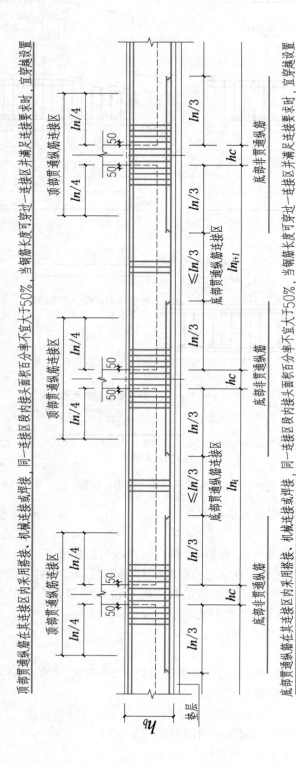

图6.3.2 基础梁 JL 纵向钢筋与箍筋构造

（1）非贯通纵筋伸出支座的长度要求

当配置的非贯通纵筋不多于两排时,基础主梁底部的非贯通纵筋自支座边向跨内伸出至 $l_n/3$ 位置;当非贯通纵筋配置多于两排时,从第三排起向跨内的伸出长度值应由设计者注明。l_n 的取值规定为:边跨边支座的底部非贯通纵筋,l_n 取本边跨的净跨长度值;中间支座的底部非贯通纵筋,l_n 取支座两边较大一跨的净跨长度值。

（2）箍筋的配置要求

每一跨的第一根箍筋距离柱外边缘 50 mm。

3. 基础主梁 JL 变截面、变标高部位钢筋构造

基础主梁变截面是指柱两边梁宽度不同、变标高(包括梁顶有高差、梁底有高差、梁底梁顶都有高差)这四种情况。

（1）柱两边梁宽不同钢筋构造

柱两边梁宽不同时,上部、下部第一排、第二排钢筋伸至尽端钢筋内侧向下弯折 $15d$,上部钢筋直段长度 $\geqslant l_a$ 时可不弯折,具体构造如图 6.3.3 所示。

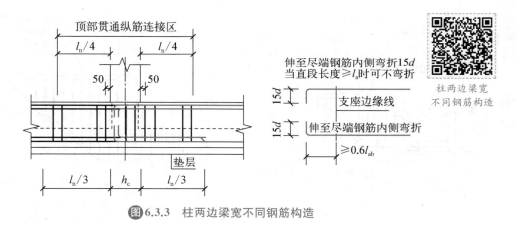

图6.3.3　柱两边梁宽不同钢筋构造

（2）梁底有高差钢筋构造

当梁底有高差时,高位梁下部钢筋伸至低位梁中锚固 l_a,低位梁下部钢筋锚固 l_a 后截断即可,如图 6.3.4 所示。

（3）梁顶有高差钢筋构造

柱两边的梁顶面有高差时,低位梁上部纵筋伸至高位梁中,伸进的长度即锚固长度从柱边算起为 l_a;高位梁上部第一排纵筋伸至尽端后向下弯折,弯折长度自低位梁顶面算起 l_a,高位梁第二排纵筋伸至尽端钢筋内侧,若此时水平段长度 $\geqslant l_a$ 可弯折,若此时水平段长度 $<l_a$,则需向下弯折 $15d$。如图 6.3.5 所示。

（4）梁底、梁顶均有高差钢筋构造

当梁底、梁顶均有高差时,根据高差大小的不同构造也不同,如图 6.3.6(a)、(b)所示。

在图 6.3.6(a)中,梁顶部(包括顶面标高高的和低的梁)钢筋锚固构造与图 6.3.5 相同;底部钢筋锚固与图 6.3.4 相同。

在图 6.3.6(b)中,柱两边的梁上部钢筋锚固长度同图 6.3.5 上部钢筋锚固长度;低位梁的下部钢筋锚固长度为 l_a,高位梁的下部钢筋伸至柱边且 $\geqslant l_a$。

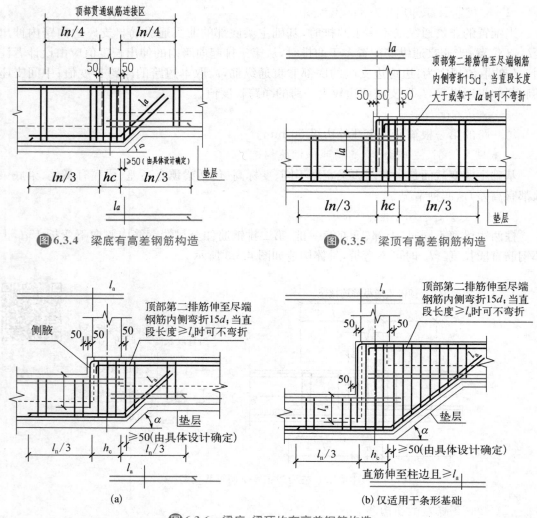

图 6.3.4 梁底有高差钢筋构造

图 6.3.5 梁顶有高差钢筋构造

(a)

(b) 仅适用于条形基础

图 6.3.6 梁底、梁顶均有高差钢筋构造

4. 基础梁 JL 与柱结合部侧腋构造

除基础梁比柱宽且完全形成梁包柱的情况外,所有基础梁与柱结合部位均需要加侧腋,同时在侧腋处配筋。基础梁 JL 与柱结合部侧腋具体构造如图 6.3.7 所示,主要构造要求如下:

(1) 梁柱等宽设置要求

当基础梁与柱等宽,或柱与梁的某一侧面相平时,存在因梁纵筋与柱纵筋同在一个平面内导致直通交叉遇阻情况,此时应适当调整基础梁宽度使柱纵筋直通锚固。

(2) 梁顶面高度不同时设置要求

当柱与基础梁结合部位的梁顶面高度不同时,梁包柱侧腋顶面应与较高基础梁的梁顶面一平(即在同一平面上),侧腋顶面至较低梁顶面高差内的侧肢,可参照角柱或丁字交叉基础梁包柱侧腋构造进行施工。

(3) 侧腋配筋构造

纵筋:直径≥12 mm 且不小于柱箍筋直径,间距与柱箍筋间距相同,其每端锚固长度为 l_a。

分布筋：φ8@200。

（4）侧腋尺寸

每侧宽出 50 mm。

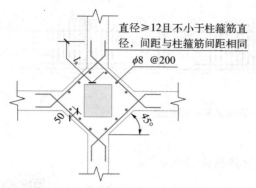

(a) 十字交叉基础梁与柱结合部侧腋构造

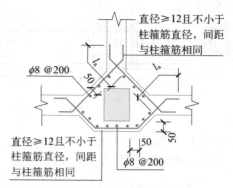

(b) 丁字交叉基础梁与柱结合部侧腋构造

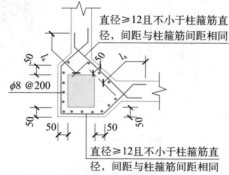

(c) 无外伸基础梁与角柱结合部侧腋构造

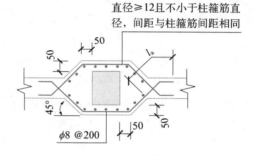

(d) 基础梁偏心穿柱与柱结合部侧腋构造

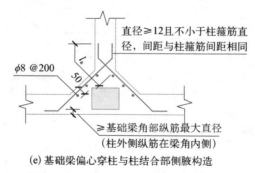

(e) 基础梁偏心穿柱与柱结合部侧腋构造

图6.3.7　基础梁与柱结合部侧腋构造

基础梁与柱结合
部侧腋构造

5. 基础梁竖向加腋钢筋构造

基础梁竖向加腋钢筋构造如图 6.3.8 所示，具体构造要求如下：

（1）基础梁竖向加腋部位的钢筋见设计标注。加腋范围的箍筋与基础梁的箍筋配置相同，仅箍筋高度为变值。

（2）基础梁的梁柱结合部位所加侧腋（见图 6.3.7）顶面与基础梁非竖向加腋段顶面一平，不随梁竖向加腋的升高而变化。

（3）加腋部位的斜向钢筋锚固长度为 l_a。

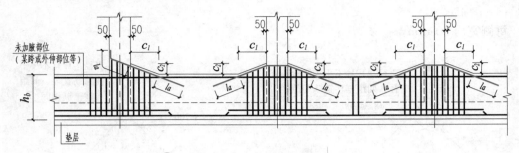

图 6.3.8　基础梁 JL 竖向加腋钢筋构造

6. 基础梁侧面构造纵筋和拉筋

基础梁侧面构造纵筋如图 6.3.9 所示。其具体构造要求如下：

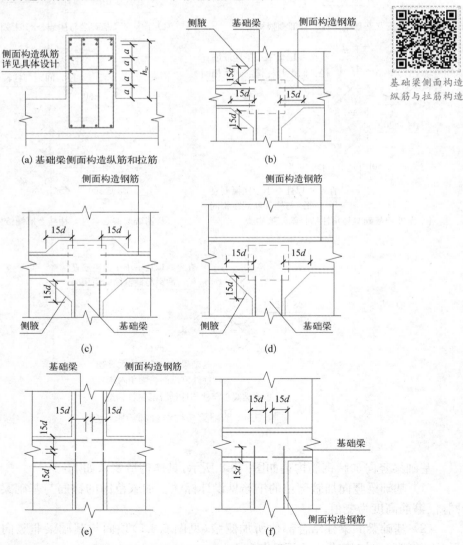

基础梁侧面构造
纵筋与拉筋构造

(a) 基础梁侧面构造纵筋和拉筋　　　(b)

(c)　　　　　　　　　　(d)

(e)　　　　　　　　　　(f)

图 6.3.9　基础梁侧面构造纵筋和拉筋

（1）侧面构造纵筋之间的距离 a≤200 mm。

（2）基础梁侧面纵向构造钢筋搭接长度为 $15d$。十字相交的基础梁，当相交位置有柱时，侧面构造纵筋锚入梁包柱侧腋内 $15d$（图 b）；当无柱时，侧面构造纵筋锚入交叉梁内 $15d$（见图 e）。丁字相交的基础梁，当相交位置无柱时，横梁外侧的构造纵筋应贯通，横梁内侧的构造纵筋锚入交叉梁内 $15d$（见图 f）。

（3）梁侧钢筋的拉筋直径除注明者外均为 8，间距为箍筋间距的 2 倍。当设有多排拉筋时，上下两排拉筋竖向错开设置。

（4）基础梁侧面受扭纵筋的搭接长度为 l_l，其锚固长度为 l_a，锚固方式向梁上部纵筋。

梁板式筏形基础
次梁配筋构造

二、梁板式筏形基础次梁配筋构造

1. 梁板式筏形基础次梁外伸端部构造

基础次梁 JCL 端部外伸构造如图 6.3.10 所示，其端部构造要求如下：

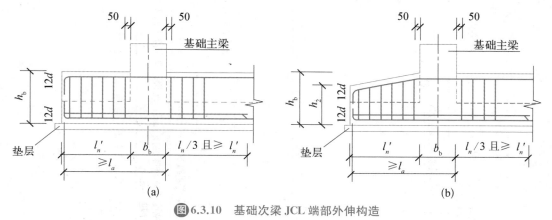

（a）　　　　　　　　　　　　　　　　（b）

图 6.3.10　基础次梁 JCL 端部外伸构造

（1）基础次梁下部钢筋

第一排钢筋伸至端部后向上 90°弯折，弯折后竖直段取值如下：当从基础主梁内边算起的端部外伸长度满足直锚时（即直段长度 $l_n'+b_b \geqslant l_a$ 时），竖向弯折长度为 $12d$；当从基础主梁内边算起的端部外伸长度不满足直锚时（即直段长度 $l_n'+b_b < l_a$ 时），竖向弯折长度为 $15d$。

第二排钢筋伸至端部，无需弯折。

（2）基础次梁上部钢筋

基础次梁上部钢筋伸至端部后弯折，竖直段长度为 $12d$。

2. 基础次梁 JCL 纵向钢筋与箍筋构造

基础次梁 JCL 纵向钢筋与箍筋的构造如图 6.3.11 所示，具体构造要求如下：

（1）当基础次梁 JCL 端部无外伸时，其底部纵向钢筋伸至端部上弯 $15d$，设计按铰接时其水平段长度 $\geqslant 0.35l_{ab}$，充分利用钢筋的抗拉强度时，其水平段长度 $\geqslant 0.6l_{ab}$。上部钢筋伸入主梁的长度 $\geqslant 12d$ 且至少到梁中线。

（2）底部非贯通纵筋

当配置的非贯通纵筋不多于两排时，非贯通纵筋自支座边向跨内伸出至 $l_n/3$ 位置；当

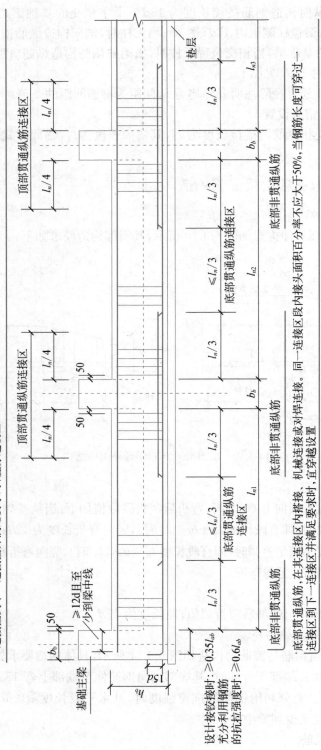

图6.3.11 基础次梁 JCL 纵向钢筋与箍筋构造

非贯通纵筋配置多于两排时,从第三排起向跨内的伸出长度值应由设计者注明。l_n的取值规定为:边跨边支座的底部非贯通纵筋,l_n取本边跨的净跨长度值;中间支座的底部非贯通纵筋,l_n取支座两边较大一跨的净跨长度值。

(3)箍筋

每一跨的第一根箍筋距离主梁外边缘50 mm。

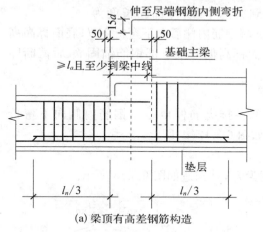

(a)梁顶有高差钢筋构造

3. 基础次梁 JCL 梁底不平和变截面部位钢筋构造

基础次梁变截面是指主梁两边变标高(包括梁顶有高差、梁底有高差、梁底梁顶都有高差)、支座两边梁宽度不同这四种情况。

(1)梁顶有高差

主梁两边的次梁顶面有高差时,低位梁上部纵筋伸至高位梁中,伸进的长度从梁边算起大于等于l_a且至少到梁的中线,即锚固长度为$\max(l_a,梁宽/2)$;高位梁上部纵筋伸至尽端钢筋内侧后向下弯折$15d$,如图6.3.12(a)所示。

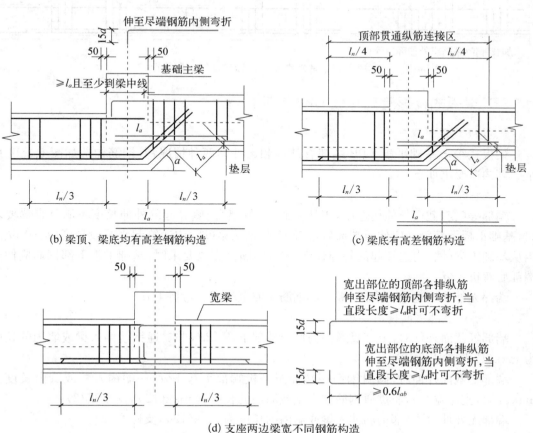

(b)梁顶、梁底均有高差钢筋构造

(c)梁底有高差钢筋构造

(d)支座两边梁宽不同钢筋构造

图6.3.12 基础次梁 JCL 梁底不平和变截面部位钢筋构造

（2）梁底有高差钢筋构造

当梁底有高差时，高位梁下部钢筋伸至低位梁中锚固 l_a，低位梁下部钢筋锚固 l_a 后截断即可，如图 6.3.12(c) 所示。

基础次梁变截面
处钢筋构造

（3）梁顶、梁底均有高差钢筋构造

梁顶、梁底均有高差时，顶面标高低的梁上部纵筋伸至顶面标高高的梁中，伸进的长度从梁边算起大于等于 l_a 且至少到梁的中线，即锚固长度为 $\max(l_a,\text{梁宽}/2)$；顶面标高高的梁上部纵筋伸至尽端钢筋内侧后向下弯折 $15d$；底面标高高的梁下部钢筋伸至底面标高低的梁中锚固 l_a，底面标高低的梁下部钢筋锚固 l_a 后截断即可，具体构造如图 6.3.12(b) 所示。

（4）支座两边梁宽不同钢筋构造

支座两边梁宽不同时，宽出部位的上部、下部各排纵筋伸至尽端钢筋内侧向下弯折 $15d$，若钢筋直段长度 $\geqslant l_a$ 时可不弯折，具体构造如图 6.3.12(d) 所示。

4. 基础次梁 JCL 竖向加腋钢筋构造

基础次梁 JCL 竖向加腋的斜向钢筋锚固长度为 l_a，其构造如图 6.3.13 所示。

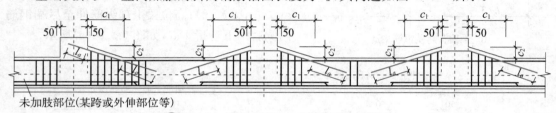

未加肢部位(某跨或外伸部位等)

图 6.3.13 基础次梁 JCL 竖向加腋钢筋构造

三、梁板式筏形基础平板 LPB 钢筋构造

1. 梁板式筏形基础平板 LPB 端部钢筋构造

梁板式筏形基础平板 LPB 端部有外伸和无外伸两种情况，其钢筋构造如图 6.3.14 所示。其构造要求如下：

（1）平板下部钢筋构造要求

端部等（变）截面外伸构造中，当从基础主梁（墙）内侧算起的外伸长度不满足直锚要求时，基础平板下部钢筋应伸至端部后弯折 $15d$，且从梁（墙）内边算起水平段长度应 $\geqslant 0.6l_{ab}$；当从基础主梁（墙）内边算起的外伸长度 $\geqslant l_a$，即满足直锚要求时，基础平板下部钢筋应伸至端部后弯折 $12d$。

端部无外伸构造中，基础平板下部钢筋应伸至端部后弯折 $15d$。

（2）平板上部钢筋构造要求

端部等截面外伸时，上部贯通钢筋伸至端部下弯 $12d$，非贯通钢筋伸入梁或墙内的长度为 $\max(12d,\text{支座宽}/2)$。

端部变截面外伸时，倾斜钢筋一端伸至平板端部下弯 $12d$，一端锚入柱或墙内长度为 $\max(12d,\text{支座宽}/2)$，非贯通钢筋伸入梁或墙内的长度为 $\max(12d,\text{支座宽}/2)$。

端部无外伸时，上部钢筋伸入梁或墙内的长度为 $\max(12d,\text{支座宽}/2)$。

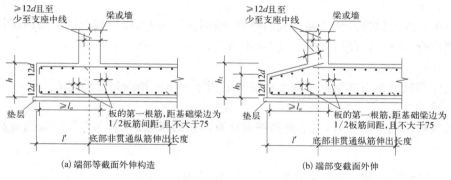

(a) 端部等截面外伸构造   (b) 端部变截面外伸

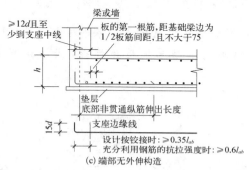

(c) 端部无外伸构造

图 6.3.14 梁板式筏形基础平板外伸部位钢筋构造

梁板式筏形
基础平板外伸
部位钢筋构造

2. 变截面部位钢筋构造

梁板式筏形基础平板变截面包括板顶面有高差、板底部有高差、板顶板底均有高差这三种情况,如图 6.3.15 所示。

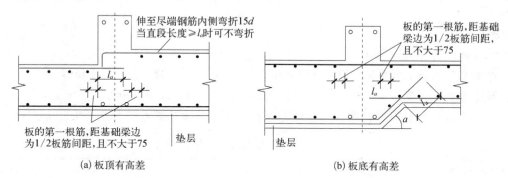

(a) 板顶有高差   (b) 板底有高差

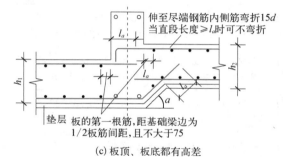

(c) 板顶、板底都有高差

图 6.3.15 梁板式筏形基础平板 LPB 变截面部位钢筋构造

梁板式筏形基
础平板变截面
处钢筋构造

（1）板顶有高差

低位板内的上部钢筋伸入高位板内锚固，锚固长度为 l_a，高位板内的上部钢筋伸至尽端钢筋内侧弯折 $15d$，当直段长度 $\geqslant l_a$ 时可不弯折。

（2）板底有高差

板底标高低的板下部钢筋与板底标高高的板下部钢筋锚固长度均为 l_a。

（3）板顶板底均有高差

当板底板顶均有高差时，上部钢筋按板顶有高差的来考虑，下部钢筋按板底有高差的来考虑。

四、梁板式筏形基础钢筋工程量计算案例

【例 6.3.1】 某梁板式筏形基础的 A 轴上的基础梁如图 6.3.16 所示，已知混凝土强度 C35，钢筋保护层厚度 25 mm。钢筋采用机械连接，试计算图中所示基础梁中钢筋的长度。

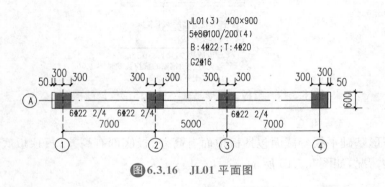

图 6.3.16 JL01 平面图

解：

根据条件查得 $l_a = 32d$

对于上部钢筋 $32d = 32 \times 20 = 640$ mm，下部钢筋 $32d = 32 \times 22 = 704$ mm。

钢筋水平段长度 $= 600 + 50 - 25 = 625$ mm $< l_a$（640 mm，704 mm）

因此基础梁的上下部钢筋应伸至端部弯折 $15d$。具体计算过程如表 6.3.1 所示：

表 6.3.1 钢筋工程量计算表

序号	钢筋名称	单根长度	根数（根）	总长度（m）
1	顶部贯通纵筋	$L = 7\,000 + 5\,000 + 7\,000 + 300 \times 2 + 50 \times 2 - 25 \times 2 + 15 \times 20 \times 2 = 20\,250\,(\text{mm}) = 20.250$ m	4	81
2	底部贯通纵筋	$L = 7\,000 + 5\,000 + 7\,000 + 300 \times 2 + 50 \times 2 - 25 \times 2 + 15 \times 22 \times 2 = 20\,310\,(\text{mm}) = 20.310$ m	4	81.24
3	①支座下部钢筋	$L = (7\,000 - 600)/3 + 600 + 50 - 25 + 15 \times 22 = 3\,088.33\,(\text{mm}) = 3.088$ m	2	6.176
4	②支座下部钢筋	$L = (7\,000 - 600)/3 + 600 + (7\,000 - 600)/3 = 4\,867$ mm $= 4.867$ m	2	9.734

序号	钢筋名称	单根长度	根数(根)	总长度(m)
5	③支座下部钢筋	$L=(7\,000-600)/3+600+(7\,000-600)/3$ $=4\,867$ mm$=4.867$ m	2	9.734
6	构造筋	第一跨:$7\,000-300-300+15\times16\times2$ $=6\,880$ mm$=6.88$ m	2	13.76
		第二跨:$5\,000-300-300+15\times16\times2$ $=4\,880$ mm$=4.88$ m	2	9.76
		第三跨:$7\,000-300-300+15\times16\times2$ $=6\,880$ mm$=6.88$ m	2	13.76
7	箍筋	$2.99+2.309$	125	662.375
	大箍单根长度	$l=(400-25\times2+900-25\times2)\times2+11.9\times8\times2$ $=2\,590.4$ mm$=2.59$ m		
	小箍单根长度	$=[(400-25\times2-8\times2-11\times2)/3+11\times2+8\times$ $2+(900-25\times2)]\times2+11.9\times8\times2$ $=2\,174.4$ mm$=2.174$ m		
	箍筋根数	$37+27+37+6\times4=125$		
	第一跨内 箍筋根数	$n_1=10+\dfrac{7\,000-300\times2-100\times8-50\times2}{200}-1=$ 37 根		
	第二跨内 箍筋根数	$n_2=10+\dfrac{5\,000-300\times2-50\times2-100\times8}{200}-1=27$ 根		
	第三跨内 箍筋根数	同第一跨 37 根		
	一个支座内 箍筋根数	$n_4=\dfrac{600-50\times2}{100}+1=6$ 根		
8	拉筋	$600-25\times2+11.9\times8\times2=740.4$ mm$=0.74$ m	49	36.28
		第一跨 $n_1=\dfrac{6\,880-50\times2}{400}+1=18$ 根		
		第一跨 $n_2=\dfrac{4\,880-50\times2}{400}+1=13$ 根		
		第一跨 $n_3=\dfrac{6\,880-50\times2}{400}+1=18$ 根		

【例 6.3.2】　某梁板式筏形基础梁如下图 6.3.17 所示,已知混凝土强度 C30,钢筋保护层厚度 25 mm。钢筋采用机械连接,试计算图中所示基础梁中钢筋的重量。

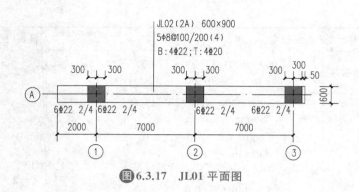

图6.3.17 JL01平面图

解：

根据条件查得 $l_a = 35d$

对于上部钢筋 $35d = 35 \times 20 = 700$ mm，下部钢筋 $35d = 35 \times 22 = 770$ mm。

悬挑端：从柱边到端部的长度 $= 2\,000 + 300 = 2\,300$ mm > 770 mm（700 mm），因此下（上）部钢筋应伸至端部弯折 $12d$。

右端：上下部钢筋伸至尽端向下弯折 $15d$，判断方法同例题6.3.1。

具体计算过程如表6.3.2所示。

表6.3.2 钢筋工程量计算表

序号	钢筋名称	单根长度	根数（根）	总长度（m）
1	上部贯通纵筋	$L = 2\,000 + 7\,000 + 7\,000 + 300 + 50 - 25 \times 2 + 15 \times 20 + 12 \times 20 = 16\,840$ (mm) $= 16.84$ m	4	67.36
2	底部贯通纵筋	$L = 2\,000 + 7\,000 + 7\,000 + 300 + 50 - 25 \times 2 + 15 \times 22 + 12 \times 22 = 16\,894$ (mm) $= 16.894$ m	4	67.576
3	①轴线及悬挑端下部非通长筋	$L = 2\,000 + 300 + (7\,000 - 600)/3 - 25 = 4\,408.33$ mm $= 4.408$ m	4	17.632
4	②轴线下部非通长筋	$L = (7\,000 - 600)/3 + 600 + (7\,000 - 600)/3 = 4\,867$ mm $= 4.867$ m	4	19.468
5	③轴线下部非通长筋	$L = (7\,000 - 600)/3 + 600 + 50 - 25 + 15 \times 22 = 3\,088.33$ mm $= 3.088$ m	4	12.352
6	箍筋	$2.99 + 2.308$	112	593.37
	大箍单根长度	$l = (600 - 25 \times 2 + 900 - 25 \times 2) \times 2 + 11.9 \times 8 \times 2 = 2\,990.4$ mm $= 2.99$ m		
	小箍单根长度	$l = [(600 - 25 \times 2 - 8 \times 2 - 11 \times 2)/3 + 11 \times 2 + 8 \times 2 + (900 - 25 \times 2)] \times 2 + 11.9 \times 8 \times 2 = 2\,307.73$ mm $= 2.308$ m		
	箍筋根数	$14 + 37 + 37 + 6 \times 4$	112	
	悬挑端	$n_1 = 5 + \dfrac{2\,000 - 300 - 50 - 25}{200} = 14$		

序号	钢筋名称	单根长度	根数（根）	总长度（m）
6	第一跨内箍筋根数	$n_2=10+\dfrac{7\,000-300\times2-50\times2-100\times8}{200}-1=37$ 根		
	第二跨内箍筋根数	37 根		
	一个支座内箍筋根数	$n_4=\dfrac{600-50\times2}{100}+1=6$ 根		

钢筋重量计算如表 6.3.3 所示。

表 6.3.3 钢筋重量计算表

序号	钢筋级别与直径	计算过程	重量（kg）
1	φ8	0.395×662.375	261.638
2	⸬20	2.466×81	199.75
3	⸬22	$2.984\times(81.24+12.352+19.468+19.468)$	395.46

【例 6.3.3】 某梁板式筏形基础平板配筋如图 6.3.18 所示,已知混凝土强度 C35,钢筋保护层厚度 40 mm。基础梁为 400×800,钢筋采用对焊连接,试计算图中所示基础平板中所有钢筋的长度及根数。

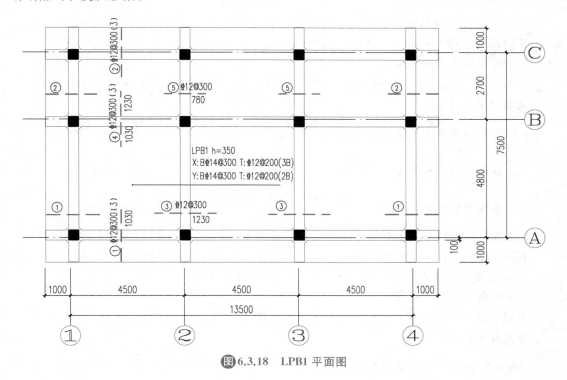

图 6.3.18 LPB1 平面图

解:

由构造详图及相关制图规则,钢筋工程量计算如下:

（1）X向底部贯通纵筋

单根长度＝4 500×3＋1 000×2－40×2＋12×14×2＝15 756 mm＝15.756 m

根数计算如下：

A 轴线下部外伸部位钢筋根数 $n_1 = \dfrac{1\,000 - 100 - \min(150,75) - 40}{300} + 1 = 4$ 根

A、B 轴线间钢筋根数 $n_2 = \dfrac{4\,800 - 300 - 300 - \min(150,75) \times 2}{300} + 1 = 15$ 根

B、C 轴线间钢筋根数 $n_3 = \dfrac{2\,700 - 100 - 300 - \min(150,75) \times 2}{300} + 1 = 9$ 根

C 轴线上部外伸部位钢筋根数等同于 A 轴线下部外伸部位的根数即：$n_4 = 4$ 根

X 向底部贯通纵筋的总根数＝4＋15＋9＋4＝32 根

（2）X向顶部贯通纵筋

单根长度＝4 500×3＋1 000×2－40×2＋12×12×2＝15 708 mm＝15.708 m

根数计算如下：

A 轴线下部外伸部位钢筋根数 $n_5 = \dfrac{1\,000 - 100 - \min(100,75) - 40}{200} + 1 = 5$ 根

A、B 轴线间钢筋根数 $n_6 = \dfrac{4\,800 - 300 - 300 - \min(100,75) \times 2}{200} + 1 = 22$ 根

B、C 轴线间钢筋根数 $n_7 = \dfrac{2\,700 - 100 - 300 - \min(100,75) \times 2}{200} + 1 = 13$ 根

C 轴线上部外伸部位钢筋根数等同于 A 轴线下部外伸部位的根数即：$n_8 = 5$ 根

X 向顶部贯通纵筋的总根数＝5＋22＋13＋5＝45 根

（3）Y向底部贯通纵筋

单根长度＝4 800＋2 700＋1 000×2－40×2＋12×14×2＝9 756 mm＝9.756 m

根数计算如下：

1 轴线左侧外伸部位钢筋根数 $n_9 = \dfrac{1\,000 - 100 - \min(150,75) - 40}{300} + 1 = 4$ 根

1、2 轴线间钢筋根数 $n_{10} = \dfrac{4\,500 - 300 - 200 - \min(150,75) \times 2}{300} + 1 = 14$ 根

2、3 轴线间钢筋根数 $n_{11} = \dfrac{4\,500 - 200 - 200 - \min(150,75) \times 2}{300} + 1 = 15$ 根

3、4 轴线间的钢筋根数等同于 1、2 轴间钢筋根数，即 $n_{12} = 14$ 根

4 轴线右侧外伸部位钢筋根数等同于 1 轴线左侧外伸部位的根数即：$n_{13} = 4$ 根

Y 向底部贯通纵筋的总根数＝4＋14＋15＋14＋4＝51 根

（4）Y向顶部贯通纵筋

单根长度＝7 500＋1 000×2－40×2＋12×12×2＝9 708 mm＝9.708 m

根数计算如下：

1 轴线左侧外伸部位钢筋根数 $n_{14} = \dfrac{1\,000 - 100 - \min(100,75) - 40}{200} + 1 = 5$ 根

1、2 轴线间钢筋根数 $n_{15} = \dfrac{4\,500 - 300 - 200 - \min(100,75) \times 2}{200} + 1 = 21$ 根

2、3 轴线间钢筋根数 $n_{16} = \dfrac{4\,500 - 200 - 200 - \min(100, 75) \times 2}{200} + 1 = 21$ 根

3、4 轴线间的钢筋根数等同于 1、2 轴间钢筋根数，即 $n_{12} = 21$ 根

4 轴线右侧外伸部位钢筋根数等同于 1 轴线左侧外伸部位的根数即：$n_{17} = 5$ 根

Y 向顶部贯通纵筋的总根数 $= 5 + 21 + 21 + 21 + 5 = 73$ 根

(5) ①号非通长筋

单根长度 $= 1\,000 + 1\,030 + 300 - 40 + 12d = 1\,000 + 1\,030 + 300 - 40 + 12 \times 12 = 2\,434$ mm $= 2.434$ m

A 轴线上的①号非通长筋的根数计算如下：

1、2 轴线间钢筋根数 $n_{17} = \dfrac{4\,500 - 300 - 200 - \min(150, 75) \times 2}{300} + 1 = 14$ 根

2、3 轴线间钢筋根数 $n_{18} = \dfrac{4\,500 - 200 - 200 - \min(150, 75) \times 2}{300} + 1 = 15$ 根

3、4 轴线间的钢筋根数等同于 1、2 轴间钢筋根数，即 $n_{19} = 14$ 根

1 轴线上 A、B 轴线间①号钢筋根数 $n_{20} = \dfrac{4\,800 - 300 - 300 - \min(150, 75) \times 2}{300} + 1$

$$= 15 \text{ 根}$$

4 轴线上 A、B 轴线间①号钢筋根数 $n_{21} = 15$ 根

①号非通长筋的根数总计为：$14 + 15 + 14 + 15 + 15 = 73$ 根

(6) ②号非通长筋

单根长度 $= 1\,000 + 880 + 300 - 40 + 12d = 1\,000 + 880 + 300 - 40 + 12 \times 12 = 2\,284$ mm $= 2.284$ m

C 轴线上的②号非通长筋的根数计算同 A 轴线上的①号非通长筋的根数计算

1 轴线上 B、C 轴线间②号钢筋根数 $n_{22} = \dfrac{2\,700 - 300 - 100 - \min(150, 75) \times 2}{300} + 1$

$$= 9 \text{ 根}$$

4 轴线上 B、C 轴线间②号钢筋根数 $n_{23} = 9$ 根

②号非通长筋的根数总计为：$14 + 15 + 14 + 9 + 9 = 61$ 根

(7) ③号非通长筋

单根长度 $= 1\,230 \times 2 + 400 = 2\,860$ mm $= 2.86$ m

A、B 轴线间的 2、3、4 轴上③号非通长筋的根数计算如下：

2、3 轴线上③号筋总根数 $n_{24} = \left[\dfrac{4\,800 - 300 - 300 - \min(150, 75) \times 2}{300} + 1 \right] \times 2$

$$= 30 \text{ 根}$$

(8) ④号非通长筋

单根长度 $= 1\,230 + 1\,030 + 400 = 2\,660$ mm $= 2.66$ m

④号非通长筋在 B 轴线上的根数同①号非通长筋在 A 轴线上的根数，即 $14 + 15 + 14 = 43$ 根

(9) ⑤号非通长筋

单根长度 $= 780 + 780 + 400 = 1\,960$ mm $= 1.96$ m

⑤号非通长筋在 2、3、4 轴线上的根数同②号非通长筋在 1 轴线上 B、C 轴间的根数，即

每个轴线上为 9 根。因此⑤号非通长筋在 2、3、4 轴线上的总根数为 9×2＝18 根

综上所述,该梁板式筏形基础底板的钢筋长度及长度如下表 6.3.4 所示:

表 6.3.4 钢筋长度计算表

序号	钢筋编号	直径	单根长度(m)	总根数(根)	总长度(m)
1	X 向底部贯通纵筋	Φ 14	15.756	32	504.19
2	X 向顶部贯通纵筋	Φ 12	15.708	45	706.86
3	Y 向底部贯通纵筋	Φ 14	9.756	51	497.56
4	Y 向顶部贯通纵筋	Φ 12	9.708	73	708.68
5	①号非通长筋	Φ 12	2.434	73	177.68
6	②号非通长筋	Φ 12	2.284	61	139.32
7	③号非通长筋	Φ 12	2.86	30	85.8
8	④号非通长筋	Φ 12	2.66	43	114.38
9	⑤号非通长筋	Φ 12	1.96	18	35.28

自 测 题

答案扫一扫

1. 某梁板式筏形基础混凝土强度 C30,底部保护层厚度 40 mm,侧面和顶面保护层厚度 25 mm,基础底板厚 350 mm,柱截面尺寸为 400×400,钢筋采用对焊连接,试计算图 6.3.19 中所示基础梁中钢筋的长度及根数。

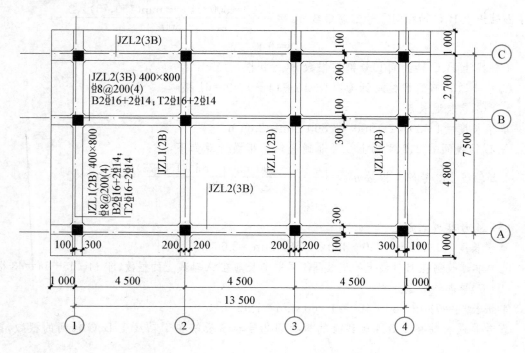

参考文献

［1］中华人民共和国住房和城乡建设部. 混凝土结构施工图平面整体表示方法制图规则和构造详图（现浇混凝土框架、剪力墙、梁、板）：22G101－1［S］.北京：中国计划出版社，2022.

［2］中华人民共和国住房和城乡建设部. 混凝土结构施工图平面整体表示方法制图规则和构造详图（现浇混凝土板式梯）22G101－2［S］.北京：中国计划出版社，2022.

［3］中华人民共和国住房和城乡建设部. 混凝土结构施工图平面整体表示方法制图规则和构造详图（独立基础、条形基础、筏形基础、桩基础）22G101－3［S］.北京：中国计划出版社，2022.

［4］中华人民共和国住房和城乡建设部.G101 系列图集施工常见问题答疑图解 17G101－11［S］.北京：中国计划出版社，2017.

［5］混凝土结构施工图钢筋排布规则与构造详图（现浇混凝土框架、剪力墙、梁、板）18G901－1［S］.中国建筑标准设计研究院.2018.

［6］混凝土结构施工图钢筋排布规则与构造详图（现浇混凝土板式楼梯）18G901－2［S］.中国建筑标准设计研究院.2018.

［7］混凝土结构施工图钢筋排布规则与构造详图（独立基础、条形基础、筏形基础、桩基础）18G901－3［S］.中国建筑标准设计研究院.2018.

［8］中华人民共和国住房和城乡建设部.混凝土结构设计规范（2015 年版）：GB 50010—2010［S］. 北京：中国建筑工业出版社，2015 .

［9］中华人民共和国住房和城乡建设部.建筑抗震设计规范（2016 版）GB 50011—2010［S］.北京：中国建筑工业出版社.2010.

［10］中华人民共和国住房和城乡建设部. 建筑结构制图标准：GBT 05—2010［S］. 北京：中国建筑工业出版社.2010.

［11］中华人民共和国住房和城乡建设部.建筑工程抗震设防分类标准：GB 5023—2008［S］.北京：中国建筑工业出版社，2008.

［12］中华人民共和国住房和城乡建设部.混凝土结构工程施工质量验收规范：GB 50204—2015［S］.北京：中国建筑工业出版社，2015.

［13］中华人民共和国住房和城乡建设部.钢筋焊接及验收规程：JCJ 18—2012［S］.北京：中国建筑工业出版社，2012.

［14］中华人民共和国住房和城乡建设部.钢筋机械连接技术规程：JJ 107—2016［S］.北

京：中国建筑工业出版社，2016.

[15] 陈达飞.平法识图与钢筋计算[M].北京：中国建筑工业出版社，2017.

[16] 闫玉红.钢筋翻样与算量[M]. 北京：中国建筑工业出版社，2013.

[17] 中华人民共和国住房和城乡建设部. 高层建筑混凝土结构技术规程：JGJ 3—2010[S].北京：中国建筑工业出版社，2011.

	使用部位	

5. 板底乳胶漆顶　刷内墙涂料二度；白石膏腻子两遍细砂纸磨光；现浇板底刷素水泥浆一道（内掺水重3-5%的107胶），用于所有平顶。面层取消。

6. 屋面平台的栏杆底部不应漏空，除具体设计有要求者外，均在栏杆下设置C20细石混凝土挡坎，坎高100mm，坎宽80mm。

七、外装修工程：

1. 岩棉板或玻璃棉板保温墙面：具体做法如下，颜色和位置详立面图及效果图。

（1）外墙涂料饰面

（2）聚合物砂浆

（3）耐碱玻纤网格布一层（用于底层时为二层）

（4）聚合物砂浆

（5）界面剂一道刷在挤塑板粘贴面上

（6）挤塑聚苯板保温层

（7）界面剂一道刷在挤塑板粘贴面上

（8）3厚专用胶粘剂

（9）20厚1：3水泥砂浆找平层

（10）刷界面剂处理一道

2. 本工程外墙保温系统，按照《江苏省民用建筑节能设计标准实施细则》[DB32/T122-95]执行。

八、屋面工程：

编号	构造做法	使用部位
屋面1	（1）刷浅色反光涂料 （2）SBS改性沥青防水卷材 （3）1：3水泥砂浆找平层 （4）40厚C20细石混凝土内配?4@150双向钢筋 （5）保温层：100厚岩棉板或玻璃棉板，其燃烧性能等级为A级。 （6）20厚1：3水泥砂浆找平层 （7）现浇混凝土楼板	第3层屋顶
屋面2	（1）25厚1：2水泥砂浆加3-5%防水剂 （2）刷素水泥浆一道 （3）现浇混凝土楼板	雨篷上部

本屋面说明未详尽之处参苏J01-2005屋面做法说明。

十、门窗工程：

1. 塑料门窗采用苏J30-2008图集，颜色为乳白色，除注明外玻璃采用5MM；所有外窗开启扇应设纱窗，透明玻璃应满足规范要求；

图　别	建　施	工程名称	广厦建筑公司办公楼
图　号	01	图纸内容	建筑设计说明（一）
设　计			

1

建 筑 设 计 说 明

2、门窗立面均表示洞口尺寸，门窗加工尺寸要按照装修面厚度由承包商予以调整；

3、低于900高窗台除详图注明外均增设1050高护栏，护栏做法参苏J05-2006第31页。

4、门窗详见门表，由具有相应资质的厂家制作安装，门窗所用小五金配件均按图集配齐。

5、外窗的抗风压性能为三级，气密性能为六级，水密性能等级为二级，其性能等级划分应符合GB/T7106-2008的规定。

6、下列部位应使用安全玻璃：

(1) 面积大于1.5平方米或玻璃底边离最终装修面小于500的落地窗

(2) 幕墙

(3) 疏散出入口及门厅外门；

(4) 疏散出入口及门厅外门

(5) 规范规定的其他部位。

7、玻璃的选用应满足《建筑玻璃应用技术规程》JGJ 113-2003和《建筑安全玻璃管理规定》(发改运行[2003]2116号文)。建筑使用的安全玻璃应有国家强制性产品认证标志"CCC"

十一、油漆涂料工程：

编号	构造做法	使用部位	
1、银粉漆	(1) 银粉漆二度	所有铁件	
	(2) 刮腻子		
	(3) 防锈漆一度		
2调和漆	(1) 调和漆二度	楼梯木扶手（栗壳色调和漆）	
	(2) 底油一度	内木门（奶黄色调和漆）	
	(3) 满刮腻子	外木门（棕色调和漆）	

十二、防水工程：

1、防水工程必须由相应资质的专业公司或专业人员完成，并严格按操作规程要求施工，防水层施工完毕不得再对其进行有破坏性的扰动。

2、屋面防水（屋面防水等级为Ⅲ级，防水层耐用年限为10年）

(1) 屋面防水层由专业施工队按规程施工，所有防水层四周均涂卷至屋面泛水高度。屋面女儿墙阳角处应增加涂层厚度，做纤维布加强层。
穿板面管道或泛水以外墙穿管，安装后严格用细石混凝土封严，管根四周加嵌防水，与防水层闭合。伸出屋面的结构应做柔性防水材料，高度为300。

(2) 屋面均为有组织排水。DN100PVC塑料落水管(室外空调冷凝水均为有组织排放，采用DN50PVC塑料管就近接入落水管，附近无落水管者另设排水系统)；水斗，铸铁篦子做法详苏J03-2006-56、57页。

3、楼面防水
卫生间加设环保型柔韧性水泥基防水涂层，涂膜厚度2mm，分两次涂刷。凡管道穿过此类房间，均须预埋套管，高出地面30；地面预留管洞，洞边做混凝土坎边，高100，管根嵌防水胶，地面找坡，坡向地漏或排水口，坡度0.5%，以不积水为原则。

4、遇有管道、排气道等穿过防水层时应采取加强措施，首先管道加橡胶防水果环，穿过涂膜防水

层时用无纺布作加强胎体各搭接15
预留25宽缝，封内满嵌防水油膏。

5、防水砂浆按产品说明掺入防水剂。

十三、其它施工中注意事项：

1、所有临空栏杆净高为1050；其余楼
当图纸标注与本规定不符时，按本规
按公安局有关文件采取防盗措施，

3、本工程需按《江苏省房屋建筑白蚁预

4、消火栓、配电箱等留洞同墙厚者背面

5、楼板留洞封堵：待设备管线安装完毕

6、外墙变形缝节能做法详参06J123-

7、外墙变形缝做法参苏J09-2004-
苏J03-2006-1,2/28。

8、本工程说明未详尽之处按建施图为准

类型	门窗纟
窗	C1
	C2
门	M1
	M2
	M3

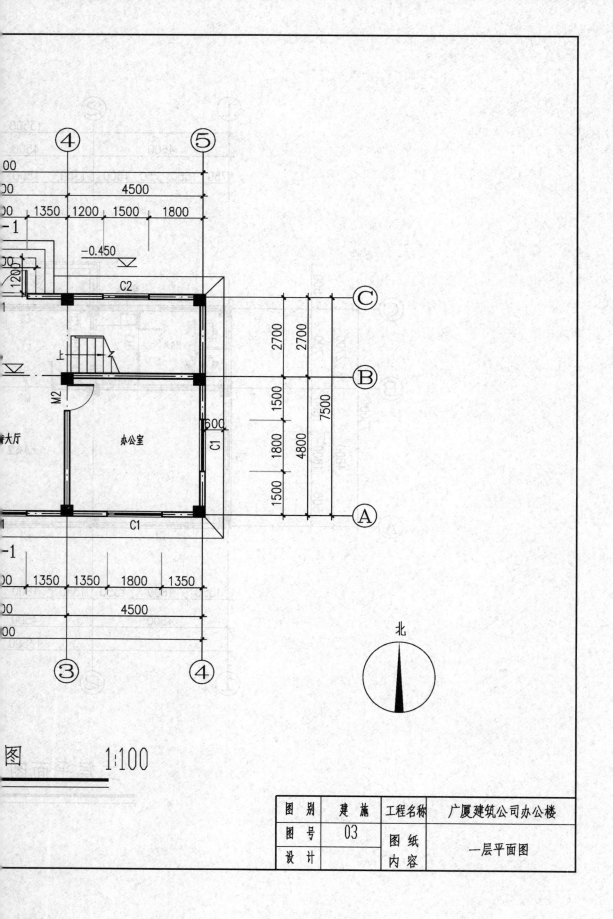

④　⑤

4500

1350　1200　1500　1800

−1

−0.450

C2

C

2700　2700

上

B

M2

C1

7500

1500

1800　4800

大厅　办公室

1600

C1

1500

C1

A

−1

1350　1350　1800　1350

4500

③　④

北

图　1:100

图　别	建　施	工程名称	广厦建筑公司办公楼
图　号	03	图　纸 内　容	一层平面图
设　计			

3

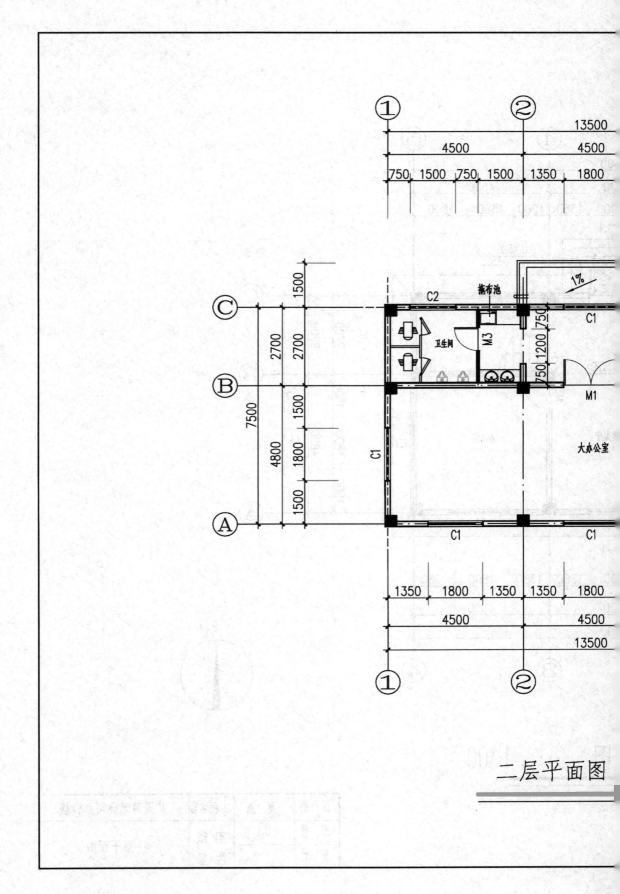

二层平面图

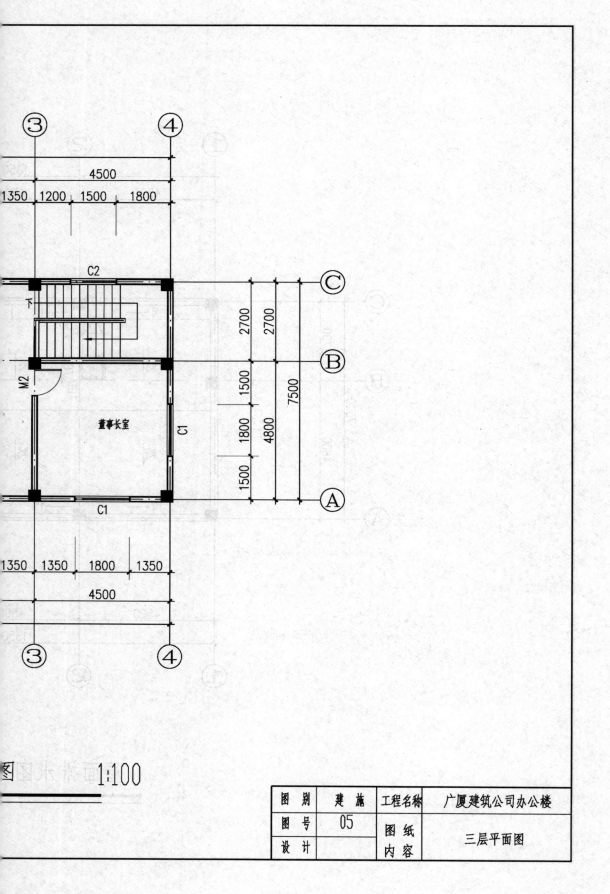

③　　　　④

4500

1350 | 1200 | 1500 | 1800

C2

下

C

2700 | 2700

B

M2

董事长室

C1

1500 | 1800 | 4800 | 7500

1500

A

C1

1350 | 1350 | 1800 | 1350

4500

③　　　　④

图 1:100

图　别	建　施	工程名称	广厦建筑公司办公楼
图　号	05	图　纸	三层平面图
设　计		内　容	

5

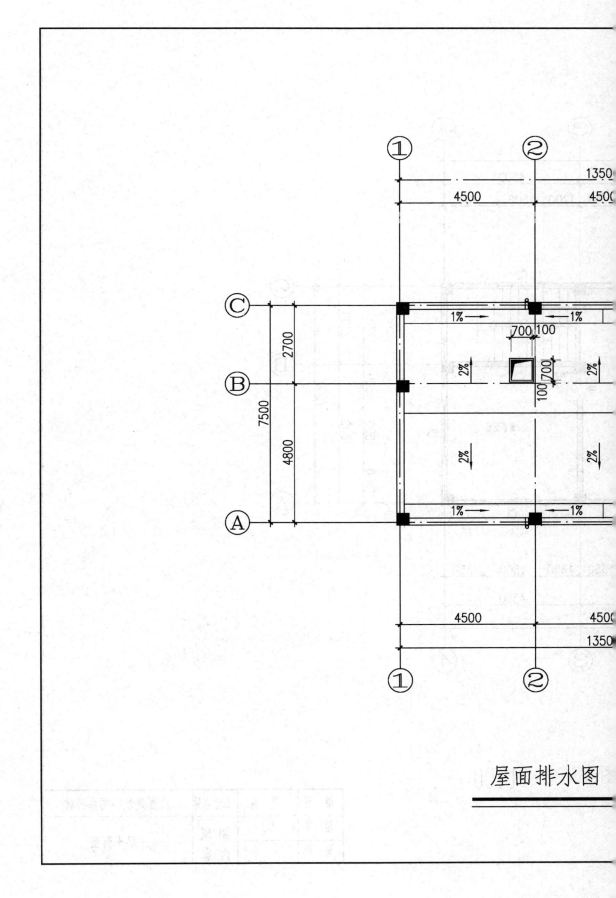

屋面排水图

6

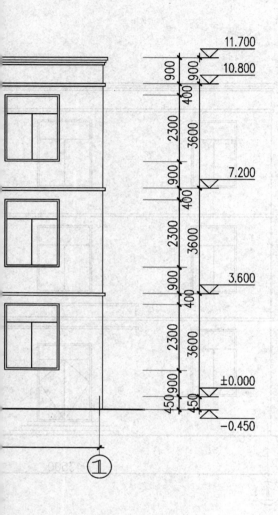

11.700

10.800

900 | 900

400

2300 | 3600

7.200

900

400

2300 | 3600

3.600

900

400

2300 | 3600

±0.000

450 | 900

450

−0.450

①

图 别	建 施	工程名称	广厦建筑公司办公楼
图 号	07	图 纸 内 容	南立面图
设 计			

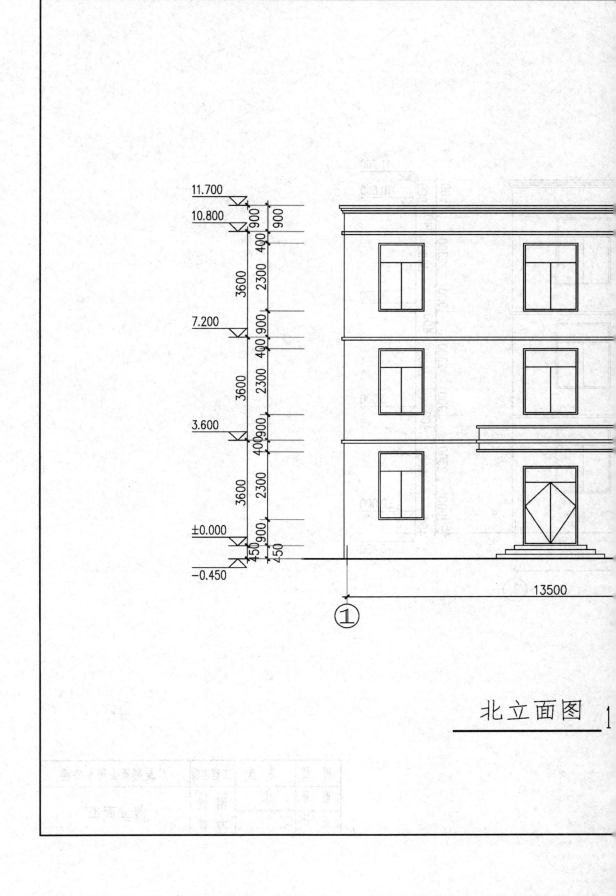

11.700

10.800

900
900

400

3600 2300

400

7.200

400
900

3600 2300

3.600

400
900

3600 2300

±0.000

900

450 450

−0.450

13500

① 北立面图 1

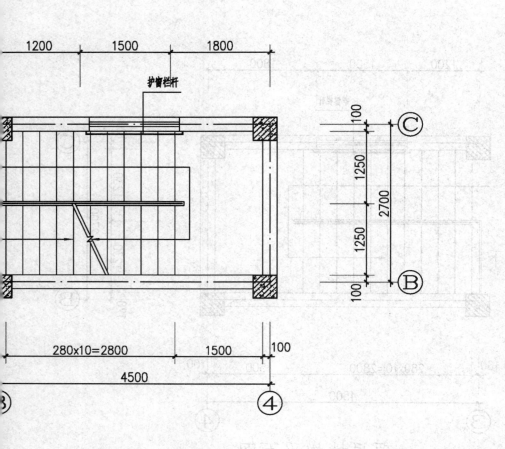

| 1200 | 1500 | 1800 |

护窗栏杆

100 — ©
1250
2700
1250
100 — B

| 280x10=2800 | 1500 | 100 |
| 4500 | | |

④

二层楼梯平面图 1:50

图　别	建　施	工程名称	广厦建筑公司办公楼
图　号	09	图　纸内　容	首层楼梯平面图二层楼梯平面图
设　计			

9

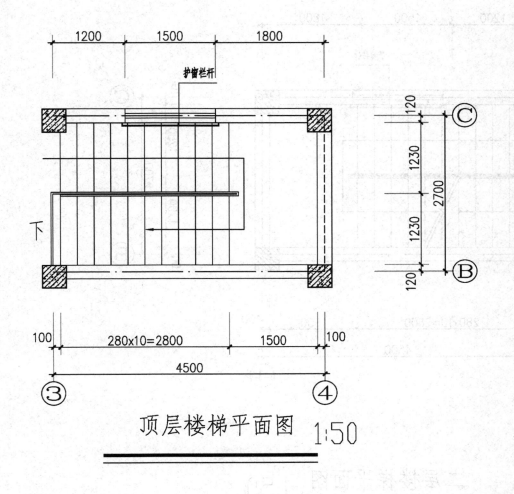

顶层楼梯平面图 1:50

说明：

1. 图中楼梯栏杆仅为示意，具体做法详苏J05-2006-1/7，栏杆高度为900mm，垂直栏杆净间距不得大于110mm；水平段栏杆长度超过500mm时，防护栏杆高度为1050mm。

2. 楼梯扶手末端与墙连接详苏J05-2006-1/32。

3. 所有金属件除锈后刷红丹防锈漆二度，刷黑色油漆二度。

4. 本通知未尽事项均详苏J05-2006 图集。

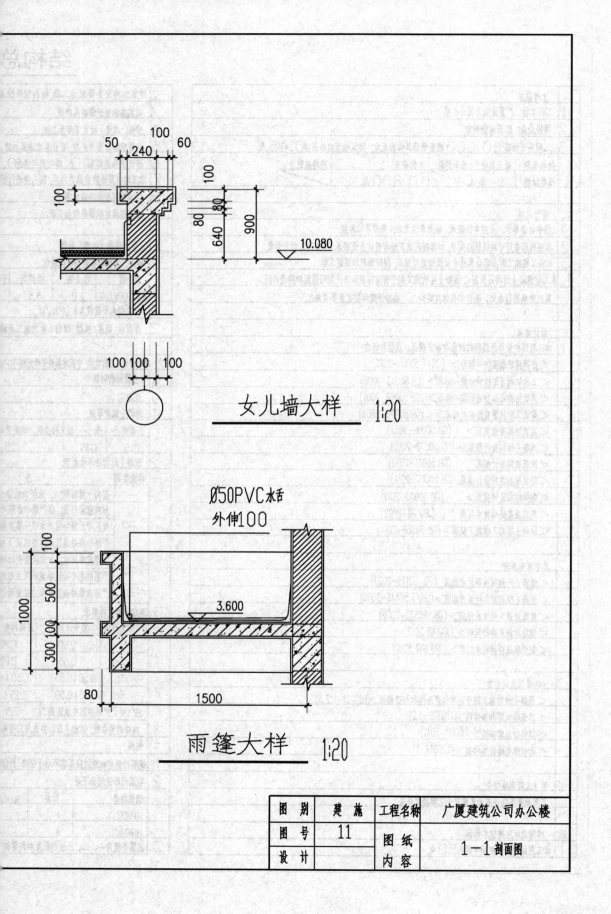

女儿墙大样 1:20

Ø50PVC水舌
外伸100

雨篷大样 1:20

图 别	建 施	工程名称	广厦建筑公司办公楼
图 号	11	图 纸 内 容	1-1剖面图
设 计			

11

一. 工程概况

1. 工程名称：广厦建筑公司办公楼.

2. 建设地点：江苏省徐州市.

3. 工程设计标高±0.000根据现场具体情况定，建筑物室内外高差0.45米

结构类型	地上层数	地下层数	主体高度	房屋总宽度
框架结构	三层		10.800米	

二. 设计总则

1. 图中计量单位：长度单位毫米，标高单位为米，角度单位为度.

2. 本图的所有尺寸均以标注为准，如有疑问请及时与设计人员联系，不得用例尺量取.

3. 本施工图施工时应配合其他专业图纸进行施工，做好预埋和预留工作.

4. 本工程混凝土结构是根据《混凝土结构施工图平面整体表示方法制图规则和构造详图》系列图集进行绘制，除图中具体注明外，构造详图均按图集要求施工.

三. 设计依据

1. 本工程结构设计所遵循的国家和地方规范、规程和标准

《房屋建筑制图统一标准》(GB/T 50001-2010)

《工程结构可靠性设计统一标准》(GB 50013-2008)

《建筑结构可靠度设计统一标准》(GB 50068-2001)

《建筑工程抗震设防分类标准》(GB 50223-2008)

《建筑结构荷载规范》(GB 50009-2012)

《混凝土结构设计规范》(GB 50010-2010)

《建筑抗震设计规范》(GB 50011-2010)

《建筑地基基础设计规范》(GB 50007-2011)

《砌体结构设计规范》(GB 50003-2011)

《建筑地基处理技术规范》(JGJ 79-2002)

《混凝土结构工程施工规范》(GB 50666-2011)

2. 其它规范规程

《混凝土外加剂应用技术规范》(GB 50119-2003)

《混凝土结构耐久性设计规范》(GB/T 50476-2008)

《建筑边坡工程技术规范》(GB 50330-2002)

《钢筋焊接及验收规程》(JGJ 18 2012)

《钢筋机械连接技术规程》(JGJ 107 2010)

3. 结构设计采用图集：

《混凝土结构施工图平面整体表示法和构造详图》(16G101-1 2 3)

《建筑物抗震构造详图》(11G329-1,2)

《建筑物抗震构造》(苏G02-2011)

《砌体填充墙结构构造》(12G614-1)

4. 岩土工程勘察报告

工程地质条件详现实施岩土工程勘察报告.

四. 结构设计主要技术指标

1. 本工程结构设计使用年限为50年.

2. 建筑结构安全等级为二级，结构重要系

3. 地基基础设计等级为丙级.

4. 建筑（构件）耐火等级为二级.

5. 抗震设防烈度为七度，设计基本地震加速

6. 建筑场地类别为Ⅲ类，特征周期值为0

7. 本工程抗震设防类别为丙类，按七度进行抗

8. 结构嵌固部位为基础面.

9. 本工程框架抗震等级为三级.

五. 主要荷载（作用）取值

1. 楼面、屋面均布活荷载标准值

项目	办公室	楼梯间	
标准值(KN/M2)	2.0	3.5	

2. 杆顶部水平荷载为1.0KN/M.

3. 屋面板、雨蓬、挑檐、预制小梁的施工及

六. 结构设计采用的软件：中国建筑科学研究院PKPM

七. 主要结构材料

一) 混凝土

1. 混凝土强度等级：

基础垫层	基础	构造柱、过梁等
C15	C35	C25

2. 混凝土结构的环境类别

环境类别	条
一	室内干燥环境；无侵蚀性静水
二a	室内潮湿环境；非严寒和非寒冷地区与无侵蚀性的水或土壤直接严寒和寒冷地区的冰冻线以下与
二b	干湿交替环境；水位频繁变动环严寒和寒冷地区冰冻线以上与天
三a	严寒和寒冷地区冬季水位变动

3. 混凝土耐久性要求

环境类别	最大水胶比	最低混凝
一	0.60	C20
二a	0.55	C25
二b	0.50(0.55)	C30
三a	0.45(0.50)	C35

注：处于严寒和寒冷地区的二b 三a内中的关参数，混凝土原材料选用应符合

二) 钢筋

1. 钢筋的强度标准值应具有不小于95%的保

2. 钢筋代码说明见下表

钢筋种类	符号	fy(N
HPB300	φ	
HRB400		

3. 抗震等级为一、二、三级的框架和斜撑构

标图集《16G101-1》.

支座处板长向负筋应置于短向负筋之下.

PB300时, 端部另加弯钩.

能满足锚固长度, 加长直钩长度.
G101-1》第111页.

完成后, 应采用不低于板强度等级的

50加强筋.

道伸缩缝, 做法详

筋, 做法详见国标图集《16G101-1》第102页.

见建筑图, 未经设计人员同意不得随意增加
）.

的连接
于240时为3根）拉结筋, 拉结筋沿墙全长贯通.
200mm, 柱或剪力墙预留拉结筋做法详
处应采用钢丝网摸灰加强.
式, 预埋件与拉结筋焊接. 若施工中采用后植
GJ145-2004）的规定
011）的要求进行实体检测
见《12G614-1》第16页.

应在以下部位设置构造柱:
充墙的中部（且间距小于5米）; 墙体端部为自
建的门窗洞口两侧（与雨篷梁可靠拉结）.
-Φ6@150/250.
集《12G614-1》第10、15页.

-1》第16、26页.

标高相近时合并设置）设置与柱连接且沿墙
20, 配筋均为4Φ10+Φ6@250.

凝土带, 系梁尺寸为墙厚×100, 配筋均

压顶梁, 配筋均为4Φ10+Φ6@200.

---

8. 柱或剪力墙预留水平系梁（压面梁）钢筋做法详《12G614-1》第10页.

三）过梁:
1. 后砌填充墙门窗洞口顶部应设置钢筋混凝土过梁, 详图中大样.
2. 当门窗洞口上方有承重梁通过, 且该梁底标高与门窗洞顶距离近, 放不下过梁时, 可直接在承重梁下挂板

四）楼电梯间防倒塌措施
1. 楼梯间四周填充墙构造柱间距不大于3m; 填充墙中部设一道通长钢筋混凝土系梁（墙厚×120, 4Φ10+Φ6@200）; 填充墙双面抹钢丝网砂浆面层, 沿填充墙高每隔400设2Φ6通长钢筋.
2. 电梯井道填充墙根据安装要求设置构造柱和水平腰梁, 构造柱间距不大于1800（四角必设）, 腰梁沿高同距不大于1/2层高且不大于2400, 系梁尺寸为墙厚×200, 配筋均为4Φ12+Φ6@200.
3. 人流通道处填充墙应采用双面钢丝网抹灰

十一、施工要求: 施工前应认真阅读图纸, 在确定各工种施工图一致后, 再进行施工.
1. 施工验收应遵循规范:
《建筑工程施工质量验收统一标准》（GB 50030-2001）
《砌体工程施工质量验收规范》（GB 50203-2011）
《建筑地基基础施工质量验收规范》（GB 50202-2002）
《混凝土结构工程施工规范》（GB 50666-2011）
《混凝土结构工程施工质量验收规范》（GB 50204-2002）
2. 跨度大于等于4000的梁板施工时, 应按《GB 50204-2002》(2010版)的要求起拱
3. 结构图中预留孔 洞 槽 管 预埋件及防雷做法应提前预留或预埋, 不得凿或后做
4. 柱内严禁预留孔洞和接线盒.
5. 悬挑构件受力钢筋位置和锚固要求应严格按图施工, 并需专人检验, 切勿踩踏产生变形或移位, 其模板以及支撑必须待其混凝土达到100%设计强度后方可拆除.
6. 施工前不得超负荷堆放建材和施工垃圾, 以减少集中荷载对梁 板受力和变形的不利影响.

十二、其它
1. 未详事宜按有关规范, 规程执行, 不明之处或与其它图不统一时请与设计人协商确定.
2. 经技术鉴定或设计许可, 不得改变结构的用途和使用环境
3. 本工程需经施工图审查及图纸会审后方可进行施工.

建设单位			设计号	
工程名称	广厦建筑公司办公楼		图别	结构
图纸内容	结构总说明(二)		图号	G02
			比例	1:100
			日期	20XX.XX
			图档号	

13

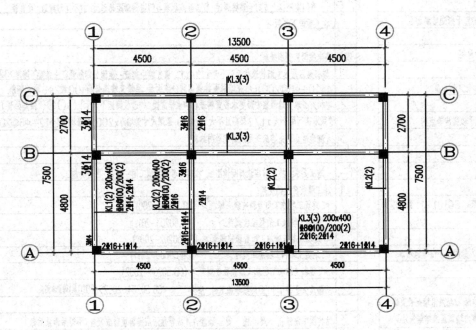

基础连梁配筋平法图 1:100

基础梁说明:

1.	本工程±0.000对应地质勘察报告提供的绝对高程为35.150.
2.	本工程建筑场地类别为Ⅲ类,基础结构的环境类别为三a,结构耐久年限为50年.
3.	基础梁制图规则及构造详图集《16G101-3》;未注明基础梁顶标高为-0.700.
4.	图中主次梁相交处未注明附加箍筋均为6Φ8(2)(每边三根).
5.	图中未注明构造柱均为GZ1(地面以下加宽为240).

基础说明:
1. 本工程±0.000对应的高程根据现场具体情况定
2. 本工程建筑场地类别为Ⅲ类,基础结构的环境类别为三a,结构耐久年限为
3. 基础采用柱下钢筋混凝土独立基础,制图规则及构造详《16G101-3》;
   独立基础底标高均为-2.000.基础混凝土强度等级为C35,其下素混凝
4. 框架柱纵筋锚入基础的长度和构造详图集《16G101-3》.
5. 基础以二号层土(粘土层)为持力层,地基承载力特征值,按fak=180KP
6. ±0.000以下墙体为M7.5水泥砂浆砌筑MU10烧结普通砖.

14

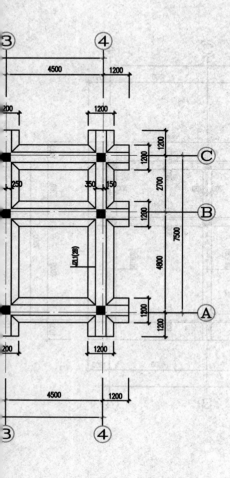

200　1200

C

250　350　150

2700

B

7500

4800

Jz1(2B)

1200

A

1200

200　1200

4500　1200

③ ④

建设单位	广厦建筑公司办公楼	设计号	
工程名称		图别	结构
		图号	G03
图纸内容	条形基础平法施工图	比例	1:100
		日期	20XX.XX
		图档号	

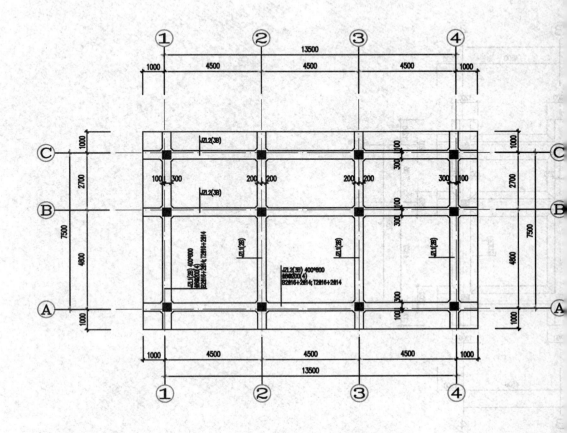

基础梁配筋平法图 1:100

基础说明:
1. 本工程?±0.000对应的高程根据现场具体情况定
2. 本工程建筑场地类别为Ⅲ类,基础结构的环境类别为三a,结构耐久年限为50年.
3. 基础采用梁板式筏形基础,制图规则及构造详《16G101-3》.未注明筏形基础底标高均为-2.000.筏板厚350mm.基础混凝土强度等级为C35,其下素混凝土垫层C15.
4. 框架柱纵筋锚入基础的长度和构造详图集《16G101-3》.
5. 基础以二号层土(粘土层)为持力层,地基承载力特征值 按fak=180KPa设计.
6. ±0.000以下墙体为M7.5水泥砂浆砌筑MU10烧结普通砖.

16

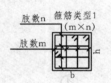   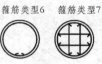

肢数n 箍筋类型1(m×n) 肢数m　箍筋类型2　箍筋类型3　箍筋类型4　圆形箍 箍筋类型5(m×n+Y)　箍筋类型6　箍筋类型7

框架柱配筋明细表

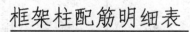

柱号	标高	bxh(bixhi)(圆柱直径D)	全部纵筋	角筋	b边一侧中部筋	h边一侧中部筋	箍筋类型号	箍筋	备注
KZ-1	基础顶~3.550	400x400		4⊕20	1⊕18	1⊕20	1.(3x3)	⊕8@100/200	
	3.550~11.650	400x400	8⊕16				1.(3x3)	⊕8@100/200	
KZ-2	基础顶~3.550	400x400		4⊕25	1⊕20	1⊕20	1.(3x3)	⊕8@100/200	
	3.550~11.650	400x400	8⊕16				1.(3x3)	⊕8@100/200	
KZ-3	基础顶~3.550	400x400		4⊕20	1⊕20	1⊕16	1.(3x3)	⊕8@100/200	
	3.550~11.650	400x400	8⊕16				1.(3x3)	⊕8@100/200	
KZ-4	基础顶~3.550	400x400		4⊕25	1⊕20	1⊕22	1.(3x3)	⊕8@100/200	
	3.550~11.650	400x400	8⊕16				1.(3x3)	⊕8@100/200	
KZ-5	基础顶~3.550	400x400		4⊕25	1⊕22	1⊕20	1.(3x3)	⊕8@100/200	
	3.550~10.750	400x400	8⊕16				1.(3x3)	⊕8@100/200	
KZ-6	基础顶~3.550	400x400		4⊕25	1⊕22	1⊕22	1.(3x3)	⊕8@100/200	
	3.550~11.650	400x400	8⊕16				1.(3x3)	⊕8@100/200	
KZ-7	基础顶~3.550	400x400		4⊕20	2⊕20	2⊕18	1.(4x4)	⊕8@100/200	
	3.550~10.750	400x400	8⊕16				1.(4x4)	⊕8@100/200	
KZ-8	基础顶~3.550	400x400		4⊕22	1⊕22	1⊕18	1.(3x3)	⊕8@100/200	
	3.550~11.650	400x400	8⊕16				1.(3x3)	⊕8@100/200	
KZ-9	基础顶~3.550	400x400		4⊕22	2⊕22	1⊕22	1.(4x3)	⊕10@100	
	3.550~7.150	400x400	8⊕16				1.(3x3)	⊕10@100	
	7.150~11.650	400x400	8⊕16				1.(3x3)	⊕8@100/200	
KZ-10	基础顶~3.550	400x400		4⊕22	1⊕22	1⊕18	1.(3x3)	⊕10@100	
	3.550~7.150	400x400	8⊕16				1.(3x3)	⊕10@100	
	7.150~11.650	400x400	8⊕16				1.(3x3)	⊕8@100/200	

地面做法

200　300

高墙基础

梁或基础时

屋面	10.750	
3	7.150	3.600
2	3.550	3.600
1	-0.050	3.600
层号	标高(m)	层高(m)

结构层楼面标高

建设单位		设计号	
工程名称	广厦建筑公司办公楼	图别	结构
图纸内容	框架柱布置平面图 框架柱配筋明细表	图号	G04
		比例	1:100
		日期	20XX.XX
		图档号	

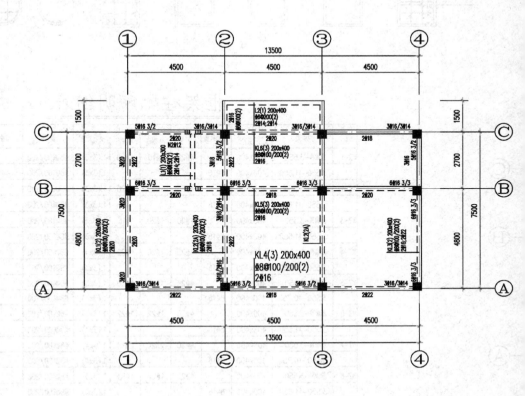

二层楼面梁配筋平法图 1:100

说 明:

1. 梁定位见本层楼面板定位图。	7. 本层所示构造柱为本层以上构造柱
2. 梁顶标高未注明的见层高表，梁顶相对标高以层高表所示标高为基准。	8. 本层未注明的现浇板板厚为110。
3. 梁编号仅用于所在楼层。	9. 未注明现浇板板面标高为建筑标高减50。卫生间板面标高比相邻板低20。
4. 梁制图方法和构造详国标《16G101-1》图集。	10. 现浇板中未注明板面负筋为Φ8@200。现浇板支座负筋的分布筋为Φ6@250。未画出的板底双向筋为:
5. 主次梁相交处未注明箍筋加密均为两边各3根@50(箍筋直径同主梁箍筋直径)。	90厚:Φ6@150 100厚:Φ6@130。110厚:Φ6@125 120厚:Φ8@200。
6. 梁、板施工时应注意配合建施设备图，作好孔洞预留及铁件的预留、预埋，不得事后穿凿。	11. 现浇板支座负筋的标注长度从墙(梁)中算起。通长负筋在板高低差位置断开。
	12. ■表示构造柱,图中未注明的构造柱均为GZ1。

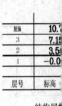

18

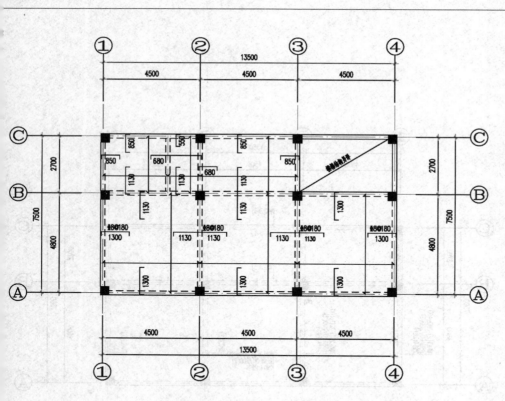

三层楼面板配筋图1：100

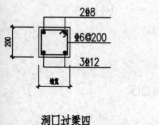

洞口过梁四
用于2100＜L≤2700的洞口

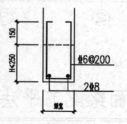

洞口过梁五
用于洞口顶距梁底高度H≤250时

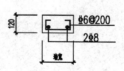

洞口过梁六
用于120墙上L＜1100的洞口

层号	标高（m）	层高（m）
屋面	10.750	
3	7.150	3.600
2	3.550	3.600
1	-0.050	3.600

结构层楼面标高

建设单位		设计号	
工程名称	广厦建筑公司办公楼	图别	结构
图纸内容	三层楼面梁配筋平法图三层楼面板配筋图	图号	G06
		比例	1：100
		日期	20XX.XX
		图档号	

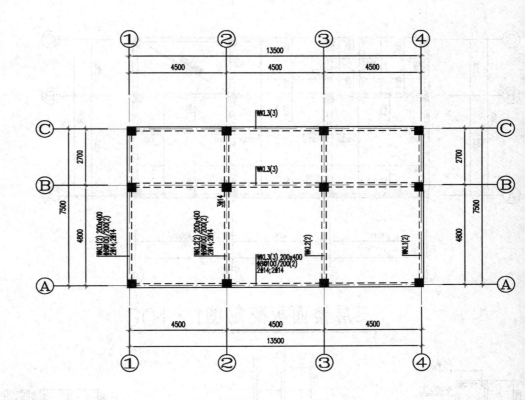

屋面梁配筋平法图 1:100

说明:

1. 梁定位见本层楼面板定位图。	7. 本层所示构造柱为本层以上构造柱。	
2. 梁顶标高未注明的见层高表, 梁顶相对标高以层高表所示标高为基准。	8. 本层未注明的现浇板板厚为110。	
3. 梁编号仅用于所在楼层。	9. 未注明现浇板板面标高为建筑标高减50。 卫生间板面标高比相邻板低20。	
4. 梁制图方法和构造详国标《16G101-1》图集。	10. 现浇板中未注明板面负筋为Φ8@200。 现浇板支座负筋的分布筋为 Φ6@250。 未画出的板底双向筋为:	
5. 主次梁相交处未注明箍筋加密均为两边各3根@50(箍筋直径同主梁箍筋直径)。	90厚: Φ6@150 100厚: Φ6@130 110厚: Φ6@125 120厚: Φ8@200	
6. 梁、板施工时应注意配合建筑设备图, 作好孔洞预留及铁件的预留、预埋、不得事后穿凿。	11. 现浇板支座负筋的标注长度从墙(梁)中算起。 通长负筋在板高低差位置断开。	
	12. ■表示构造柱, 图中未注明的构造柱均为GZ1。	

屋面	10.750
3	7.150
2	3.550
1	-0.050
层号	标高(m)

结构层楼面

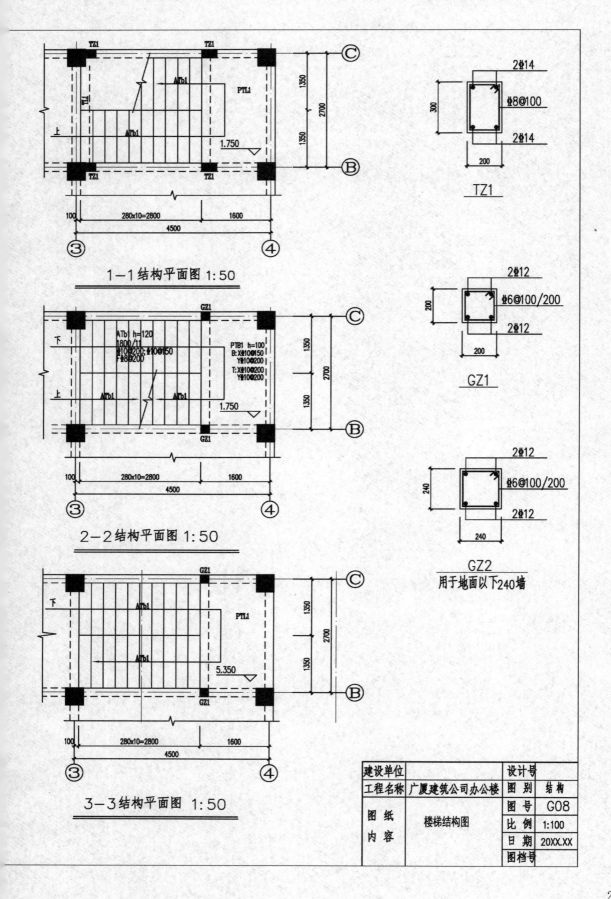

1-1结构平面图 1:50

2-2结构平面图 1:50

3-3结构平面图 1:50

TZ1

GZ1

GZ2
用于地面以下240墙

建设单位		设计号	
工程名称	广厦建筑公司办公楼	图 别	结 构
图 纸 内 容	楼梯结构图	图 号	G08
		比 例	1:100
		日 期	20XX.XX
		图档号	

详图。

……该办公楼混凝土构件内钢筋的工程量。

学习目标

1. 熟练识读结构施工图，各构件的构造

2. 综合应用所学知识，识读图纸，并计

建 筑 设 计 说 明

一、 设计依据：

1、徐州市规划局提供的规划定点图及审批意见；

2、建设方委托设计申请书、方案及对及对本工程的设计要求；

3、国家及江苏省现行的有关法规和规范：

　　(1)《中华人民共和国工程建设标准强制性条文》

　　(2)《民用建筑设计通则》　　　　(GB 50352-2005)

　　(3)《建筑设计防火规范》　　　　(GB 50016-2006)

　　(4)《城市道路和建筑物无障碍设计规范》　　(JGJ 50-2001)

　　(5)《商店建筑设计规范》　　　　(JGJ 48-88)

　　(6)《商业建筑设计防火规范》　　(DGJ32/J-2008)

　　(7)《公共建筑节能设计标准》　　(GB 50189-2005)

4、江苏省徐州市主管部门的相关规定、技术措施与制图标准。

二、 工程概况：

1、本工程位于徐州市合群小区，总建筑面积320平方米

2、本工程建筑总高度为 11.70 米；

3、本工程建筑工程等级为三级；建筑耐火等级为二级，设计使用年限为50年。

4、本工程建筑抗震设防烈度为七度，设计基本地震加速度值为0.1g；结构形式为框架结构。

三、 设计标高及总则：

1、本工程±0.000标高相当于黄海高程　　　　米．

2、平面、立面、剖面图所注各层标高均为指建筑标高；

3、本工程标高以m为单位，总平面尺寸以m为单位，其它尺寸以mm为单位。

4、凡施工与验收规范（屋面、砌体、地面等）已对建筑物材料规格、施工方法及验收规则有规定者，本说明不再重复，均按有关现行规范执行；

5、所有与水电等工种有关的预埋件、预留孔洞，施工时必须与相关的图纸密切配合施工。

6、本工程所选所有材料放射性，均应满足国家现行有关规范和规定的要求，所选所有材料均应有质保书，以确保工程质量。

7、本工程应按国家现行有关安全生产的规范和法规组织生产，应特别注意外挑及超高构件的施工安全防护，建筑内外临空处及预留孔洞部位，均应临时安全防护措施。

8、本设计文件应由甲方送有关机构进行施工图审查，审查批准后方可组织施工。

四、 墙体工程

1、本工程外墙为200厚多孔砖，内墙为200厚加气混凝土砌块。女儿墙为240厚普通烧结砖，卫生间隔墙为100厚加气混凝土砌块。

2、砌块砌体与混凝土墙　梁柱接茬处两侧各 500 增设钢丝网一层　再抹灰并粉刷。

3、防潮

　墙体防潮做法：在±0.000以下墙体两侧均用20厚1：2水泥砂浆抹面。

　墙基防潮做法：防水砂浆防潮层。

五、 楼地面工程：

编号	构造做法
地面1	1、8-10厚地面砖， 2、撒素水泥面（洒适量 3、20厚1：2干硬性 4、刷素水泥浆一道 5、60厚C15混凝土 6、100厚碎石夯实 7、素土夯实
地面2	(1) 10厚防滑地砖， (2) 20厚1：2干硬性 (3) JS防水涂料1.5厚 宽出门边200（ 1.2厚JS防 (4) 最薄处20厚1：3 (5) 60厚C15混凝土 (6) 100厚碎石夯实 (7) 素土夯实
楼面1	(1) 8-10厚地砖楼面 (2) 5厚1：1水泥细砂 (3) 20厚1：3水泥砂 (4) 现浇钢筋混凝土板
楼面2	(1) 10厚防滑地砖，干 (2) 20厚1：2干硬性 (3) JS防水涂料1.5厚 宽出门边200（卫 1.2厚JS防水膜 (4) 最薄处20厚1：3 (5) 现浇钢筋混凝土板
楼面3	(1) 免漆免刨地板 (2) 50×70木 中距800 木 (3) 混凝土楼板

六、 内装修工程：

1、楼地面构造交接处和地坪高度变化处，

2、凡设有地漏房间应做防水层，图中未注的1~2%坡度坡向地漏；有水房间的楼

3、涂料墙面：刷白色乳胶漆二度；打底，用于除洗手间外的所有内

4、踢脚线：(1) 同质地砖面层
　　　　　(2) 1：2水泥砂浆粘结层
　　　　　(3) 1：3水泥砂浆找平层
　　　　　(4) 墙体

喷涂二度涂膜防水；穿过刚性防水层时，管道周围

x粉刷厚度不超过 5,粉刷多遍成活。

所净高为900,当水平段大于500时净高为1050;
行。

x窗和内廊窗加设铁艺防盗网。
程施工操作规程》要求做白蚁防治。

x钢板网面粉刷，网宽每边应大于洞口200。
用C20细石砼封堵密实，管道竖井应每层进行封堵。
4+7.屋面变形缝节能做法详参06J204-1/38.
+/9;屋面变形缝做法参

按国家现行有关规范、规程、规定执行。

门窗表

洞口尺寸（宽×高）	数量	断面等级	选用型号	备注
1800×2300	17	80系列	参苏J002-2000-CST-84改	
1500×2300	6	80系列	参苏J002-2000-CST-83改	
1800×2700	2	80系列	参苏J002-2000-MSPQ-36	
1000×2400	4	80系列	参苏J002-2000-MSPQ-13	
800×2100	2	60系列	参苏J002-2000-MSPB-2改	

图 别	建 施	工程名称	广厦建筑公司办公楼
图 号	02	图 纸 内 容	建筑设计说明（二）
设 计			

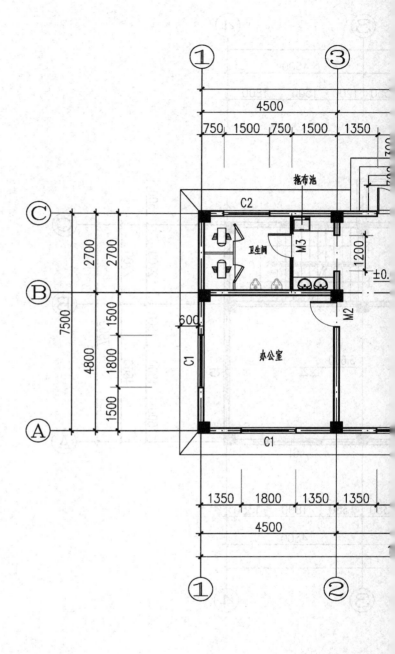

一层平

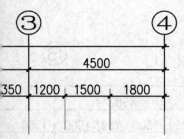

③　　④

4500

350 | 1200 | 1500 | 1800

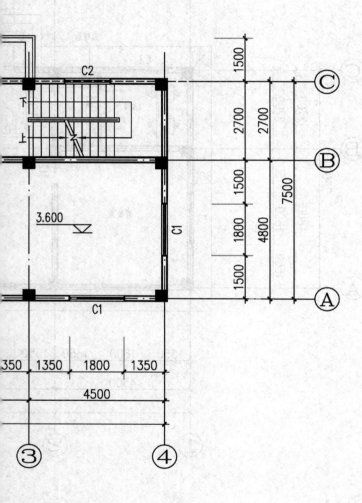

1500

C2

©

2700 | 2700

下
上

Ⓑ

1500 | 7500

3.600 ▽

C1

1800 | 4800

Ⓐ

1500

C1

350 | 1350 | 1800 | 1350

4500

③　　④

1:100

图　别	建　施	工程名称	广厦建筑公司办公楼
图　号	04	图　纸	二层平面图
设　计		内　容	

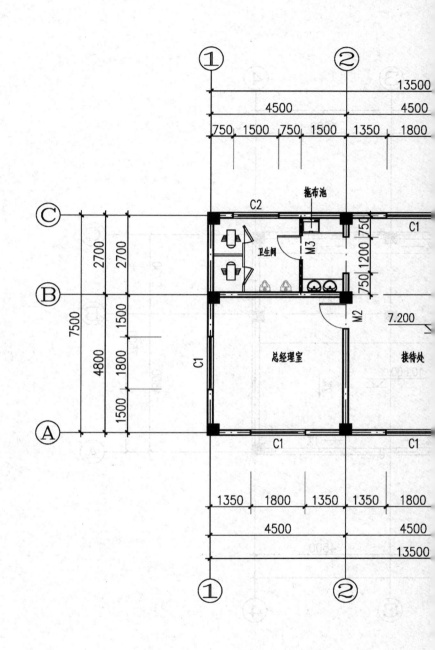

三层平面

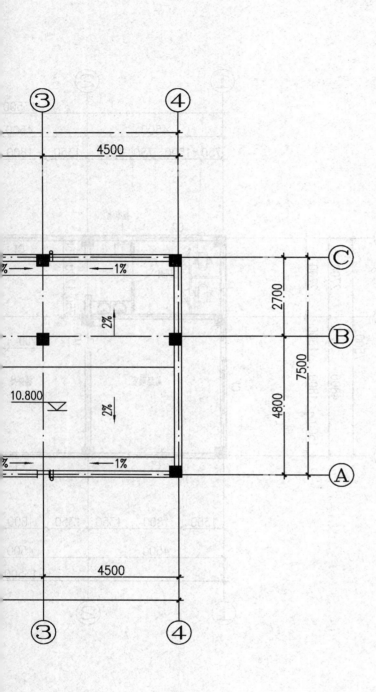

③　　　④

4500

1%　　　1%

C

2700

2%

B

10.800

7500

2%

4800

1%　　　1%

A

4500

③　　　④

1:100

图　别	建　施	工程名称	广厦建筑公司办公楼
图　号	06	图　纸	屋面排水图
设　计		内　容	

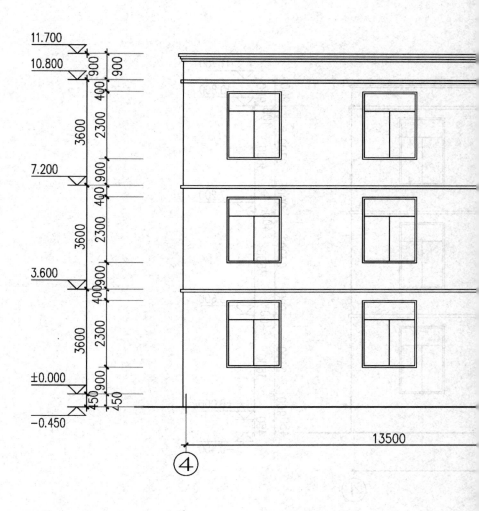

11.700

10.800

900

900

400

3600

2300

7.200

400 900

3600

2300

3.600

400 900

3600

2300

±0.000

450 900

450

−0.450

13500

④

南立面图 1:10

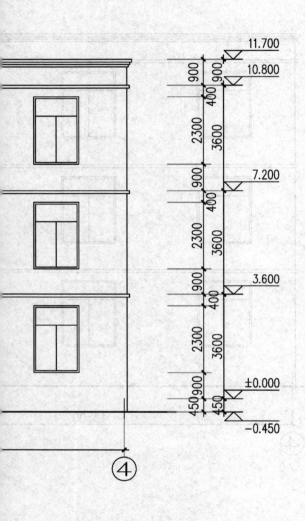

图 别	建 施	工程名称	广厦建筑公司办公楼
图 号	08	图 纸	北立面图
设 计		内 容	

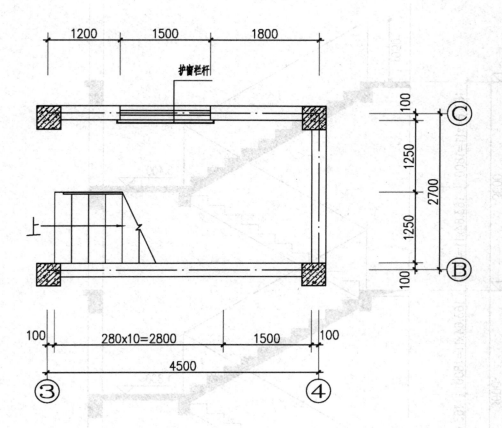

首层楼梯平面图 1:50

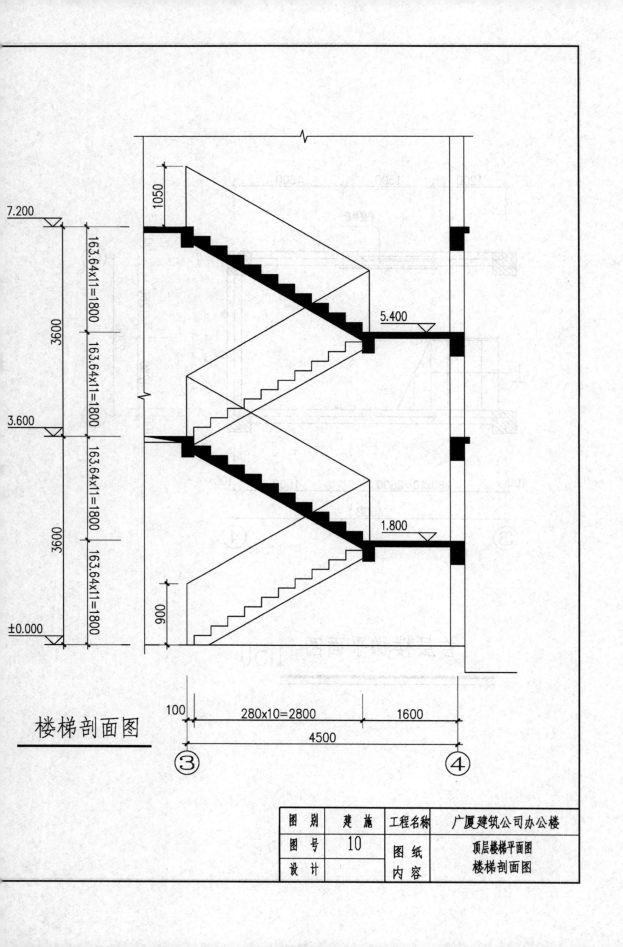

楼梯剖面图

图 别	建 施	工程名称	广厦建筑公司办公楼
图 号	10	图 纸	顶层楼梯平面图
设 计		内 容	楼梯剖面图

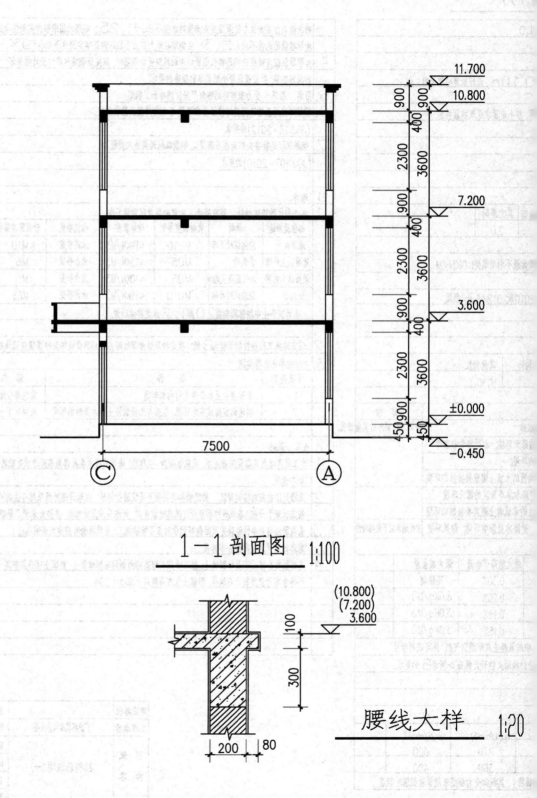

1-1 剖面图 1:100

腰线大样 1:20

说明（一）

1.0.

0.10g, 设计地震分组为第二组

S.

, 按七度要求采取抗震措施

面 | 其它房间
2.0

为最不利荷载处1.0KN/M.

2010版2012年5月升级版

构件 | 其他部位
C30

| 部位
环境 | 除以下注明外的其他部位
的露天环境；非严寒和非寒冷
的环境；
蚀性的水或土壤直接接触的环境
寒和寒冷地区的露天环境
的水或者土壤直接接触的环境
受除冰盐影响环境；海风环境 | 室外地面以下结构构件

最大氯离子含量	最大碳含量
0.30%	不限制
0.20%	3.0Kg/M3
0.15%	3.0Kg/M3
0.15%	3.0Kg/M3

中的混凝土应采用引气剂，并可采用括号
结构耐久性设计规范＞附录B 的要求.

fy'(N/mm2)	fyk(N/mm²)
270	300
360	400

梯段），其纵向受力钢筋采用普通钢筋时钢筋

的抗拉强度实测值与屈服强度实测值的比值不应小于1.25；钢筋的屈服强
度实测值与屈服强度标准值的比值不应大于1.3；且钢筋在最大应力下的总伸长率实测值不应小于9%.

4. 当需要以强度较高的钢筋替代原设计中的纵向受力钢筋时，应按照钢筋承载力设计值相等
的原则换算，并应满足最小配筋率和裂缝的要求.

5. 吊筋 吊环 受力埋件的锚筋严禁使用冷加工钢筋.

6. 钢筋焊接焊条的选用及焊接质量应满足＜钢筋焊接及验收规程＞
(JGJ 18-2012)的要求.

7. 钢筋机械连接接头的选用应满足＜钢筋机械连接技术规程＞.
(JGJ 107-2010)的要求.

三）砌体

1. 各个部位的墙体材料 强度等级 砌筑砂浆及容重详下表.

部位及用途	块材	块材强度等级	砌体容重	砌筑砂浆	砂浆强度等级
地面以下	烧结煤矸石砖	MU10	≤19KN/M3	水泥砂浆	M10
地面以上外墙	多孔砖	MU5	≤15KN/M3	混合砂浆	M5
地面以上内墙	加气混凝土砌块	MU5	≤10KN/M3	混合砂浆	M5
女儿墙	烧结煤矸石砖	MU10	≤19KN/M3	水泥砂浆	M7.5

地面以下土中墙体两侧抹20厚1：2水泥防水砂浆.

2. 填充墙施工质量控制等级为B级；确定砂浆强度等级时应采用同类块体为砂浆强度试块底模.

3. 砌体结构的环境类别:

环境类别	条件	部位
1	正常居住及办公建筑的内部环境	其它部位墙体
2	潮湿的室内或室外环境，包括与无侵蚀性土和水接触的环境	地面以下土中墙体

八 地基 基础

1. 本工程基础形式参见基础图纸，基底标高为-2.000，地基的技术参数详地基处理或基础图
纸中说明.

2. 基槽开挖前应对临近建筑，构筑物和有关地下管线进行保护，基坑开挖时须采用有效的降水
措施以便于开挖，基坑开挖后须做好基坑边坡支护，开挖后应及时封闭，并防止水浸及暴晒.

3. 基坑需经有关单位验收并及时做好记录后方可继续施工，基坑验槽时应重点查明基础下
岩溶的水平及竖向的分布情况.

4. 基础验收合格后应及时回填土，施工时应在墙基础两侧同时回填素土，回填土级分层夯实.
不得含有垃圾及较大石块等，回填土压实系数应不应小于0.94.

建设单位		设计号	
工程名称	广晟建筑公司办公楼	图别	结构
图纸内容	结构总说明(一)	图号	G01
		比例	1:100
		日期	20XX.XX
		图档号	

九、混凝土结构构造要求

一）.混凝土保护层：

1. 钢筋混凝土结构最外层钢筋的保护层的最小厚度应满足下表的要求：

环境类别	板墙(C20 C25)	板墙(C25以上)	梁柱(C20 C25)	梁柱(C25以上)
一	20	15	25	20
二a	25	20	30	25
二b		25		35
三a		30		40

2. 钢筋混凝土基础宜设置混凝土垫层，基础中钢筋的混凝土保护层应从垫层顶面算起，且不应小于40mm，基础无垫层时钢筋的混凝土保护层不应小于70mm.

3. 构件中受力钢筋的保护层厚度，除符合表二中规定外，不应小于钢筋的公称直径d；

4. 机械连接套筒的混凝土保护层厚度宜满足满足有关钢筋最小保护层厚度的规定，机械连接套筒的横向净间距不宜小于25mm.

5. 除设计已考虑和注明外，钢筋混凝土构件由某一环境进入钢筋保护层不利环境要加大时，构件断面相应加大或加厚。

6. 对建筑物外围室外地平上下各500mm的混凝土构件表面涂抹水泥基防水涂料3.0mm厚，防水涂料在房屋使用年限内，如有损坏，应及时修复

7. 混凝土结构在设计使用年限内应遵守下列规定

1）建立定期检测、维修制度 2）设计中可更换的混凝土构件应按规定更换；3）构件表面的防护层，应按规定维护或更换；4）结构出现可见的耐久性缺陷时，应及时进行处理.

二）.钢筋的锚固和连接

1. 纵向受拉钢筋的锚固长度 搭接长度和构造要求详见国标图集《16G101-1》—58、59页.

2. 受力钢筋的连接接头应设置在构件受力较小的部位，钢筋的连接形式 接头位置及接头面积百分率的要求详见国标图集《16G101-1和《16G101-3》的相关节点.

3. 图中特殊注明为轴心受拉和小偏心受拉的构件，其纵向受力钢筋不得采用绑扎搭接.

4. 梁柱类构件的纵向受力钢筋的绑扎搭接长度范围内箍筋设置要求详见《16G101-1》59页.

5. 机械连接和焊接的接头类型及质量应符合《JGJ18-2012》和《JGJ107-2010》的规定.

三）.柱

1. 框架柱的制图规则及构造要求详见国标图集《16G101-1》，框架柱的抗震等级为三级.

2. 梁上起柱和墙上起柱的纵向钢筋构造详见国标图集《16G101-1》第65页.

3. 柱纵向钢筋连接接宜优先采用机械连接或焊接.

4. 柱的纵向钢筋不应与箍筋、拉筋及预埋件等焊接.

四）.框架梁和次梁

1. 梁的制图规则及构造详见国标图集《16G101-1》.

2. 当主次梁等高时，次梁下部钢筋应置于主梁下部钢筋之上.

3. 次梁（或楼梯梯柱）作用处的主梁应在作用处增设附加箍筋，附加箍筋（或吊筋）构造详见国标图集《16G101-1》—88页，附加箍筋间距 50，除注明外，每边附加箍筋各3根.

4. 梁、柱中心线偏心距大于等于该方向柱宽度的1/4时，按《16G101-1》第86页要求进行水平加腋.

5. 当梁侧边与柱侧边齐平时，梁外侧纵向钢筋应在柱侧近似1:12自然弯折，且在柱纵筋内侧

6. 悬挑梁的配筋构造见国标图集《16G101-1》第

7. 梁箍筋和预埋件不得与梁纵向受力钢筋焊接

六）.钢筋混凝土现浇板

1. 钢筋混凝土现浇板构造做法除图中注明外，

2. 除注明外，板底部的长向钢筋应置于短向钢筋

3. 现浇板的支座负筋的分布钢筋除注明外为φ6

4. 板的底部钢筋伸至支座5d，且至少到梁中线

5. 本工程板端部按充分利用钢筋的抗拉强度进行

6. 板的支座负筋两端均设直钩，当负筋伸至梁外侧

7. 除图中注明外，板上孔洞加强做法详见国标图

8. 后浇设备管井处，板钢筋不应截断，带设备管

微膨胀混凝土浇筑完成

9. 板内预埋线管时，沿管线上部增设450mm宽

10. 外挑檐板和现浇栏板宜每隔不大于12m

《12SGG121-1》第29页

11. 屋面现浇板上部负筋未拉通处配置φ6@200

十、填充墙结构构造要求

填充墙的厚度 平面位置 门窗洞口尺寸及

更改或移位，填充墙结构构造详见国标图集《12G

一）. 后砌填充墙拉结构造（填充墙和框架采用

1. 后砌填充墙应沿框架柱或剪力墙全高设2φ6（

拉结筋间距500，且拉结筋应错开截断，相距

《12G614-1》第8、9页. 柱（剪力墙）与填充

2. 后砌填充墙拉结筋与柱或墙也可采用预埋

筋方式，尚应满足《混凝土结构后锚固技术规

并应按《砌体工程施工质量验收规范》（GB 50

3. 后砌填充墙应与其上方的梁 板等紧密结合.

4. 门窗洞口抱框做法详《12G614-1》第17

二）. 后砌填充墙中构造柱和水平系梁的构造要

1. 填充墙中应按构造要求设置构造柱，除图中绘

填充墙转角处，当墙长超过5米或层高的2倍

由端部；宽度大于2100的门窗洞口两侧，外

2. 图中未注明构造柱尺寸为200x墙厚，配筋均为

3. 构造柱纵筋在梁、板或基础中的锚固做法详

4. 构造柱与填充墙的拉结做法详见国标图集

5. 墙高超过4米时，应在墙体中部（与门窗

全长贯通的钢筋混凝土水平系梁 系梁尺寸

6. 应在门洞口的上端和窗洞口的上下端设通长

不小于2φ8+φ6@250.

7. 填充墙墙顶为自由端时，应在墙顶设一墙厚x2

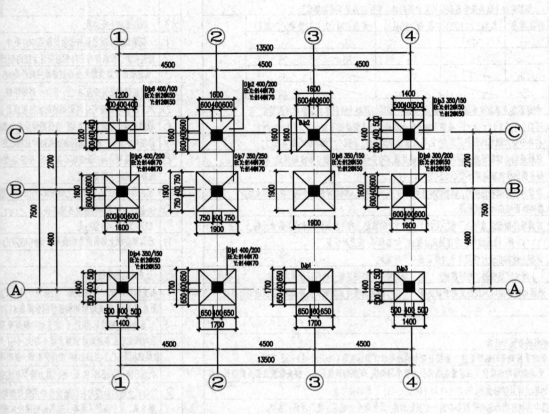

独立基础平法施工图 1:100

建设单位		设计号	
工程名称	广厦建筑公司办公楼	图 别	结 构
		图 号	G03
图 纸 内 容	基础连梁配筋平法图 独立基础平法施工图	比 例	1:100
		日 期	20XX.XX
		图档号	

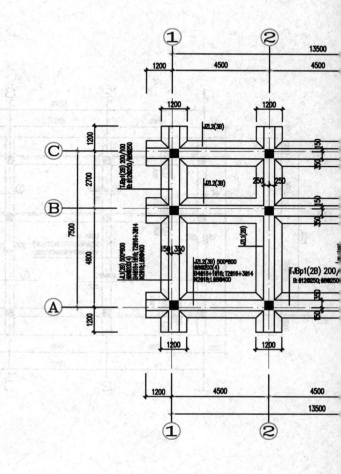

条形基础平法

基础说明:
1.本工程±0.000对应的高程根据现场具体情况定.
2.本工程建筑场地类别为III类.基础结构的环境类别为三a,结构耐久年限为50年.
3.基础采用柱下条形混凝土基础,制图规则及构造详《16G101-3》,未注明
   条形基础底标高均为-2.000.基础混凝土强度等级为C35,其下素混凝土垫层C15.
4.框架柱纵筋伸入基础的长度和构造详图集《16G101-3》.
5.基础以二号层土(粘土层)为持力层,地基承载力特征值 按fak=180KPa设计.
6.±0.000以下墙体为M7.5水泥砂浆砌筑MU10烧结普通砖.

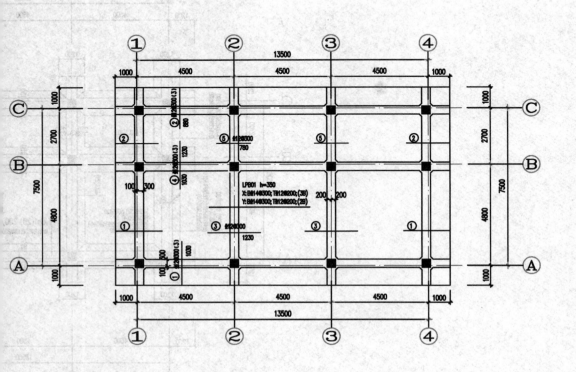

筏板配筋平面图 1:100

建设单位		设计号	
工程名称	广厦建筑公司办公楼	图 别	结 构
		图 号	G03
图 纸	条形基础平法施工图	比 例	1:100
内 容		日 期	20XX.XX
		图档号	

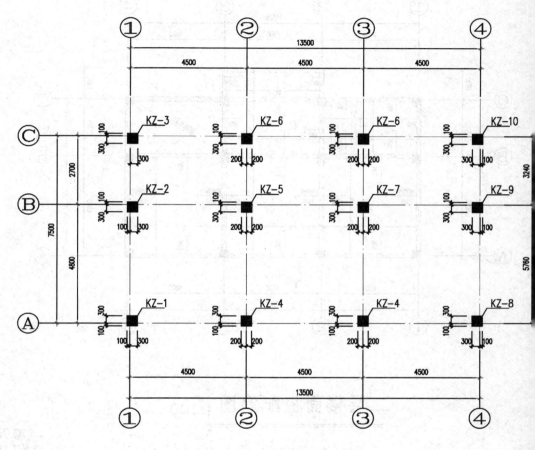

框架柱布置平面图 1:100

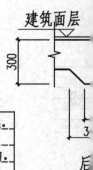

建筑面层

后墙

框架柱说明：

1. 尺寸未注明的柱子均轴线居中，柱编号仅适用本图。
2. 柱顶标高详柱表。
3. 柱平面表示法详国标《16G101-1》图集。
4. 柱配筋构造详国标《16G101-1》图集。

柱配筋表说明：

1. 柱平面表示法详国标《16G101-1》图集。
2. 柱配筋构造详国标《16G101-1》图集。
3. 柱配筋大样图左右方向同平面图中纵轴方向。

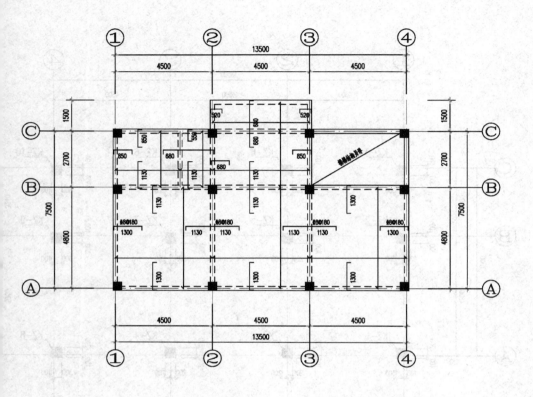

二层楼面板配筋图 1:100

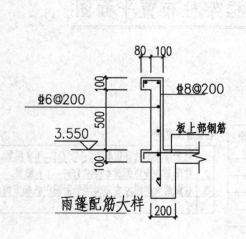

雨篷配筋大样

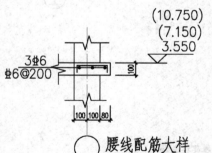

腰线配筋大样

建设单位		设计号	
工程名称	广厦建筑公司办公楼	图 别	结构
图 纸内 容	二层楼面梁配筋平法图二层楼面板配筋图	图 号	G05
		比 例	1:100
		日 期	20XX.XX
		图档号	

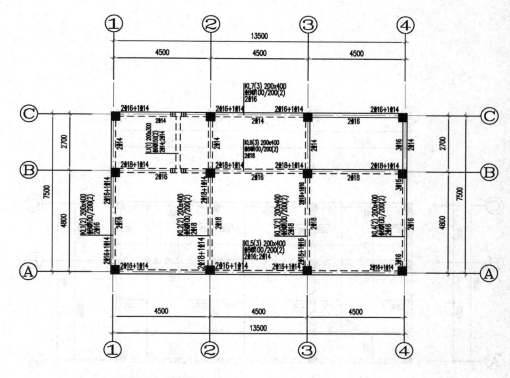

三层楼面梁配筋平法图 1:100

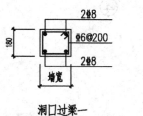

洞口过梁一
用于小于等于1000的洞口
注: 洞口过梁长为洞口宽+2x300.

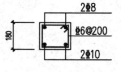

洞口过梁二
用于1000<L≤1500的洞口

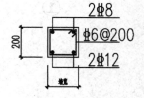

洞口过梁三
用于1500<L≤2100的洞口

说 明:

1. 梁定位见本层楼面板定位图。	7. 本层所示构造柱为本层以上构造柱。
2. 梁顶标高未注明的见层高表,梁顶相对标高以层高表所示标高为基准。	8. 本层未注明的现浇板板厚为110。
3. 梁编号仅用于所在楼层。	9. 未注明现浇板板面标高为建筑标高减50。卫生间板面标高比相邻板低20。
4. 梁制图方法和构造详国标《16G101-1》图集。	10. 现浇板中未注明板面负筋均为 ⏀8@200。现浇板支座负筋的分布筋为 ⏀6@250。未画出的板底双向筋为:
5. 主次梁相交处未注明箍筋加密均为两边各3根@50(箍筋直径同主梁箍筋直径)。	90厚:⏀6@150 100厚:⏀6@130
	110厚:⏀6@125 120厚:⏀8@200
6. 梁、板施工时应注意配合建施设备图,作好孔洞预留及铁件的预留、预埋、不得事后穿凿。	11. 现浇板支座负筋的标注长度从墙(梁)中算起。通长负筋在板高低差位置断开。
	12. ■ 表示构造柱,图中未注明的构造柱均为GZ1。

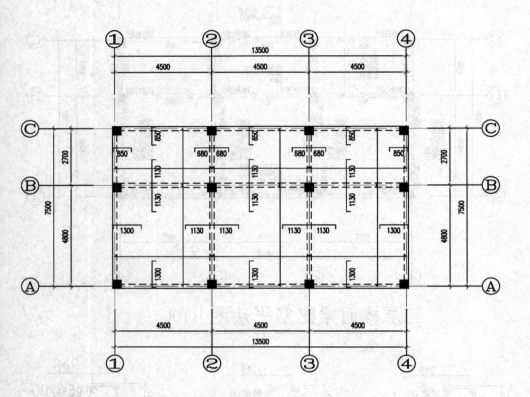

屋面板配筋图 1:100

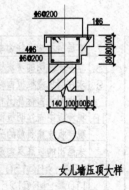

女儿墙压顶大样

建设单位		设计号	
工程名称	广厦建筑公司办公楼	图 别	结 构
图 纸 内 容	屋面梁配筋平法图 屋面板配筋图	图 号	G07
		比 例	1:100
		日 期	20XX.XX
		图档号	

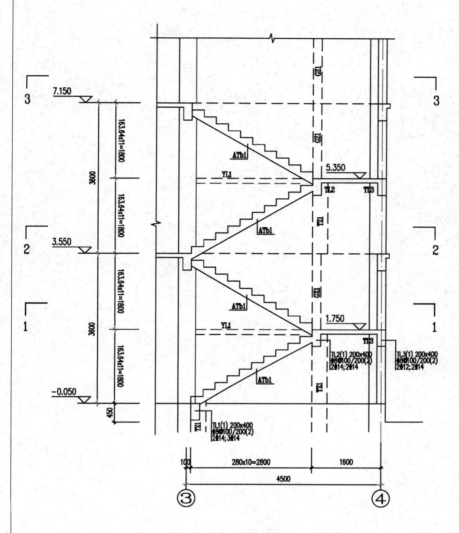

楼梯结构剖面图 1:100

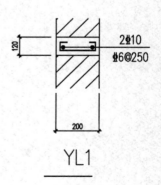

YL1

ISBN 978-7-305-23909-0

9 787305 239090

定价:59.00元